黄河滩区优质牧草
生产与利用技术

李黎 郭孝 王彦华 主编

中国农业科学技术出版社

图书在版编目（CIP）数据

黄河滩区优质牧草生产与利用技术／李黎，郭孝，王彦华
主编 . —北京：中国农业科学技术出版社，2014.1
ISBN 978 – 7 – 5116 – 1226 – 7

Ⅰ.①黄…　Ⅱ.①李…②郭…③王…　Ⅲ.①黄河流域 –
牧草 – 栽培②黄河流域 – 牧草 – 综合利用　Ⅳ.①S54

中国版本图书馆 CIP 数据核字（2013）第 042115 号

责任编辑	闫庆健　李冠桥
责任校对	贾晓红

出 版 者	中国农业科学技术出版社
	北京市中关村南大街 12 号　邮编：100081
电　　话	（010）82106632（编辑室）　（010）82109704（发行部）
	（010）82109709（读者服务部）
传　　真	（010）82106625
网　　址	http：//www. castp. cn
经 销 者	各地新华书店
印 刷 者	北京昌联印刷有限公司
开　　本	850 mm ×1 168 mm　1/32
印　　张	9. 25
字　　数	240 千字
版　　次	2014 年 1 月第 1 版　2014 年 1 月第 1 次印刷
定　　价	30. 00 元

《黄河滩区优质牧草生产与利用技术》
编 委 会

主　审：郑春雷

主　编：李　黎　郭　孝　王彦华

副主编：牛　岩　冯长松　张　勤　申晓明

参　编：（按姓氏笔画排序）

王建辉　王跃先　石志芳　朱国庆

何　云　陈继红　张晓霞　张跃辉

郑爱荣　郝　佳　姜义宝　秦进军

崔国庆　韩　晶

内容简介

该书在当前绿色奶业迅速发展的大好形势下，在黄河滩区千万吨奶业工程项目的带动下，针对黄河滩区牧草生产中存在的问题和未来发展趋势，从绿色、营养、安全、低碳和环保的角度出发，探讨滩区主要优质牧草和饲料作物的生产、加工和利用的新技术，为当前畜牧业特别是奶业的绿色安全生产提供依据，更为我国食品安全提供保证。该书分为 8 章，共 20 万字，该书在编写过程中力求通俗易懂，深入浅出，注重实践性、实用性和实效性，努力解决当前牧草生产中水平低和质量差等突出问题。

该书既能为牧草科研工作者提供参考依据，又能为高等学校师生学习牧草生产提供学习资料，也能为牧草业生产企业和广大群众提供技术支撑。

前　　言

　　牧草在广义上泛指可用于饲喂家畜的草类植物，包括草本、藤本、小灌木、半灌木和灌木等各类栽培或野生的植物；狭义上仅指可供栽培的饲用草本植物，尤指豆科牧草和禾本科牧草。牧草是发展畜牧业重要的物质基础。牧草再生力强，一年可收割多次，不但富含常规营养元素，而且富含各种微量元素和维生素，因此成为饲养家畜的首选，牧草品种的正确选择以及饲草产量质量直接影响到畜牧业经济效益的高低。另外，牧草除作家畜的主要饲料外，对改良土壤理化性状、维持土壤肥力、防风固沙、保持水土、绿化环境和调节气候，也有重要作用。

　　在畜牧业生产发达国家，如美国、英国和新西兰等国家，牧草属于作物生产的重要组成部分，在农业生产中占据重要地位。美国在1954年就将紫花苜蓿列入国家战略物资的名录，草产业逐渐成为美国农业中的重要支柱产业，为发展健康农业、有机农业、循环农业、生态农业、改良中低产田和退化草地方面作出了巨大贡献。目前，随着现代畜牧业的迅速发展，以美国为首的世界畜牧业发达国家对多功能、高营养、适口性好的优质栽培牧草的种类要求越来越多，质量要求越来越好，特别是对绿色、营养、环保和高附加值的牧草要求越来越迫切，牧草种植业目前已经逐渐培育成为一个与农业具有同等地位的行业——草业。当今，欧美和澳洲等一些国家将草业视为阳光产业，视牧草为绿色黄金，澳洲人更称草业为立国之本，草业已经成为21世纪全球范围最具有朝气的新型产业。

　　我国草业发展较晚，自20世纪90年代以来，伴随着国家西部大开发、退耕还草、退牧还草等政策的推进，草业取得了较快的发展。于是我国牧草产业正处于前所未有的快速发展阶段。新时期发展牧草产业，是促进现代草食畜牧业可持续发展的关键手段，是改善农村生态环境的重大举措，是优化产业结构、促进农业和农村经济快速发展的重要增长点，是应对气候变化的重要途径，是促进生物能源产业升级发展的有效选择。

最近几年来，我国的畜牧业，特别是草食畜牧业已发展到相当大的规模，传统的"秸秆＋精料"的粗放型饲喂模式已难以为继，近年来频发的畜产品质量安全事件更为草食畜牧业的传统饲养方式敲响了警钟。养殖业者和相关决策部门已经认识到牧草对于草食畜牧业可持续发展的极端重要性。自奶业中的"三聚氰胺"事件发生以来，国家政策及奶业市场不断推动着奶牛业的转型，对苜蓿的需求量快速增加，苜蓿进口量迅速提高，2009年我国进口苜蓿干草 7.66×10^4 t，同比增加 290.9%；出口苜蓿干草 1.11×10^4 t，同比减少 58.7%。随着奶业市场和其他畜产品市场的不断规范，我国对草产品的需求会快速增加，而国内由于土地资源的稀缺，用于牧草生产的土地极其有限，因而国内草产品供不应求的状况日益凸显。然而，我国由于长期受农耕文化的影响，牧草产业一直没有真正发展起来。只是在 20 世纪 90 年代末，在牧草国际市场需求旺盛和国内农业产业结构战略性调整的大背景下，牧草产业才出现了兴盛，但和发达国家相比，我国牧草产业还非常落后，生产规模小，市场机制还不健全，所生产的大部分豆科牧草产品质量较低，缺乏在国际市场上的竞争力。目前我国年产牧草 6.00×10^7 t，但商品草仅 2.80×10^6 t，且 80% 为三级以下。2008 年美国干草收获面积为 2.45×10^7 hm²，各类牧草总产量达到 1.48×10^8 t，紫花苜蓿和其他牧草干草总产量分别为 7.09×10^7 t 和 7.70×10^7 t，一级品苜蓿干草占到苜蓿干草产品的 70% 以上，粗蛋白含量 18% 以上，出口苜蓿草产品总值达

1.64 亿美元。许多发达国家草地牧业的产值已占农业总产值的 50% 以上，有的甚至高达 80%，我国只有 12% 左右。目前，影响我国牧草业发展的重要原因是人们思想落后，牧草生产管理水平不高，生产出来的牧草营养水平较低，不能很好地满足我国蒸蒸日上的畜牧业发展。以"牧草之王"的紫花苜蓿为例，中国奶业协会会长原农业部副部长刘成果在 2008 年中国草学会青年工作委员会学术研讨会上讲，"苜蓿草是奶牛高产优质的保障，以目前的我国苜蓿发展现状来看，做到奶牛的高产优质是不可能的"。目前，国内国际商品草市场年需求量 1.00×10^{7} t，我国紫花苜蓿商品草年生产量不足 3.00×10^{5} t，多集中在甘肃省、内蒙古自治区（全书简称内蒙古）。在河南省，2009 年规模化苜蓿种植面积约为 6.70×10^{3} hm^2，奶牛需要 2.00×10^{6} t 苜蓿干草，但苜蓿干草年提供能力为 1.00×10^{5} t，仅能满足本地需求量的 5%。种种现象表明，随着我国畜牧业由传统到现代化发展，优质牧草生产是迫在眉睫的。

黄河流域是中华民族的发源地，具有得天独厚的自然和社会条件，因而是河南省农业和畜牧业的重点地区，特别是在畜牧业发展中占有极其重要的地位。黄河滩区基本上无污染、无公害，是温带地区发展绿色牧草业的理想地段，最近几年来随着滩区奶业示范带建设和滩区环境保护的发展，牧草业有了突飞猛进的发展，前景极为乐观。但是，广大群众对黄河滩区优质牧草的品种选择、优质化栽培以及合理化利用等技术普遍缺乏，跟不上草业迅速发展的大好形势。本书就是依据滩区的自然和社会特点，因地制宜地介绍滩区优质牧草和饲料作物的选择和优质化栽培与利用技术，解决当前草业发展中群众反映出的突出问题，满足滩区现代畜牧业发展的需要。为了使更多的群众能更好地了解和掌握有关滩区牧草栽培技术的问题，特组织了来自河南省饲草饲料站、郑州牧业工程高等专科学校、河南农业大学的一些长期从事牧草栽培、调制和加工的，理论和实践经验丰富的一线专业技术人员，共同编写了本书。

    本书共分八章，分别介绍黄河滩草业生产概况、草业生产的环境管理、草业生产的栽培管理、牧草生产技术、饲料作物生产技术、草产品的调制技术和青贮料的调制技术与牧草机械的选择和利用。其重点是牧草生产技术和饲料作物生产技术。由于时间仓促，加之水平有限，错误和不妥之处在所难免，敬请读者指正。

编　者

2013 年 1 月于郑州

目　　录

第一章 黄河滩草业生产概况

第一节 草业的概念及意义

相对具有几千年悠久历史的农业，草业是个崭新的产业，"草业"一词不仅在我国，即使在全世界范围内原本也是没有的，是 20 世纪 80 年代发展起来的全新概念。长期以来，草原只作为一种土地资源，被动地用于粗放型的畜牧生产，附属于传统农业之中，人们对于立草为业，科学管理和经营草原资源，充分开发和利用草原草地的生态、经济和社会价值，使之发展成为一个相对独立的大产业还没有足够的认识。1984 年 6 月，钱学森在《草原、草业和新技术革命》一文中系统地阐述了发展中国草业的重要性、描绘了草业的广阔前景，并特别指出："内蒙古有 13 亿亩（1 亩 ≈ 667m²，全书同）草原，如果下决心抓草业，可是件大事"。这是他在国内外首次正式提出"草业"一词。1984 年 12 月，钱学森在中国农业科学院所作的学术报告中又提出了"建立农业型知识密集产业——农业、林业、草业、海业和沙业"的科学构想，在这一构想中，草产业、沙产业和农业、林业、海业共同构成以生物技术为中心的第六次产业革命的重要内容。同时提出"草业产业是草原的经营和生产，应当突破传统放牧的方式，利用科学技术把草业变成知识密集的产业"。这是他第一次对草业给出了定义，并对草业指明了发展方向。此后，钱学森对草业的内涵又进行了不断完善和诠释。1987 年他给草业创造了"Prataculture"这一英文名词，并被国内外同行广泛认可和采用。1990 年他更进一步指出草产业的概念"不仅是开发草原，种草，还包括饲料加工、养畜、畜产品加工，也含毛纺织工业"。他强调，草业除草畜统一经营之外，还有种植、营林、饲料、加工、开矿、打猎、旅游、运输等经营活动。所以，任继周院士评价道"钱学森先生是中国草业科学的创始人，是他最早提出了这门学科，为中国草业科学的发展指明了方向"。

后来，我国著名草业学家，中科院院士任继周先生在钱老的理论基础上，于 1994 年提出了将草业划分为 4 个生产层的观点，即前植物生产层，植物生产层，动物生产层和外植物生产层，4 个层次贯穿于大农业发展的全过程……牧草生产实质上是农牧业经济的扩大再生产。草业有利于我国经济的可持续发展，有利于生态系统的良性循环，有利于建立人与自然和谐的社会，有利于增强我国的综合国力。所以说，草业生产是一个多层次生产与利用的产业，与自然和经济的良性发展关系重大（洪绂曾，1998）。我国是一个草地资源极其丰富的农业大国，要建立和谐美好的小康社会，就必须要大力发展牧草的优质生产，原因有 3 个方面，首先，牧草生产能够增加绿色指数，提高光能利用率，实现了"土—草—粮—畜"的良性循环，从根本上克服当前我国天然草地严重退化和因"二元农业"生产导致的土地荒芜的严重问题，从而实现现代草业和农业的协调发展；其次，优质牧草的生产，有利于现代绿色畜牧业的发展，有利于生产更多、更优的肉、蛋、奶、毛、皮等畜产品，促进我国畜牧业由规模数量型向质量效益型方向发展；另外，许多牧草体内含有高附加值成分，现在正在被越来越多的人所关注，它的工业和医药的开发与利用价值将是无穷的。

当前国内外草业生产的发展趋势是：通过现代科学技术手段，在有限的土地上，最大限度生产出优质、高产的草产品、畜产品以及高附加值制成品，同时还能促进当地生态、经济和社会环境的良性循环。

我国是世界上最大的农业国，也是牧草资源最为丰富的畜牧业大国，自古以来就是世界重要的农业和畜牧业基地。但是，最近30年来，由于人口剧增，种植业结构单一，土地利用不合理，导致我国许多地区土地荒芜，土壤生产力下降，生态环境恶化，农牧业生产能力下降，农牧业经济得不到持续和稳定的发展。

改革开放以来，随着我国政治和经济环境的不断改善，草业的理论和草产业的重要性得到了党和政府的高度重视，草业生产发展迅速，推动了社会经济和生态环境的良性循环。由于钱学森的草业发展理论及草业构想来自于科学的思考和经验的总结，经受了实践的检验，正在逐步变成现实。20多年来，在党中央、国务院的高度重视下，在全社会的大力支持和参与下，我国正在逐步实现从资源型草原向产业型草业的积极转变，草业在我国经济和社会发展中的作用日益明显，已成为不可替代的重要产业。从宏观政策看，国家确立了"科学规划、全面保护、重点建设、合理利用"的草业方针，自2000年以来，国家对草原保护建设的投入已超过200亿元，集中用于退牧还草等草原生态工程和草原基础设施建设，使局部地区草原生态环境明显改善，草原畜牧业生产能力不断提高。从科学管理看，1985年国家出台了第一部《中华人民共和国草原法》，2002年底又进行了修改和完善；2003年农业部成立了专门负责全国草原监督管理工作的草原监理中心，相应地，全国各地也建立了各级草原监理机构，草原管理力量大大加强，依法管理逐步走上正轨。近些年来，在草原资源保护、牧草新品种选育、草原资源监测、病虫害防治、人工草地建设、草原改良、草产品加工、家畜饲养等方面取得了一大批科研成果，对推进草业发展起到了很好的支撑作用。从草原畜牧业看，2008年，全国草食畜产品牛肉产量 6.13×10^6 t、羊肉产量 3.80×10^6 t、奶类产量 3.78×10^7 t，分别是1978年的27倍、

17 倍、29 倍；六大草原牧区牛羊肉总产量达到 $3.28 \times 10^6 t$、奶类产量 $1.24 \times 10^7 t$，均占到全国总产量的 1/3，农牧民人均收入是 1978 年的 26 倍。从草业经济看，草业已初步形成集草原保护、建设、利用和草产品生产、加工、经营为一体，多层次、多功能、多领域的产业体系，目前，草业及与之紧密相关的企业已超过万家，全国从事草业生产、加工、经营、科研教学、管理及相关行业的农牧民和其他从业人员达数千万人，草业及相关产业年产值达数千亿元。实践证明，钱学森的草业科学理论和发展构想是完全正确的。

特别是进入 21 世纪后，随着世界草业空前发展，我国草业发展也进入了一个崭新的发展时期，全国上下掀起一股种草的热潮，现已经发展成为一个方兴未艾、前景广阔的新兴行业。全球草业发展和草产品价格不断上升，促进了广大群众自觉依靠荒山荒坡地、河滩地和退耕地来种草种树，大力发展林草经济，林草混作、草田轮作和种草养畜已成为广大农村科技致富的重要手段。和农作物种植相比，多年生牧草一次种植，可多年多次收获，省种、省工、易收、成本较低。例如苜蓿的产地价格为 1 000 元/t 左右，每亩产干草可达 1t，年纯收入为 1 200 ~ 1 500 元/t，比较效益远超过种粮。河南省一些地区种黑麦草，每亩投入种子、化肥等成本约 77 元，亩产收入 1 000 ~ 1 300 元，纯收入可达 800 ~ 1 200 元，效益比种普通农作物高出许多。据山东、河北、天津等地试验，种植从美国引进的冬牧 70 黑麦草发展养殖业，每头猪可节省精饲料 100kg 以上，奶牛产奶量可提高 15% ~ 25%；在精饲料喂量相同条件下，若粗饲料加入 40%，肉羊可增重 70%，养兔日增重 60% 以上，养鱼效益也颇可观。

由于我国有优越的自然条件和辽阔的土地资源，我国的草产品曾经一度在国际市场上也具有较强的价格优势。曾出口到日本、韩国等一些草资源缺乏的亚洲国家。但是随着我国畜牧业的健康和飞速发展，我国生产的牧草已经远远不能满足本国的需要，于是一些畜牧企业，特别是奶业集团把目标投向国外草产品市场，如近年来，美国、加拿大苜蓿干草捆开始大量涌进我国的市场，草产品市场竞争更加激烈，例如 2011 年 4 月美国的"第一刀"苜蓿草才开割，光明食品集团旗下上海牛奶（集团）有限公司已向美国苜蓿草产地发出了 $1.50 \times 10^5 t$ 订单。从 2012 年苜蓿市场来看，国内国际商品草市场年需求量 $1.00 \times 10^7 t$，仅亚洲地区就达 $7.00 \times 10^6 t$，我国紫花苜蓿商品草年生产量不足 $3.0 \times 10^5 t$，多集中在甘肃和内蒙古。在河南，2009 年规模化苜蓿种植面积约为 10 万亩，奶牛需要 $2.00 \times 10^6 t$ 苜蓿干草，但苜蓿干草年提供能力 10 万多吨，仅能满足本地需求量的 5%。在目前国际市场上，由于牧草产品的稀缺，推动了优质饲草的商品价格不断上扬，就拿苜蓿来看，2007 年在每吨 200 美元左右，到 2010 年达到每吨 300 美元，到 2012 年每吨 250～270 美元。有专家预测，在今后几十年中，由于全球性资源短缺问题日益突出，资源性产品将越来越成为短缺产品，而优质饲草作为蛋白质补充饲料，需求量越来越大。我国是世界上土地辽阔，牧草资源丰富的大国之一，未来草业的发展潜力无限。

第二节　牧草生产在农业和畜牧业中的地位

一、牧草生产在农业中的地位

（一）改良中低产田

河南黄河滩区估计有 160 多万亩中低产田，有计划地推广种植多年生牧草改造中低产田，能为发展草业经济提供充足的原材料。种植多年生牧草，尤其是豆科牧草，能增加土壤有机质，改善土壤结构。豆科牧草的根瘤能固定大气中的氮素，提高土壤含氮量。生长5年的苜蓿，根系长度可达5m以上，鲜根重量每公顷达40t，可增加土壤中的氮285kg，相当于1 239kg硝酸铵的含氮量。发达的根系可穿透土壤深层，增加土壤的团粒结构。人工草地植被覆盖率大，根系密集，可以有效地防止地表风蚀和水土流失。实行饲草与粮田间作，可极大地提高粮田生产能力。中国工程院院士任继周等专家的研究结果显示，实行粮草轮作，可使光能利用率、土地利用率、水利用率分别提高28%、33%和14%~29%，生物产量增加36%。从这个意义上说，发展草食畜牧业对于"抓好粮食生产，保障粮食安全，促进农业稳定发展、农民持续增收、农村全面繁荣"，对中原经济区建设过程中促进河南省粮食生产能力、保障中原粮仓富庶具有重要的意义。

（二）优化种植结构

为了大力发展农村经济，我国正在逐步进行农业内部结构的调整，积极发展农区畜牧业。目前，我国正在推行种植结构调整，把"粮食作物－经济作物"的二元型种植结构向"粮食作物－经济作物－牧草及饲料作物"的三元型结构转化。据研究证明，如果把二元种植结构转化为三元种植结构，综合经济效益可提高50%，具体的办法，一是调整用地结构，扩大牧草及饲料作物的种植面积。二是改变目前"人口用粮"与"饲料用粮"的矛盾，大力发展高产型、精料型饲料作物。三是改革耕作制度。在不减少粮食产量的前提下，实行粮草间作、套种与轮作，种植高蛋白、高能量的高产牧草及饲料作物，增加复种指数，提高产出率。实行三元型农业结构，有利于"土—草—畜"良性循环，有利于经济发展，也有利于农业生态环境的根本改善。

二、牧草生产在畜牧业中的地位

为加强牧草与奶业产业发展的经济及政策研究，提升交流与合作水平，推进我国牧草产业与奶业的协调、可持续发展，2012年4月23至24日，国家牧草产业技术体系产业经济研究室在北京组织召开了"2012年国家奶牛、牧草产业技术体系产业经济研究座谈会"。会议对当前奶业、牧草产业发展中存在的热点问题进行了讨论，最后对牧草产业与奶业今后的产业经济发展趋势和研究思路进行了展望并达成以下共识：第一，牧草产业与奶业是结合非常紧密的产业，尤其是三聚氰胺事件后，在奶业发展由数量增长向质量安全水平提升的转变过程中，国内大型养殖企业对优质牧草需求显著增加，要进一步加强牧草产业经济研究室与奶牛产业经济研究室两个团队间的相互合作交流，准确把握产业发展脉搏，及时为牧草产业与奶产业发展提供可行的决策建议；第二，牧草产业与奶产业发展的各个环节均存在诸多突出制约因素，尤其是土地制约，由此面临着优质饲草严重不足、粪污处理难等问题，特别是近年来苜蓿干草进口迅速增加，急需解决奶业发展的优质饲草问题；第三，当前来看，国家相继实施了"振兴奶业苜蓿发展行动"、"草原生态保护补助奖励机制"等，更加重视牧草产业的发展，在国际市场竞争加剧及国内市场强劲拉动下，我国牧草产业将出现持续发展的态势；第四，两个研究室今后要加强以下方面的合作研究：奶牛饲草需求与牧草供给的区域特征及协调发展对策；粮、经、饲、草四元结构调整研究；草畜一体化典型模式；开展对奶农使用苜蓿意愿及价格接受程度的调查研究；跟踪研究"振兴奶业苜蓿发展行动"项目运行情况及效果评价等；基于牧草与奶业的其他合作研究。

草业是知识密集型产业，要加快科技进步，尽快把草业经济引导到提高劳动者素质和依靠科技进步的轨道上来。坚持与时俱进，加快科技体制改革，推进产学研一体化。把不同学科领域、不同层次的科研力量组织起来，优化配置，集中进行草业经济基础性、关键性技术的科研攻关，重点在品种选育、良种繁育、新产品开发、加工技术、栽培技术、抗逆应变栽培、灾害防治等方面取得突破。以首蓿为例，能否在转基因方面进行研究，将国外品种的高产性和国产品种的抗寒性、抗逆性结合起来。研究出适合河南省，乃至我国东北地区的优质高产品种是目前亟需解决的问题。

第三节　黄河滩区优质草业生产的条件与措施

《国务院关于支持河南省加快建设中原经济区的指导意见》中，战略定位的第一项就是："集中力量建设粮食生产核心区，巩固提升在保障国家粮食安全中的重要地位"；第二就是"大力发展畜牧业生产，建设全国重要的畜产品生产和加工基地"，也就是说，在该指导意见中，有关中原经济区畜牧业发展的表述紧随粮食生产核心区建设之后，不仅地位重要，而且暗含"粮畜并重"的意味。而黄河滩区由于具有得天独厚的自然和社会条件，因而是河南省农业和畜牧业的重点地区，特别是在畜牧业发展中占有极其重要的地位。

一、优越的环境条件

（一）黄河滩区具有发展种草养畜得天独厚的自然条件

黄河滩区主要分布于河南省郑州、洛阳、济源、开封、焦作、新乡、濮阳七市 21 个县（市、区），滩涂区总面积 2 643 km^2，计 396 万亩，约占全省天然草地总面积的 6%，滩涂区人口 96 万人，地势平坦，土壤肥沃，以沙壤土为主，处于亚热带与暖温带的过渡地段，年平均气温 14.3℃，大于 10℃ 的活动积温 4 700～5 000℃，全年日照时数 2 000～2 600h，无霜期 230d，全年降水量 600mm 左右，多分布于 6、7、8 三个月，水资源丰富，自然条件不仅适合多种农作物生长，而且适合于各类优良牧草生长；黄河流域是中华民族的发源地，这里人文景观和自然资源丰富，具有明显区位优势；滩区基本上无污染、无公害，是发展绿色养殖业的理想地段。

（二）丰富的饲草资源

河南省黄河滩区饲草资源丰富，全省有野生牧草 151 个科，624 个属，1 405 个种，其中禾本科和豆科分别占 10% 和 7%，主要优良饲草 340 种，生产性能和经济性状良好，有许多牧草是国家级保护植物，近 20 多年来，为了适应现代畜牧业发展，最近 20 年来，河南省相关科研院所从国内外引进优良牧草 5 个科，10 个属，20 多种优良人工牧草，更加丰富了滩区的饲草资源。

（三）优越的草畜配套的社会环境

河南是一个农业大省，省委、省政府根据全省实际和发展要求，审时度势，明确提出把河南建设成为全国重要的畜产品生产和加工基地的战略目标，实现河南由畜牧大省向畜牧强省的跨越。实现上述目标，必须调整优化畜牧业生产结构，突出抓好种草养畜工作。要一手抓农作物秸秆资源的开发利用，一手抓优质牧草的种植并与养畜配套。利用黄河滩区丰富的自然资源种植优质牧草，并与养畜配套，是顺利实现全省畜牧业发展战略的重要措施。因此，在黄河滩区发展优良牧草，具有草畜配套的优越社会环境。

二、黄河滩区发展种草养畜、草畜结合的具体措施

（一）通过种草治理黄河滩区的生态环境

黄河是中华的母亲河，她孕育了中华五千年灿烂的文明，但也给我国人民，特别是中原人民带来了很大的灾难，其中黄河改道和泥沙淤积是祸首，导致黄河滩区土地沙化，农业畜牧业生产大受影响，为了根治黄河，国家采取了蓄水、固堤、疏通河道、生物治理等多种治理措施。在多种措施中，发展草业、种草养畜和草畜配套是解决生态和经济问题的有效措施，因为在黄河滩区发展种草养畜不仅可以提供大量的优质畜产品，而且由于植被的增加可以配合和巩固西部水土治理减缓和防治风沙、沙尘暴的效果。黄河滩区大面积种植牧草，不仅可以改良土壤培肥地力，而且可以调节气候涵养水分，同时可以保持水土防风固沙，从而为郑州等沿黄大中城市构筑一道绿色屏障，空气湿度提高，沙风、沙尘减少甚至消失，大大改善上述城市的空气质量，困扰各级政府的秸秆焚烧问题也就不复存在。可以设想不久的将来，久违的蓝天白云重现人们视野就可能成为现实。

（二）通过种草发展黄河滩区的畜牧业，河南省已把黄河滩区列入全省畜牧业发展总体规划

稳定猪禽生产、大力发展草食家畜、突出发展奶业"是河南省畜牧业发展的总体战略。为了进一步调整优化畜牧业生产结构、满足河南省人民对绿色牛奶的需求、积极参与激烈的国际竞争、切实增加农民收入和加强黄河滩区生态环境的保护，根据《河南省国民经济和社会发展第十个五年计划纲要》和《河南省奶业发展规划》的要求，河南省人民政府于2002年10月出台了《河南省黄河滩区绿色奶业示范带建设规划》。提出要用5年的

时间在济源、孟州、孟津等 21 个县（市、区）建成河南省黄河滩区绿色奶业示范带，建设内容主要包括良种繁育体系、规模饲养基地、黄河滩区优质牧草生产基地、乳制品加工、服务体系、质量监督检测体系和疫病防治体系等。但是与奶业配套的牧草生产能力和水平远远达不到奶业的发展需要，据估计，黄河滩区绿色奶业示范带建成以后，年需要牧草约 100 万 t，其中苜蓿干草约 70 万 t，但目前牧草年提供能力不到 8 万多吨，其中苜蓿的年提供能力 2 万多吨，远远赶不上蓬勃发展的奶业需要。造成这个现象的主要原因主要有以下几点。

（1）认识不足，定位不准。长期以来，草业在社会经济中属最弱势的产业，牧草作为一个畜牧产业链的中间产品和生态屏障没有得到足够的重视。存在以下误区：不少人的传统观念就是"好地不种草"。有些甚至片面认为种植牧草会大量占用农耕用地，影响国家粮食安全。

（2）虽然我国牧草产业发展势头强劲，但发展还没有整体规划方案。

（3）对苜蓿的改田培土功能认识不足。事实上，充分利用豆科和禾本科在肥力上的互补作用，能保障耕地高产健康水平。

（4）我国苜蓿标准化生产水平低。

（5）种养分离，草畜产业关联性不够。国家在扶持奶牛等草食家畜规模化养殖的同时，并没有出台相应的种植配套政策，造成种养分离的局面，导致优质草产品的潜在价值不能完全地发挥出来。

（6）机械配套不足，无法保障生产效益。小面积种植无法形成商品，大面积种植投资尤其是机械投资大，担心种草的效益比不上种植粮经作物。河南省畜牧局李黎等人主编的《黄河滩区优质牧草生产与利用技术》这本书，就是顺应当前黄河滩草业发展的良好形势，解决人们在种草养畜上的思想和技术难题，为振兴黄河滩区草业和奶业提供保证。

三、未来黄河滩牧草生产与滩区奶业示范带建设

2008 年，中国奶业协会会长原农业部副部长刘成果在中国草学会青年工作委员会学术研讨会上讲"苜蓿草是奶牛高产优质的保障"，得到了与会者的赞同。2010 年 12 月 15 日，针对牛奶优质安全生产问题，国内草业相关领域的院士、专家、学者向国务院提交了一份"关于大力推进苜蓿产业发展"的建议书。原国家总理温家宝高度重视并批示："赞成。要彻底解决牛奶质量安全问题，必须从发展优质饲草产业抓起。"之后国务院批准在全国建立 4 个百万亩牧草基地，其中，山东、河南为苜蓿生产基地。

目前，国内国际商品草市场年需求量 $1.00 \times 10^7 t$，我国紫花苜蓿商品草年生产量不足 $3.00 \times 10^5 t$，多集中在甘肃、内蒙古。在河南，2009 年规模化苜蓿种植面积约为 $6\ 700 hm^2$，奶牛需要 $2.00 \times 10^6 t$ 苜蓿干草，但苜蓿干草年提供能力 1.00×10^5 多吨，仅能满足本地需求量的 5%。目前，河南省黄河滩区要打造全国绿色奶业示范带，种植和推广苜蓿尤为迫切。在全国，国家发改委计划从 2012 年开始，启动"振兴奶业苜蓿发展行动"，中央财政每年安排 5.25 亿元，以 $200 hm^2$ 为一个单元，在奶牛主产省和苜蓿主产省，开展奶牛优质苜蓿标准化高产创建，2012 年全国建设 $3.50 \times 10^4 hm^2$，到"十二五"末，累计建设 200 万亩基地，其中，主要是种植紫花苜蓿。

第二章　牧草生长与环境

第一节　牧草生长与发育

一、牧草的新陈代谢

新陈代谢是所有生命体的基本现象，牧草生活在自然界里与外界环境不断地进行着新陈代谢，结果是在牧草体内贮存了很多生活所需要的物质和能量，在此基础上牧草个体得到了发展。在个体发展过程中，首先可以看到量的变化，在生长的同时，牧草体内发生了一系列变化。因此，新陈代谢是牧草生长和发育全过程的动力，而生长和发育又是正常代谢的综合表现。牧草的新陈代谢主要分为光合作用和呼吸作用两个方面。

（一）光合作用

光合作用就是绿色植物利用太阳光能把二氧化碳和水等简单的无机物合成为复杂的有机物，释放氧气，同时贮存能量的过程。

牧草栽培的主要目的是生产籽实和青饲料，而籽实和青饲料的实质是牧草及饲料作物光合作用的产物，所以影响光合作用的因素都直接或间接地影响到单位土地面积的产量。

1. 光合作用的意义

光合作用是植物体内物质代谢和能量代谢的基础，是地球上一切生命存在、繁荣和发展的源泉。植物的光合作用是产生和更新能量的唯一途径，只有它能同化无机物为有机物，并同时将光能转变为化学能，供应植物本身和其他生物的生命活动之需；光合作用是地球大气中氧气的重要来源，能够保持生态平衡。

2. 影响光合作用的因素

①叶绿素含量。在一定范围内，叶绿素含量的增加可增强光合强度。对于牧草及饲料作物来讲，一般幼叶叶绿素含量较低，光合能力弱；成年叶片叶绿素含量高，光合能力强；衰老叶片叶绿素少，光合强度低。缺水、弱光、低氮等都会影响叶绿素的形成而降低光合效率。②光照强度。光的有无及其强弱直接影响光合作用进程及光合能力。在黑暗条件下植物生长表现为黄化，有些植物会因长期不见光而死亡。在一定范围内光照强度越大，光合能力越强。但是当光照强度增加到一定值时，光合能力将不再随光照强度的增加而增加，这种现象称为光饱和现象。一般喜光作物的光饱和点较高，如玉米、甘薯、黑麦草等。③二氧化碳浓度。植物光合作用要求空气中二氧化碳的浓度为 0.15% ～ 0.3%，而空气中二氧化碳的浓度仅为 0.03% 左右，因此适当增加空气中二氧化碳的含量对光合作用是有帮助的；生产上，常采用合理密植、增施有机肥料或施用碳酸盐肥料来增加土壤和空气中的二氧化碳浓度，以改善光合作用效果。④温度。适当的温度是光合作用中酶促反应正常进行的重要条件，温度过高或过低都影响光合作用。牧草及饲料作物光合作用最适宜的温度为 25 ～ 30℃，35℃ 以上时，光合能力下降。⑤矿质元素。植物必需的矿质元素有很多，它们直接或间接地影响光合作用。氮、镁、铁、锰是叶绿素生物合成的必需元素；钾、磷等元素参与碳水化合物的代谢，缺乏时影响糖类物质的转化和运输。

3. 提高牧草及饲料作物光能利用率的途径

①合理密植。就是通过调控栽培密度达到光合性能各方面的协调，解决植物个体和群体的矛盾，提高光合能力。②间作套

种。间作套种时，大田的密度都比单作要高，这样可以增加光合面积，延长光照时间，改善群体通透条件，有利于光合作用的进行。③培育和选用高光效株型品种。高光效株型结构通常是矮秆或半矮秆，以防倒伏，减少茎秆的呼吸消耗；叶片小而挺，与茎秆角度小，短而窄，避免叶片相互遮阳，提高受光面积和时间；叶片厚，叶绿素含量高，增加光能吸收。

另外，适时播种，育苗移栽，合理施肥及灌溉，及时防除杂草病虫害，满足作物对温度、水分、养分的需求，提高植株的生活能力，促进作物进行正常的生长发育，都是提高光能利用率的重要措施。

（二）呼吸作用

呼吸作用是一切活的器官、组织和细胞都有的生命现象。正常生活的植物，一般存在着两种呼吸方式：一为有氧呼吸，二为无氧呼吸（对于微生物则称为发酵）。

有氧和无氧呼吸既有联系又有区别。最初阶段都有一个不吸氧的糖酵解过程，将葡萄糖分解成丙酮酸，然后在有氧条件下，丙酮酸彻底分解为二氧化碳和水，在缺氧条件下丙酮酸则进行不完全分解，其产物是酒精和二氧化碳。一般牧草及饲料作物以有氧呼吸为主要方式，但仍保留一定的无氧呼吸能力，以适应不良环境，如短期水淹。

二、牧草的生长与发育

牧草新陈代谢通过生长和发育表现出来，其结果产生植物的根、茎、叶、花、果实和种子。牧草种类不同，生长发育的状况不同，就是同一种牧草品种，在不同阶段中生长发育状况也不一样。

（一） 牧草的生长

生长是牧草整体或部分体积增大、重量增加或数量增多。生长是产量形成的基础，控制产量必须控制生产。

牧草的生长是通过细胞体积的扩大和数目的增加而实现的。在这一过程中大致可分为三个时期，即细胞分裂期、细胞伸长期及细胞成熟分化期。这样牧草随着细胞数量的增加，植株由小变大，由细变粗，表现出生长。

牧草各器官生长具有差异性。如多数牧草及饲料作物叶片各部位的生长大体一致，只是基部伸长较快，同时叶的生长是有限的，即使外界条件满足要求，当长到一定大小时就会停止生长；但根和茎却不同，两者顶端有分生组织，只要条件合适，就会一直不断地生长。

牧草各器官生长具有相关性。一是地上部与地下部具有相关性，根深叶茂，本固枝荣，地上部生长需要根部供给水分和养分，而地下部根的生长需要茎叶供给碳水化合物、蛋白质、维生素等各种有机物；二是营养器官与生殖器官具有相关性，营养器官生长良好才能为生殖发育奠定好基础条件，但营养器官生长过旺，将消耗大量的养分，推迟或抑制正常的开花结果，当营养水平低下时甚至出现早衰。

（二） 发育

绿色植物的发育从种子萌发开始到新的种子形成为止。植物正常发育的重要特征是从营养生长过渡到有性繁殖，从生长到发育表现出一定的阶段性，不同的发育阶段要求不同的环境条件。

1. 春化阶段

春化是指冬性作物或牧草在苗期需要经过一定时期的低温才能正常开花的现象。不同的作物，感受低温春化的时期和部位以及程度都是不一样的。小麦、萝卜等作物从萌动的植株均可通过春化，但感受春化的部位一般局限于生长锥、根和幼叶等处在分生期的组织部位。对低温程度的要求，一般起源于北方的冬性作物比起源于南方的春性作物要高，冬性越强，通过春化要求温度越低，持续时间越长。如冬性小麦通过春化需 0～5℃低温，持续 30～70d；半冬性小麦通过春化需 3～5℃的低温，持续 20～30d；春性小麦则需 5～20℃的低温，3～15d 完成春化。喜温作物对温度无特殊要求。

2. 光照阶段

植物完成春化阶段后进入光照阶段。在光照阶段，日照时间是主导因素。植物必须在一定的日照长度条件下开花的现象被称为光周期现象。光周期现象对一般植物影响都比较普遍。不同作物要求光照时间长度有差异，因而有长日照植物（如冬大麦、燕麦、萝卜等）、短日照植物（如大豆、玉米等）和中性植物（如胡萝卜等）。了解植物的光周期现象对作物引种和育种都具有重要意义。

生长和发育分别体现个体生活中量和质的变化。在植物整体水平上，生长表现为器官和个体体积或重量的增长，在细胞水平上，表现为相同分化类型细胞数量的增长和细胞内干物质或体积的增长。生长是量的积累，而发育则是质的变化，生长的方式决定于发育的质变，其之间亦存在着不一致性，因外界条件不同而可以发生生长快发育也快，生长快而发育慢，生长慢而发育快，以及生长慢发育也慢四种情况。

第二节 牧草生长的影响因素

植物的生长发育除决定于遗传潜势外，还受环境条件的影响。任何代谢过程的进行都要求一定的环境条件，影响其新陈代谢的环境因素主要是土壤、光照、温度和水分。

一、土壤

牧草新陈代谢和生长发育所需要的水分和养分，大都通过根系从土壤中吸收。土壤质地、深度、通气、水分和营养状况皆对牧草的生长发育有极大的影响。

1. 质地

土壤质地越细，水分移动速度越慢，水分含量也越高，但透气性则越差。黏质土不利于牧草根系向纵深发展。沙质土的肥力虽差，容易干旱，但通气良好，有利于牧草根系向纵深发展。

2. 深度

土壤深厚可提高土肥水利用率，增加根系生长的生态稳定条件，使牧草根系层加厚，促进主根生长，从而加强植株的生长势，使根深叶茂，得以充分利用空间而高产。

3. 通气

牧草在通气良好的土壤中，根系生长快，数量多，发育好，颜色浅，根毛多；缺氧条件下，根系短而粗，吸收面小，使牧草的开花结实率明显降低。

4. 水分

土壤含水量越少，牧草需水量越大。因土壤含水量减少时，光合作用比蒸腾作用衰退得早。当接近萎蔫点时，需水量就急剧增加。土壤含水量大于最适水分时，由于氧气不足对根系伸长有抑制作用，同时，光合作用显著衰退，耗水量增多，使需水量增加。土壤水分不足，吸收根加快老化而死亡，而新生的根少，其吸收功能减退，同时影响土壤有机质的分解、矿质营养的溶解和移动，减少对牧草养分水分的供应，导致生长减弱，落花落叶，影响产量和品质。土壤含水量超过田间持水量时，会导致土壤缺氧和提高二氧化碳含量，从而使土壤氧化还原势下降；土壤反硝化作用增强，硝酸盐转化成氮气而大量损失硝酸盐；产生硫化物和氰化物，抑制根系生长和吸收功能，使根系死亡。同时，土壤水分不仅影响根系的数量及分布，而且也影响它们的 T/R 值（即地上部重量与根系重量之比）。土壤水分充足，地上部生长发育好，T/R 值增大；反之，土壤水分不足，地下部分发育好，地上部分相对变小，T/R 值变小。但当土壤干旱时，根系重量虽然减少，但减少的幅度较地上部减少幅度较小，相反还可促进根系生长。此外，由于水涝对根系生长的影响，也影响根部 CTK 和 GA 的合成，从而影响牧草地上部激素的平衡和生长发育。

另外，对于种子萌发来说，在田间条件下，种子萌发所需水分来源于土壤，其吸水量决定于紧密结合在种子周围的土壤含水量，种子约可吸收周围直径 1cm 的土壤水分。研究证明，最适于禾本科及豆科牧草种子萌发的土壤湿度，因土壤种类的不同为田间持水量的 40% ~80%。应该指出，豆科牧草种子以在田间持水量 40% ~60% 时萌发最好，低于 40%，则发芽势及发芽率显著下降；而禾本科牧草种子萌发对土壤含水量的要求较低，当土壤含水量低至田间持水量的 20% ~25% 时，其发芽势及发芽率大大高于同一含水量的豆科牧草。

5. 营养状况

土壤营养状况显著影响牧草的新陈代谢和生长发育。丰富的氮可促使牧草生长，表现分蘖增多，叶色深绿，枝条生长加快。但须有适量磷、钾及其他元素的配合。磷利于根的发生和生长，提高牧草抗寒、抗旱能力。适量的磷可促进花芽分化，提高牧草种子产量。适量的钾可促进细胞分裂、细胞和果实增大，促进枝条加粗生长，组织充实，提高抗寒、抗旱、耐高温和抗病虫的能力。试验表明，优质冲积土壤的草产量显著高于劣质的灰钙土；根系发育状况和磷酸含量也是前者高于后者。氮肥施用量越多，硝态氮含量越多，而且夏季比秋季明显，同时不同牧草之间也存

19

在明显差异。

二、光照

光是光合作用的能源，在光的作用下，牧草表现出光合效应、光形态建成和光周期现象，使之能自身制造有机物，得以生存和维持正常的新陈代谢。这些效应是光量、光质和光时所共同作用的结果。

光质是指太阳辐射光谱成分及其各波段所含能量。可见光中的蓝、紫、青光是支配细胞分化的最重要光谱成分，能抑制茎的伸长，使形态矮小，有利于控制营养生长，促进牧草的花芽分化与形成。因此，在蓝紫光多的高山地方栽种牧草，常表现植体矮小，侧枝增多，枝芽健壮。相反，远红光等长波光能促进伸长和营养生长。

光长是指光照时间长短，以小时为单位，牧草对光照长短的反应，最突出的是光周期，同时也与生长发育有关。在短日照条件下，一般牧草新梢的伸长生长受抑制，顶端生长停止早，节数和节间长度减少，并可诱发芽早进入休眠。长日照较短日照有利于果实大小、形状色泽的发育和内含物等品质的提高。

光照对牧草生育的影响表现为两个方面：一是通过光合成和物质生产从量的方面影响生育；二是以日照长度为媒介从质的方面影响生育。大多数牧草喜光，当光照充分时，芽枝向上生长受阻，侧枝生长点生长增强，牧草易形成密集短枝，株体表现张开。而当光照不足时，枝条明显加长和加粗生长，表现出体积增加而重量并不增加的徒长现象。当光照过分少时，叶片即无法生存，在草冠内形成无叶区。光照强度影响牧草同化作用和生长发育，因而必然影响其产量和品质。研究指出，遮光处理造成落花落果，影响牧草营养体和籽实下降，且对地下部分的影响比地上部大，禾本科牧草受的影响比豆科牧草大。光照越强，幼小植株的干物质生产量越高。光照条件越恶劣的，生育状况越差，硝酸含量越大。同时，光照也能影响牧草根系的生长发育，其对根系生长有一定的影响，因此，遮阳对牧草的生长是很不利的。

此外，大部分野生牧草种子和新收获的种子，在其发芽过程中，不同程度上会受到光的影响。根据种子萌发时光敏感性的状况，可将种子分为需光种子、忌光种子和对光反应不敏感种子。种子发芽行为之所以受到光照的影响，就在于种子内光敏素的存在，且具有光效应的种子，对光或暗的需求不是绝对的。随着环境条件包括温度、氧分压等，种皮状况以及种子胚的生理状况的改变，对光或暗的依赖性将发生改变。其中最重要的影响因素是温度。光与温度之间在种子萌发过程中有明显的互补效应，即光发芽种子配以一定的温度可使其喜光性消失；暗发芽种子配以一定的温度（或变温）也可解除对光的敏感型。

三、温度

温度是牧草生命活动最基本的生态因子。牧草只有在一定的温度条件下才能生长发育，进行新陈代谢，达到一定的产量和品质。对牧草生长发育关系最密切的温度有土温、气温和体温。其中，土壤温度对牧草种子播种、根系生育以及越冬都有很大影响，从而也影响到地上部分的生长发育。气温与牧草地上部分生长发育有直接关系，它也间接影响土壤温度和牧草根系生长发育，是影响牧草生理活动、生化反应的基本因子。土壤热量状况和邻近气层的热状况存在着直接的依赖关系，但由于土壤、土壤覆盖层以及草地叶幕层的影响，土温和气温仍有不同，而且随土层的加深两者差别加大。由于植物属于变温类型，所以牧草地上部体温通常接近气温，而根温则接近土温，并随环境温度的变化而变化。

维持牧草生命的温度有一个范围，保证牧草生长的温度在维持牧草生命的温度范围内，而保证牧草发育的温度则往往更在生长温度范围之内。因此，牧草所需温度应有三种概念和范围，即维持生命的温度、保证生长的温度和保证发育的温度。对大多数牧草来说，维持生命的温度一般在 $-30 \sim 50℃$，保证生长的温度范围在 $5 \sim 40℃$，而保证发育的温度在 $10 \sim 35℃$。一般寒带、温带牧草在此范围内偏低一些，而热带牧草则偏高一点。

一般来说，不论牧草维持生命的温度或生长和发育所需温度，就其生理过程来说，都有其相应的三个基本点，即：最低、最适合和最高温度。温度过高过低，都不利于生长。温带牧草的最适温度在 $25 \sim 35℃$，热带牧草在 $30 \sim 35℃$，寒带牧草在 $10℃$ 左右。

温度对牧草生长发育和新陈代谢的全过程均有影响，各生育过程产生的结果无一不与温度有关。每一时期的最佳温度及温度效应模式各不相同，品种内及品种间也不相同。冷季型牧草在低温下生育较旺盛，暖季型牧草在高温下生育较旺盛。同一植物种（品种）在不同生育期对温度的要求也会有差异，且不同器官的也有差异，生长在土壤中的根系，其生长最适温度常比地上部的低。又如作为生殖器官的果实，其需热量不但比营养器官高，而且反应敏感，温度的高低、热量的满足程度，直接影响果实生长发育进程的快慢。

此外，牧草种子的萌发也需要适当的温度。多数种子萌发时所需的最低温度范围为 $0 \sim 5℃$，低于此温度范围则不能萌发；最高温度范围为 $35 \sim 40℃$，高于此温度范围也不能萌发；最适温度范围为 $25 \sim 30℃$。牧草种类不同，发芽时对温度的要求也不同，一般来说，禾本科牧草萌发时比豆科牧草需要较高的温度。而且，牧草种子的萌发，是处于水热条件相互配合状况下发生的，禾本科牧草与豆科牧草种子萌发对外界环境条件要求有所不同，豆科牧草对温度要求较低，而对水分要求较高，禾本科牧草则与此相反，对温度要求较高，而对水分要求较低。研究发现，变温对牧草种子发芽有良好的作用。许多牧草种子在恒温下发芽不良，而在变温下发芽很好，牧草最常用的变温处理为15℃和30℃或20℃和30℃，处在每种温度下的时间长短不一，通常每昼夜在低温 16~18h，放在高温下 6~8h，低温时间比高温时间要长些。变温对各种牧草种子发芽的作用效果不尽相同，对某些牧草种子效果很好，但对另一些种子则无效，因此，对于一些野生牧草种子或新收获的种子进行变温处理，发芽时应进行反复的试验，摸索适宜的变温范围及时间。

四、水分

牧草的新陈代谢和生长发育只有在一定的细胞水分状况下才能进行，细胞的分裂和增长大都受水分亏缺的抑制，因为这时细胞主要靠吸收水分来增加体积。生长，特别是细胞增大阶段的生长对水分亏缺最为敏感。水对牧草的生态作用是通过不同形态、数量和持续时间三个方面的变化而起作用的。不同形态是指固、液、气三态；数量是指降水特征量（降水量、强度和变率等）和大气温度高低；持续时间是指降水、干旱、淹水等的持续日数。以上三方面的变化都能对牧草的生长发育产生重要的生态作用，进而影响牧草的产量和品质。

空气湿度，特别是空气相对湿度对牧草的生长发育有重要作用。如空气相对湿度降低时，使蒸腾和蒸发作用增强，甚至可引起气孔关闭，降低光合效率。如牧草不能从土壤中吸收足够水分来补偿蒸腾损失，则会引起牧草凋萎。如在牧草花期，则会使柱头干燥，不利于花粉发芽，影响授粉受精。相反，如湿度过大，则不利于传粉，使花粉很快失去活力。空气相对湿度还影响牧草的呼吸作用。湿度愈大，呼吸作用愈强，对牧草正常生长发育不利。此外，如空气湿度大，有利于真菌、细菌的增殖，常引起病害的发生而间接影响牧草生长发育。

此外，充足的水分也是牧草种子萌发的必需条件。种子吸足水后，启动一系列酶的活动，氧气进入，呼吸作用增加，从而促进了种子的萌发。同时，胚根、胚芽容易突破种皮，通过水解或氧化，贮藏的营养物质从不溶解的状态转变为溶解状态，运输到胚的生长部位供其吸收和利用，且种子初期的吸水力与毛细管作用和吸胀的作用有关，只有在萌发后，吸水力才与渗透有关。

一般来说，种子萌发吸水率与所含营养物质种类有关，含蛋白质、脂肪较高的种子，吸水率较多，而含淀粉质种子的吸水率较低。因此，禾本科牧草种子萌发时所吸收的水分，一般较豆科牧草为少。同时，具有颖、稃及长芒的禾本科牧草种子萌发时，需要较多的水分，而去芒后吸水率则明显减少。一般种子吸水有一个临界值，在临界值以下不能萌发。

第三章　草业生产的栽培管理

第一节　一般牧草生产的栽培管理

一、土壤耕作

土壤耕作是农业生产中的一项不可缺少的措施，是调节土壤、牧草和环境三者相互关系的重要手段，也是把用地和养地有机结合起来的纽带。土壤耕作在牧草生产中具有重要作用。

（一）任务和特点

土壤耕作就是指根据牧草不同生长发育阶段对土壤和环境的要求，采用机械或人工田间作业的方法以改变土壤理化性状，建立适宜的耕层结构，调节土壤中的水、肥、气、热状况和微生物活动，消灭杂草及病虫害，从而达到为牧草生育提供良好的土壤和环境条件的一系列技术措施。

1. 土壤耕作的任务

土壤耕作必须完成下列基本任务。

（1）改善耕层结构：使用不同的农机具达到加深、翻转和疏松耕作层的目的，以建立和恢复被破坏的土壤结构特性。这是土壤耕作的基本任务。

（2）清除前作物的根茬，翻埋肥料，使有机物等物质与耕层的土壤较均匀混合，以便于腐熟和加快分解，提高土壤肥力。

（3）增加土壤蓄水、保肥能力，改善土壤通气状况，活跃土壤微生物区系，改善速效肥供给状态，充分满足牧草、作物生长发育的需要。

（4）清除田间杂草，消灭病虫害寄主，平整土地，修沟作畦，改善土壤环境和种植条件。

（5）为播种、出苗和牧草正常生育提供一个上虚下实的种床和良好的耕作条件。

总之，土壤耕作的任务就是要为牧草生育创造深厚、疏松、平整、肥沃的耕作层及其表面的土壤和环境条件，从而使土壤中的水、肥、气、热状态保持协调，使牧草从播种到收获前始终处于良好的土壤和环境状态下，为达到优质、高产、高效的目标创造坚实的基础条件。

2. 土壤耕作的特点

土壤耕作与其他农业技术措施不同之处在于，只是仅仅通过机械作用直接改变土壤物理性状的手段而间接地调节了土壤肥力，这不同于灌溉和施肥措施，因为土壤耕作并没有向土壤中直接添加任何有形物质。土壤耕作作业必须要与其他农业技术和措施充分结合起来、配套实施，才能从根本上改善牧草生长的土壤和环境条件，全面发挥耕作措施的增产效果。此外，在牧草生育过程中土壤耕作层及表面状况会受到各种因素影响而恶化，致使耕作效果不能持久。因此，土壤耕作是田间经常性、持续配套作业措施的总称，耕作也是农业生产中消费劳力和时间最多的措施之一。

（二）技术作用

土壤耕作的各项任务是通过不同的耕作措施来完成的，各种耕作措施需要采用相应的农具和方法，因而对土壤的影响程度和技术作用也各不相同。耕作对土壤的技术作用，可以概括为以下几方面。

（1）松土：松土就是将耕作层的土壤破碎成疏松有结构的状态，以增加土壤孔隙为积蓄水分和释放养分创造有利条件。松土应使表层土壤具有有利于水分渗透和防止水分蒸发的状态，同时既不能使田间土块过大，也不可使土壤粉碎得过细。松土的农具有无壁犁、深松铲、耙、中耕器和锄等。

（2）翻土：翻土就是将耕作层上下翻转，改变土层的位置，具有多方面的作用。为调节养分在耕层中的分布，促进土壤微生物繁殖，全面熟化耕层土壤，要适时进行翻土作业。翻土的农具主要有各种铧犁，其中以复式犁效果最好。

（3）切土：通过犁、耙等机具的作用切割土垡，使之翻转、散碎，一方面可割断杂草根系及多年生杂草的地下繁殖器官，有效破坏其生活力；另一方面由于切断了土层间的联系，使毛细管作用遭到破坏，防止水分蒸发损失，有利于土壤保墒，对盐碱土有防止返盐的效果。

（4）混土：混土能使耕作层的土壤搅拌混合，使土壤的质地和成分均匀一致。在大量施用肥料的情况下，混土对促进土肥相融，改善土壤肥力状况具有很大作用。犁、旋耕机、圆盘耙等农机具在耕作中都具有混土的作用。

（5）平土：平土的主要作用是使土壤表面平整，便于在播种时深度一致，有利于种子发育出苗。此外，还具有减少土壤表面积，抑制土壤水分蒸发等作用。水浇地、水田和盐碱地必须注意平土的质量，一般高差不得大于3cm。耙耱和木板等农具的主要作用是平土。

（6）压土：压土的作用是使土壤表层变得紧实。在干旱地区压土可减少非毛细管空隙，抑制气态水散失，而下层土壤的水分则可通过毛细管孔隙向上层运动，起到保墒、提墒和接墒的作用，从而改善土壤水分状态。播种前后压土还可使种子与土壤紧密接触，有利于提高播种质量，促进种子吸水萌发和扎根生长。

各种镇压器和石碾等农具都有压土的作用。

（三） 耕作措施

在完成田间耕作各项任务时，需要采用相应的作业措施。主要包括犁、深松耕、旋耕、浅耕灭茬、耙耱、中耕、镇压、开沟、作畦、作垄等项目。根据这些措施对土壤的作用范围和影响程度的不同，可将其划分为基本耕作和表土耕作两大类型。

1. 基本耕作

基本耕作是作用于整个耕作层，对土壤影响大、作业强度高的田间耕作措施。根据作业特点和所使用农机具的性能，土壤基本耕作措施还可以划分为犁耕、深松耕和旋耕三种。

（1）犁耕：犁耕是对土壤中的各种性状起着最大影响和作用的田间作业方式。通常是由动力牵引着各种铧犁完成的，犁耕对土壤具有切、翻、松、碎和混的多种作用，并能一次综合完成疏松耕层、翻埋残茬、拌混肥料、消灭病、虫、草害等多项任务。因此，犁耕是土壤耕作中最基本和最重要的一项措施。

（2）深松耕：深松耕是指通过动力牵引无壁犁、齿形犁或深松铲，对土壤进行较深部位只松土而不翻动土层的田间耕作措施。由于松土部位深（30～50cm），是对土壤整体耕层的触动，影响较大，效果较持久，因此，深松耕被列为土壤基本耕作措施。

（3）旋耕：旋耕是采用旋耕机对土壤进行作业的一种耕作方法。然而，由于旋耕机耗能大，生产效率低，并且对土壤的破碎程度过大，因此，在大规模农业生产中，旋耕机并未被广泛使用。

2. 表土耕作

表土耕作是在基本耕作基础上配合进行的辅助性作业，是土壤耕作中不可缺少的组成部分。表土耕作承担着独特的其他作业不可替代的任务，表土耕作是指仅对土壤表层 0～10cm 范围进行各种作业的土壤耕作措施。主要包括浅耕灭茬、耙、耢、中耕、镇压、开沟、作畦、作垄等项目。表土耕作既可在耕地前进行，为耕地创造良好条件，也可在耕地后开展，以提高耕地质量和播种质量。基本耕作和表土耕作措施应协调配合，才能充分发挥土壤耕作的最佳效果，圆满完成各项任务，为牧草从播种到收获前创造适宜的土壤和环境条件。

（1）浅耕灭茬：一般在前作物收获后，耕地前对土壤浅耕 5～10cm，主要目的是清除田间残茬，为深翻土壤创造有利条件。此外，浅耕灭茬还具有消灭田间杂草、疏松表土、促进蓄水保墒等重要作用。

（2）耙地：耙地是表土耕作的主要措施之一。耙地的主要作用是疏松表土、平整地面、弄碎坷垃，消灭杂草，混合土肥，并可局部轻微压实土壤等。耙地有利于促进土壤蓄水保墒和牧草作物出苗与成长。

（3）耢地：耢地通常用木板、铁板或柳条编织的耢，这是在田间进行的一种辅助性表土作业。常在耕地后与耙地结合进行的作业。具有平整地表，耢实土壤，破碎土块，坚实土壤等作用。耢地作业有利于保墒和播种，一般在播种前进行。潮湿的土壤一般不采用耢地，以免压实土壤干后板结。

（4）镇压：镇压是借助物体的重力使土壤耕层上部变得较坚实的一种表土耕作措施。镇压有利于保墒和种子吸水萌发，还具有平土、压土和破碎土块的作用，可以减少因蒸发造成的土壤水分损失，有利于种子与土壤密切接触，进而有利于种子吸水萌发和出苗，并可防止因土壤自陷而对根系造成的伤害。镇压的主要工具有石磙、平滑镇压器、V 型镇压器、石制或铁制的局部镇压器等。

（5）中耕：中耕主要是在作物生育期内进行的一种表土耕

作措施。铲地、耥地、耱地、锄地等措施统称中耕。中耕必须坚持不伤苗、不埋苗和不损根的原则。中耕的时间、深度和方法，一般要根据根系生育、杂草长势和土壤水分状态来决定。中耕次数要以省工高效和保持地净土松为标准。中耕的工具有锄、铲、无壁犁、中耕机等。

（6）开沟作畦：开沟作畦是土壤在耕、耙后进行播前整地的重要表土耕作内容。播种前要求精细整地，并按不同地区的耕作要求把土地整成一定规格和形状，为灌溉、排水、播种和田间管理创造一种良好的环境条件。在播前整地过程中开沟作畦有平作、畦作、垄作和低作四种方式。

二、播种技术

（一）种子与播种

1. 种子的品质要求

种子品质的好坏，直接影响牧草及饲料作物的播种质量和产量。只有纯净度高、籽粒饱满、整齐一致、生命力强且无病虫侵害的种子，在生产中才能起到高产、稳产、优质、低消耗的作用。因此，播种前必须认真做好种子检查工作，选出品质优良的种子，为播后苗齐、苗壮奠定良好基础。

（1）真实性：真实性是指该种子要名副其实，为该品种或种类的真正种子。饲料作物或牧草的种子在贮藏和运输过程中应附标签及说明，以资识别。如标签丢失又鉴别不清时，要通过田间试验来检验。

（2）纯净度：纯净度是指被检验的种子剔除杂质及其他种子后剩余的真实纯净种子的百分率，这是衡量种子品质的一项重要指标。纯净度高，种子优良；杂质多，则品质差。一般牧草种子的纯净度不低于95%，否则，播前应进行精选。种子纯净度的计算公式如下。

纯净度（％）＝（纯净种子重/样品种子重）×100

（3）生活力：生活力是反映种子有无发芽能力、发芽快慢和是否均匀的指标。生活力的高低需进行种子发芽试验，通过发芽率和发芽势来评定。方法有实验室发芽法、毛巾发芽法、快速发芽法、田间土壤发芽法等。经常采用的方法是实验室发芽法。试验前要准备一套发芽皿、沙子、滤纸、镊子和恒温培养箱等仪器设备及材料。各种牧草及饲料作物的发芽技术都有一定要求，一般重复3～4次。每次种子100粒，放在备有滤纸或沙子的发芽皿内，在温度20～25℃、空气流通、水分充足、有光照的条件下进行。在规定时间内发芽种子所占的百分率就是发芽率，发芽率高说明有生活力的种子多。发芽势是指在适宜条件下，在规定时期（发芽试验初期）内发芽种子数量占试验种子数量的百分比，发芽势高则种子生活力强，播后出苗整齐一致。发芽率的计算公式如下。

发芽率（％）＝（整个发芽试验期间种子发芽粒数/供试种子粒数）×100

（4）种子用价：种子用价也叫种子利用率，是指供检验种子真正有利用价值的种子数占供试样品的百分率。其计算公式如下。

种子用价（％）＝（纯净度×发芽率）×100

在生产中，种子用价是决定种子播种量的重要指标。种子用价低，可对种子进行进一步清杂或增加播种量，以保证单位面积内株数不减。

（5）千粒重：千粒重是指1 000粒种子的重量。它也是种子质量好坏的重要指标。种子的大小随种类不同而各异，但同一种类或同一品种种子千粒重则是籽粒大小和饱满、均匀程度的综合指标。同一种类或品种的种子千粒重高，生活力就强，播种后发芽出苗快，整齐一致，幼苗健壮，可为丰产打下基础。

2. 种子处理

牧草及饲料作物在播种之前所进行的选种、浸种、消毒以及去芒、去壳和硬实种子处理、根瘤菌接种等措施统称为种子处理。其目的是提高种子的萌发能力，保证播种质量，为牧草及饲料作物健壮生长奠定基础。

（1）选种：种子经品质检验后，对于发芽率和发芽势较高但纯净度不够的种子，需要进一步精选去杂方可做种。精选去杂采用的方法是：风选、筛选、水溶液选。风选可通过扬场将相对较轻的杂物借助风力吹走，筛选可筛出体积较大的秸秆及较重大的石砾和其他杂物，水溶液选可将轻于种子的杂物以及干瘪的种子清除。

（2）浸种：为了加快种子的萌发，播前需浸种。浸种的方法是：豆科作物种子5kg加温水7.5～10kg，浸泡12～16h；禾本科作物种子5kg加温水5～7.5kg，浸泡1～2d。浸后置阴凉处，每隔数小时翻动1次，2d后即可播种。

（3）去芒、去壳：带壳的豆科牧草种子发芽率很低，如草木樨；有芒的禾本科牧草种子给播种带来很大困难，影响播种质量。因此，必须进行种子处理，才可播种。去壳可用碾子碾压或碾米机等处理；去芒可用去芒机，然后风选。

（4）消毒：作物植种之前进行药物浸种或拌种，可预防通过种子传染病虫害。如为预防豆科牧草的叶斑病、禾本科牧草的赤霉病、黑穗病等可用1%的石灰水浸种；而苜蓿轮纹病则可用50倍福尔马林或1 000倍的抗生素401液浸种，也可用种子重量6.5%的菲醌拌种。

（5）硬实种子处理：有许多种子由于种皮不透水而不能吸胀和发芽，这些种子均为硬实种子。硬实种子在豆科牧草种子中最常见，特别是小粒的豆科牧草如紫云英、紫花苜蓿（10%～

20%)、草木樨（40% ~ 60%）、沙打旺、小冠花（60% ~ 70%）等的种子种皮有一角质层，坚韧致密，水分不能或不易渗入内部，使种子不能发芽。硬实种子处理方法有：①擦破种皮法。也叫机械处理法。当种子量较少时，将种子装进双层布袋，用手揉搓；或将种子平铺在砖地或水泥地上，用砖块或布鞋底轻搓。当种子量大时，可用碾米机进行处理。处理时间以种皮表面粗糙、起毛、不碾碎种子损伤种胚为宜。②变温处理法。将硬实种子放入温水中，水温以不烫手为宜，浸泡 24h 后捞出，在阳光下暴晒，夜间移至凉处，并经常浇水保持种子湿润，2 ~ 3d 后，种皮开裂，大部分种子吸水略有膨胀即可播种。③高温处理法。将种子置于恒温箱中，温度保持 40 ~ 45℃，处理 5d，可取得很好效果。在一定范围内，随着温度的升高硬实率下降。据试验，三叶草硬实种子在温度为 28℃时，处理 10min，硬实率下降到 64%；温度为 59℃时，硬实率下降到 40%；温度为 78℃时，下降到22%；温度为 98℃时则为 12%。④秋冬季播种处理法。秋冬季播种后，在冬季寒冷的条件下，种皮破裂，增加种子透性。

（6）根瘤菌接种：根瘤菌是一类有益的微生物，通常存在于土壤中。当豆科作物出现第一片真叶时，根系就开始分泌一种物质，吸引根瘤菌进入根部，并在根皮层细胞内生存繁殖。根受到刺激，细胞发生不正常分裂形成根瘤。根瘤菌在根瘤内与作物为共生互利关系，根瘤菌为豆科作物提供氮素营养，作物为根瘤菌提供碳素营养。这种关系发展到盛花期达到高峰，以后逐渐下降。

不同的豆科作物都有其相应的根瘤菌，并非任何豆科作物都可互相接种根瘤菌，这就是根瘤菌的专一性。豆科牧草根瘤菌分为 8 个族，它们是：苜蓿族，可接种于苜蓿属、草木樨属、葫芦巴属；三叶草族，可接种于三叶草属；豌豆族，可接种于豌豆属、野豌豆属、山黧豆属；菜豆族，可接种于菜豆属的一部分；

羽扇豆族，接种于羽扇豆属、鸟足豆属；大豆族，适用于大豆各品种；豇豆族，适合豆科的许多属，如豇豆、刀豆、胡枝子、绿豆、花生等；其他，包括一些上述任何族均不适合的小族，各自包括 1~2 种作物，如百脉根属、田菁属、红豆属、鹰嘴豆属、紫穗槐属。

接种方法：可用工厂生产的根瘤菌剂以干粉、菌浆、喷雾等方式拌种，豆科牧草主要采用菌浆拌种和喷雾接种两种方式。菌浆拌种是将粉状根瘤菌剂加水或加黏着剂制成菌浆或菌泥和种子拌匀，常用黏着剂是羧甲基纤维素钠；而液体根瘤菌制剂可喷雾于种子及待播土壤。另外，种子丸衣化接种是国内外机械化生产方式，它是借用黏着剂把根瘤菌吸附在种子上，然后再包被一层保护性丸衣。其中，用于种子包衣的材料主要有钙镁磷肥、磷矿粉、滑石粉、膨润土、碳酸钙、白云石粉等。黏着剂除羧甲基纤维素钠外，阿拉伯胶也经常应用。根瘤菌制剂要求菌剂含菌数为 1 亿~5 亿个/g，菌剂颗粒细度在 100 目以上，菌剂含水分 35% 左右，菌剂用量为每 10kg 种子用 0.5~10kg 菌剂接种。也可采集同类豆科牧草的根瘤，风干后压碎拌种，每亩约需干根瘤菌 10g。取种过同类豆科牧草田内潮湿的土壤 25~50kg 与种子混合播种也有同样功效。

根瘤菌接种应注意的问题：根瘤菌不能直接与日光接触，接种时应在阴暗而湿度较大的地方进行，拌种后立即覆土；用其他药剂拌过的种子，不能进行根瘤菌接种；接种的种子不能与生石灰或大量浓厚肥料接触；根瘤菌喜中性或弱碱性土壤，过酸不利于根瘤菌的生长繁殖，酸性土壤可先调节酸碱度，然后接种；根瘤菌喜欢湿润且通气良好的土壤，太干或太湿的土壤均不利于根瘤菌的生长。

3. 播种

播种技术是牧草及饲料作物生产的重要环节，其主要内容包括播种时期的确定、播种量计算、播种深度及播种方式的设置等。

（1）播种时期：牧草及饲料作物要求适期播种，适宜的播种期应根据作物种类、生物学特性以及当地的自然条件决定。如华北地区，对于冬性多年生禾本科和豆科牧草适宜8月上旬至9月上旬秋播；而干旱寒冷地区则多在雨季夏播；河南省大多数多年生禾本科牧草和豆科牧草，一年四季均可播种，但以秋播最为适宜，一般从8月中、下旬到9月下旬。原因一是秋季墒情较好，土壤温度也较高。只要及时整地，播后出苗快而齐；二是秋季杂草、病虫处于衰退下降趋势，有利于苗期生长；三是抗寒能力强，牧草能安全越冬。

（2）播种量：播种量的多少，直接影响牧草及饲料作物的产量和品质。只有适量播种，才能合理密植，取得高产优质。播种量多少主要根据牧草及饲料作物的生物学特性、栽培用途、种子大小、种子质量、土壤肥力、整地质量及播种时的气候条件等因素综合决定。实际播种量的计算公式如下。

实际播种量（kg/hm^2）＝种子用价100%时播种量/种子用价

例：紫花苜蓿种子用价为100%时的播种量是0.75kg/亩，已知纯净度为95%，发芽率为90%，实际播种量如下。

紫花苜蓿的种子用价＝95% × 90% ＝85.5%

紫花苜蓿每亩的实际播种量＝0.75÷85.5%≈0.88（kg）

（3）播种方式：主要有条播、点播、撒播等，其中最为普通的方式是条播。可用播种机或畜力耧播种；也可在小面积时用手锄或开沟器播种。行距应根据作物种类和利用目的而定，豆科牧草及撒种子田的禾本科牧草行距宜宽，禾本科牧草的行距宜窄。条播深度一致，出苗整齐，便于管理。在较陡的山坡荒地上，可采用挖穴点播。撒播是在整地后用人工或撒播机把种子撒播地表，然后覆土。撒播无行、株距，深浅不一致，出苗不整齐。若播前进行地面处理，墒情好或播后遇雨，出苗则较好。在山区、丘陵及沙荒区大面积种植牧草可采用飞机撒播。

（4）播种深度：播种深度应根据播牧草及饲料作物种类、种子大小及墒情好坏而定。原则是豆科牧草宜浅，禾本科可稍深；大粒种子可深，小粒种子可浅；土壤疏松可深，土壤紧实则浅；土壤墒情好宜浅，墒情差则宜深。通常播种深度为 2~6cm。

（二）牧草混播技术

1. 牧草混播的优越性

（1）提高产量：牧草及饲料作物混播一般比单播产量高14%以上。增产的主要原因是豆科牧草及饲料作物为禾本科牧草及饲料作物提供了氮素。另外，不同作物的根系深浅不一，可吸收土壤不同深度的养分和水分；株形不同可充分利用光照，提高光能利用率。

（2）改善品质：混播能显著提高牧草及饲料作物的品质，增加亩产品数量。据国外报道，以蛋白质需要计算，1 头奶牛在初穗期多年生黑麦草草地放牧产奶量为每天 20kg，而在白三叶草与多年生黑麦草混播草地上放牧可达到每天 40kg。混播后饲草不仅蛋白质含量高，而且营养丰富、平衡，还可防止因单独饲用豆科牧草所造成的反刍动物膨胀病。

（3）易于收获和调制：有些作物匍匐或缠绕在其他作物上，与直立型牧草混播可防止倒伏，便于收获。禾本科牧草及饲料作物的茎叶含水较少，调制干草水分散失均匀，叶片不易脱落。而豆科牧草含水较多，且茎叶含水分差异较大，水分散失不均匀，干燥时间延长，叶片易脱落，调制较难；豆科牧草含蛋白质、水分较多，含糖较少，不易单独青贮，与含碳水化合物较多的禾本科牧草混播，则可直接青贮成优质的青贮饲料，质量也大大提高。如紫花苜蓿单独采用常规青贮很快就会腐烂，只有用半干青贮才可成功，如和无芒雀麦混合青贮则容易成功。

（4）提高土壤肥力，减少施肥量：混播草地由于豆科牧草的固氮作用比其单播时要强，所以禾本科牧草可从豆科牧草得到部分固氮产物，减少了对土壤氮素的需要。因此，混播的需肥量较之于禾本科牧草单播时要少。混播增加了单位体积土壤中根系的数量，残留在土壤中的大量根系，可在适宜条件下经微生物作用形成腐殖质。同时，禾本科牧草的须根系把土壤分割成细小的颗粒，加上豆科牧草从土壤深层吸收的钙，形成作物生长量适宜的水稳性土壤团粒结构，使得土壤中水、肥、气、热等因素能有机配合，提高土壤肥力。

（5）减轻杂草病虫害：稠密的混播群落抑制了杂草的生长发育，杂草结子减少，遗留在土壤中的杂草种子出苗率也显著降低。混播牧草减轻杂草侵害的程度取决于混播牧草的组成、群落密度及稳定性。混播群落稠密而稳定，杂草就少；反之，就较多。

禾本科牧草比豆科牧草抗病虫害能力强，而且两者的病虫害也不尽相同。根系分泌物可抑制其他牧草病虫的传播和流行。此外，混播改变了草层结构，影响了田间小气候，使群落中的感病个体减少。

2. 混播牧草的选择及组合

（1）选择适合当地自然条件的多年生豆科牧草和禾本科牧草品种混播：这些牧草应具有高产优质、抗逆性强和再生性好的特征，用做放牧时，还应有较强的适应性及耐践踏能力。

（2）确定混播牧草的成分：应根据利用目的、年限，选择2~3种或3~4种牧草组成。如在大田轮作中为了恢复土壤肥力，选择品种时多采用上繁疏丛型禾本科牧草和豆科牧草，如苇状羊茅和苜蓿，混播2~3年。若以刈割为主，利用年限4~7年或更长的混播草场，可选发育一致的有中等寿命的上繁疏丛型禾本科牧草和豆科牧草作为混播组合，如牛尾草、披碱草、鸭茅、苜蓿、红豆草、沙打旺等。以放牧为主的混播草场，应选长寿命的下繁禾本科牧草和豆科牧草，如多年生黑麦草与白三叶草、苜蓿与无芒雀麦、百脉根与早熟禾等。

3. 混播牧草的播种

（1）播种量的确定：混播牧草组合确定以后，需要根据实际情况调整各成分所占比例及播种量。

首先，确定混播牧草各成分的比例。确定组合比例时应考虑各种牧草的生物学特性、自然条件、利用方式和利用年限。一般在较湿润条件下，豆科牧草比例可大一些；在干旱条件下，禾本科牧草可多一些。利用年限较短的割草地，豆科牧草应大些；利用年限长的放牧地则禾本科牧草应大些。

其次，是计算各种牧草的播种量。各种牧草的播种量可用其单播量乘以混播比例得到，然后将各种牧草播种量相加即得到混播牧草的播种量。如苜蓿和鸭茅混播，苜蓿单播量为 1kg/亩，混播比例为 60%，其混播量为 0.6kg/亩，鸭茅依次类推。但由于混播牧草群落中种间竞争较为剧烈，因此，必须适当增加播种量。一般 3~4 种牧草混播时播种量可增加 25%，5~6 种牧草混播时播种量可增加 50%。

（2）播种期的确定：主要根据牧草的生物学特性和当地的土壤、气候条件而定。如果组成混播牧草的成分均为春性或冬性，应在春季或秋季同期播种，如苜蓿和无芒雀麦；否则，应分期播种。另外，对于生长较慢的牧草要先播，发育较快的牧草应后播。由于禾本科牧草苗期生长较慢，易受豆科牧草的抑制，所以可以秋播禾本科牧草，第二年春播豆科牧草。

（3）播种方法：混播牧草的播种方法较常用的有①同行播种。行距一般为 15cm，各种牧草都播在同一行内。②交叉播种。

一种或几种牧草播在同一行内，另一种或几种牧草与前者成垂直方向播种。③间条播。可分窄行、宽行和宽窄相间条播三种。窄行行距为 15cm，宽行为 30cm。当混播 3 种以上牧草时，应按牧草种类和竞争繁殖能力间行条播。窄行间条播适用于干旱地区；宽行间条播适用于湿润及土壤比较肥沃地区；在宽窄相间条播时，窄行中可播耐阴或受抑制较弱、竞争能力强的牧草，宽行播喜光或竞争能力较弱的牧草。④撒条播。行距 15cm，一行采用条播，另一行进行较宽幅的撒播，条撒相间。

4. 保护播种

将多年生牧草与一年生禾谷类作物混播，禾谷类作物对于多年生牧草的生长起着保护作用，这种种植方法称为保护种植，一年生禾谷类作物被称为保护作物。

（1）保护播种的优点：主要是能减少杂草对牧草幼苗的抑制，同时能防止水土流失，并可增加当年的产量。

（2）保护作物的品种选择：保护作物一般选茎叶不繁茂、不倒伏、生长迅速、成熟期早的禾谷类作物，加大麦、燕麦、谷子、玉米等。

（3）播种技术：①播种量。进行保护播种时，多年生牧草的播种且和单播相同，但为了防止保护作物对牧草的抑制，要减少保护作物的播种量 20%～25% 以上。②播种期。保护作物与多年生牧草常采用同时播种，既省工，又可保证播种质量。为减少保护作物的抑制，也可将其提前 10～15d 播种。②播种方法。常采用同行条播、交叉播种和行间播种等。同行播种是将多年生牧草与禾谷类作物播于同一行内。此种方法省工，但由于种子大小不一，覆土深度不同，播种质量难以保证。另外，保护作物对牧草的抑制作用较大。交叉播种是将牧草或保护作物之一条播后，与播行成垂直方向播种另一种牧草或保护作物。这种方法虽然播种质量高，对牧草抑制作用小，但费工且管理不方便。行间条播是播种一行牧草，相邻播种一行保护作物，牧草与保护作物相间条播，如牧草行距 30cm，在牧草行间播种一行保护作物，牧草与保护作物之间的距离为 15cm，保护作物收获后，牧草仍保持原来的行距。这种方法既能保证播种质量，又能减少抑制，同时也便于田间管理，因而应用较多。

三、水肥管理

（一）肥料的种类及特性

肥料从大的方面可分为化学肥料和有机肥料两大类。

1. 化学肥料

化学肥料包括氮、磷、钾的单一肥和复合肥等。

（1）氮肥：氮肥又分为 3 类，即铵态氮肥、硝态氮肥和酰胺态氮肥。

①硫酸铵 $[(NH_4)_2SO_4]$：硫酸铵简称硫铵，为铵态氮肥的标准肥料。硫铵是一种白色或浅黄色的颗粒肥料，含氮 20% ~ 21%，易溶于水，施入土壤解离的氮离子不仅可被作物吸收，而且可被土壤胶体吸附，不易流失，因而硫铵不仅可作追肥，又可作基肥。另外，由于硫铵与种子接触后危害性小，也可作种肥。硫铵肥效快而短，一般在 30℃ 条件下，施后 2 ~ 3d 即可见效，肥效 10 ~ 20d。硫铵为生理酸性肥料，长期施用会使土壤板结、变酸。硫铵作基肥、种肥的施肥量一般分别为 375 ~ 600kg/hm² 和 37.5 ~ 75kg/hm²，作追肥的施用量每次为 150 ~ 225kg/hm²。

②碳酸氢铵（NH_4HCO_3）：碳酸氢铵简称为碳铵，是一种使用较普遍的肥料。其制造工艺简单，各地的小氮肥厂主要是生产此种肥料。碳酸氢铵为白色或灰白色结晶状颗粒，含氮为 15% ~ 17%，性质不稳定，易分解挥发，有氨臭味。碳酸氢铵挥发性强，不宜作为种肥，也不作根外追肥使用。通常情况下作为

基肥和追肥，作基肥时 $450 \sim 600 \text{kg/hm}^2$，作追肥时每次施肥量为 225kg/hm^2。追肥要深施于植株旁 $8 \sim 10 \text{cm}$，然后盖土。碳酸氢铵不能作苗床追肥，以防烧伤幼苗。

③氨水（NH_4OH）：氨水是氨溶于水而形成的液态氮肥，呈碱性反应，含氮 $16\% \sim 17\%$。由于氨溶于水极不稳定，因而这种肥料易挥发损失。此肥多作基肥施用，也可作追肥。施用时应注意加水稀释，并随施随埋，以防氮素损失。还应注意不能与植物接触，以防灼伤植物。

④尿素［$CO（NH_2）$］：尿素是酰胺类氮肥，为白色粒状结晶，含氮量高达 $44\% \sim 46\%$，通常以 46% 计。尿素施入土壤后，可直接被植物吸收，但吸收量较少，只有经脲酶作用转变为氨离子，才能被大量吸收。尿素可以作基肥、追肥和种肥，用量为硫酸铵的一半。尿素作为根外追肥时效果甚好，易为叶片吸收，一般用于禾本科作物时浓度为 $1.5\% \sim 2.0\%$，用于叶菜类作物时为 1%。

⑤硝酸铵（NH_4NO_3）：硝酸铵又简称硝铵，白色结晶，含硝态氮及铵态氮各半，氮素含量为 $33\% \sim 34\%$，肥效较高，吸湿性强，易结块。硝铵可作为种肥和追肥，不宜作基肥，宜旱田不宜水田。原因是其 NO^{3-} 不易被胶体吸附，作基肥时易于流失，难以发挥肥效，在水田施用，硝态氮在反硝化细菌作用下还原为氮气而损失。硝酸铵作种肥时，用量为 37.5kg/hm^2，作追肥时每次 $150 \sim 300 \text{kg/hm}^2$ 为宜。

（2）磷肥：磷肥包括过磷酸钙、钙镁磷肥、磷矿粉等。目前生产上常用的为过磷酸钙，其他磷肥施用较少。

过磷酸钙主要成分是 ［$Ca（H_2PO_4）_2 + CaSO_4$］，为一种灰褐色粉末状酸性肥料。过磷酸钙易吸潮结块，腐蚀性较强，在贮藏过程中，易变质而降低磷肥的有效性。另外，磷在碱性土壤中，易被钙离子固定，在酸性土壤中易被铁、铝离子固定，不易被植物吸收利用。但被固定的磷酸盐以后可被微生物陆续释放出来，因此肥效较长，是迟效性肥料。过磷酸钙可作为基肥、种肥、追肥施用。基肥、种肥的施用量分别为 450～600kg/hm² 和 45～60kg/hm²。磷肥的施用应掌握以下原则。

早施：最好作为基肥和种肥施用，这样可源源不断地满足植物整个生育期对磷肥的需求。另外，磷肥同有机肥料混施，可增加磷的有效性。

深施、集中施：因磷在土壤中移动较小，深施到根系层，可增加根系对磷的吸收。集中施可减少磷与土壤的接触面，减少土壤对磷的化学固定。

以磷增氮：豆科植物吸收磷的能力较禾本科植物强，而且需要量多。由此，将磷肥施入种植豆科植物的土壤中，促进豆科植物的生长，从而加强了根瘤菌的固氮能力，增加了土壤中氮素含量。另外，磷还可促进氮的吸收利用。

（3）钾肥：化学合成钾肥主要是 K_2SO_4 和 KCl，一般含钾量在 50% 以上。由于目前生产水平较低，再加上我国中北部土壤钾含量较高和施用有机肥的习惯，一般土壤不致缺乏，因此，钾肥的应用较少。钾肥的施用一般多限于产量较高的地块和严重缺钾的土壤。目前广大农村应用较多的钾肥是草木灰。草木灰的主要成分是 CaO，约占总成分的 30%；其次为 K_2O，约为 25%；P_2O_5 较少，占 3%～6%；还含有硼、钼等微量元素，但以钾更为重要，故作为钾肥。草木灰中钾主要是以 K_2CO_3 和 K_2SO_4 的形式存在，其中 98% 以上为水溶性钾，有效率高。但钾易流失，应特别注意防潮、防雨淋。草木灰可作为基肥、种肥和追肥，但施用时应注意：草木灰不宜用作施用于盐碱土的肥料，不能与人粪尿和厩肥混施，以防氮素变成 NH_3 挥发损失。草木灰也不能与过磷酸钙混施，以免降低磷的有效性。

（4）复合肥料：由两种或两种以上肥料要素组成的化学肥

料称为复合肥料。在复合肥料中又可分为二元复合肥料、三元复合肥料和多元复合肥料。二元复合肥料主要分为氮磷、磷钾或氮钾复合，常见的如磷酸二铵。三元复合肥料是由氮、磷、钾或钙、镁、磷复合的化学肥料。多元复合肥料除了氮、磷、钾以外，还包括某些微量元素。

复合肥料的优点是含肥料要素多，一次可同时施用两种以上元素。缺点是灵活性差，对某些作物和某些地块效果好，而对另一些作物和另一地块效果欠佳。因而施用复合肥料，应在施肥前，根据作物的营养需要和土壤营养状况，临时搭配，否则会造成养分不平衡，影响施用效果。

2. 有机肥料

有机肥料包括厩肥、堆肥、人粪尿、绿肥等。其特点是养分含量全面，除含氮、磷、钾外，还含有植物生长发育所需要的其他矿物元素。有机肥料的养分以有机态的形式存在，只有被微生物分解后，才能被作物吸收利用，因而当季的利用率较低，通常为20%～30%。施用有机肥料还有改良土壤的作用。

（1）厩肥：厩肥是农村广泛应用的一种有机肥料，包括家畜的粪尿和垫草。由于家畜的种类不同，其肥料特性也各异。

①牛粪：含水多、细密，含纤维分解菌少，分解慢，属凉性肥料。

②马粪：含水少、粗糙、疏松多孔，含大量纤维分解菌，易发酵产热，属热性肥料。

③猪粪：质地细，含水较多，但氨化微生物含量多，易分解，肥效大而快。另外，纤维分解菌含量少，对未消化彻底而残留于粪中的饲料分解慢，因而分解速度介于牛粪和马粪之间，属温性肥料。

另外还有鸡粪、鸭粪、鹅粪、兔粪，都是上好的厩肥。

厩肥主要用作基肥，腐熟后也可作种肥和追肥。厩肥腐熟后施用可增加速效养分含量，提高当季利用率。另外，厩肥腐熟可减少病虫杂草传播的中间媒介，施用方便，有利于种子发芽出苗。尤其是鸡粪腐熟后可减少烧苗、烧根现象。

（2）人粪尿：人粪尿和厩肥具有共同的特性，含氮量0.5%～1%，是一种很好的肥料。

（3）堆肥：堆肥是利用杂草、作物秸秆等为原料堆放，经微生物发酵腐烂而制成的一种农家肥料，其作用和养分含量与厩肥基本相同。

（4）绿肥：植物割下后直接翻压到土壤中用作肥料，称为绿肥。用作绿肥的植物称为绿肥植物。由于豆科植物具有根瘤菌可固定空气中的氮素，因而绿肥植物多为一年生豆科植物。

（二）合理施肥

肥料是饲草生产的物质基础，也是提高其产量和质量的重要措施。但肥料并非施得越多就越好，只有合理施用，才能既增加产量，又降低成本，提高经济效益。

1. 施肥的原则

施肥的目的是为了满足饲草生长发育的需要，增加产量，提高效益。但要做到高产高效，就必须合理施肥。因此，在施肥时必须遵循以下原则。

（1）根据饲草的种类和生育时期施肥：不同的饲草种类对肥料的要求不同。禾本科作物、叶菜类饲料作物需氮较多，而豆科作物需磷较多，薯类及瓜类饲料作物则需钾量较多。同一种类饲料作物和牧草的不同品种对肥料的需求也不相同。如麦类矮秆耐肥品种，要求较好的水肥条件；而高秆不耐肥品种，水肥过多会造成减产。同一种饲料作物或牧草在不同的生长时期需肥量也不同。籽用玉米在苗期对氮肥需要量较小，拔节孕穗期对氮肥的需要量增多，到抽穗开花后对氮肥的需要量又减少。掌握不同饲草种类和不同生育时期对肥料的需求，对决定最佳施肥时期和施肥量，达到获得高产、优质的饲料的目的是十分重要的。

（2）根据收获的对象决定施肥：一般青贮饲料生产田，需要施用较多的速效氮钾化肥，以便获得较高的茎叶生产量；以种子生产为主时，则应多施磷、钾肥，配合施用一定量速效氮肥；以收获块根茎为主时，应注意磷、钾肥的施用，过多施用氮肥会造成茎叶徒长，而经济产量反而降低。

（3）根据土壤状况合理施肥：要充分发挥肥效，还应根据土壤性质选择肥料的种类和施用方法。如黏性土壤施肥，应重视基肥和种肥的施用；沙质土壤保肥性差，应少量多次追肥。在决定施肥量时应充分考虑土壤肥力的高低。对于比较肥沃的土壤，多施肥会引起作物或牧草倒伏，要减少施肥量；瘠薄的土壤应注意适当多施肥料，以满足饲草高产的要求。

（4）根据土壤水分等状况施肥：水分太多易造成施入养分的渗漏，而且好气性微生物活性差，有机肥养分释放慢；水分太少，则养分无法被植物吸收。旱季施肥时，要结合灌水或降水进行。此外，土壤的酸碱状况对施肥的效果也有影响，如酸性土壤施用磷肥可选用磷矿粉，而碱性土壤则不宜施用含氯离子和钠离子的肥料。

（5）根据肥料的种类和特性施肥：肥料的种类不同，性质各异。厩肥、堆肥、绿肥等有机肥料和磷肥多为迟效性肥料，通常作为基肥施用。硫酸铵、碳酸氢铵等速效氮肥多作追肥施用。硝态氮难于被土壤胶体吸附而易于流失，并在反硝化细菌作用下变成氮气而挥发，因而通常不作基肥施用，作追肥也应少施、勤施。另外，在施肥时应考虑肥料中所含的其他离子对饲料作物或牧草生长的影响，如含氯离子的肥料，不宜施于含淀粉、糖较多的甘薯、萝卜等。

（6）施肥与农业技术措施配合：农业技术措施与肥效有密

切关系。如有机肥料作基肥施用，常结合深翻使肥料能均匀混合在全耕层之中，达到土壤和肥料相融，有利于饲料作物和牧草吸收。追肥后浇水，有利于养分向根系表面迁移和吸收。各种肥料搭配混合施用，既可提高肥效，又可节省劳力，从而降低农产品成本。

2. 施肥方法

饲料作物和牧草的整个生育期可分为若干阶段，不同生长发育阶段对土壤和养分条件有不同的要求。同时，各生长发育阶段所处的气候条件不同，土壤水分、热量和养分条件也随之发生变化。因此，施肥一般不是一次就能满足饲草整个生育期的需要，需要在基肥的基础上进行多次追肥。

（1）基肥：基肥是播种或定植前结合土壤耕作施用的肥料，其目的是为了创造饲料作物生长发育所要求的良好的土壤条件，满足饲料作物对整个生长期的养分要求。因此，基肥的作用是双重的，一是培养地力、改良土壤，二是供给作物养分。作基肥的肥料主要是有机肥料（如厩肥、堆肥、绿肥）或磷肥、复合肥。

基肥的施用方法有撒施、条施和分层施。所谓撒施是在土壤翻耕之前，把肥料均匀撒于田面，然后翻耕入土中。撒施为基肥的主要施用方法，优点是省工，缺点是肥效发挥得不够充分。条施是在田面上开沟，然后把肥料施入沟中。条施肥料施得集中，靠近种子及植株根系，因此，用量少、肥效高，但较费工。分层施是结合深耕把粗质肥料和迟效肥料施入深层，精质肥料和速效肥料施到土壤上层，这样既可满足饲料作物对速效肥的需求，又能起到改良土壤的作用。

（2）种肥：种肥是播种（或定植）时施于种子附近或与种子混播的肥料。施用种肥，一方面可为种子发芽和幼苗生长创造良好的条件，另一方面用腐熟的有机肥料作种肥还有改善种子床或苗床物理性状的作用。种肥的种类主要有：腐熟的有机肥料、速效的无机肥料或混合肥料、颗粒肥料及菌肥等。种肥是同种子一起施入的肥料，因而要求所选用的肥料对种子无副作用，过酸过碱或未腐熟的有机肥料均不能作种肥。种肥的施用方法很多，可根据肥料种类和具体要求采用拌种、浸种、条施、穴施等。

（3）追肥：追肥是在生长期间施用的肥料，其目的是满足饲料作物和牧草生长发育期间对养分的要求。追肥的主要种类为速效氮肥和腐熟的有机肥料。磷、钾、复合肥也可用作追肥。近几年的经验证明，采用尿素等化肥，硼、钼、锰等微量元素肥料以及某些生长激素在现蕾（抽穗）开花期对饲料作物或牧草进行根外追肥，对提高种子产量有重要作用。为了充分发挥追肥的增产效果，除了确定适宜的追肥期外，还要采用合理的施用方法。追肥的施用方法通常包括撒施、条施、穴施和灌溉施肥等。但前三者在土壤墒情不好时也多结合灌溉进行。根外施肥在多数情况下是将肥料溶解在一定比例的水中，然后喷洒于叶面，通过组织吸收满足饲料作物和牧草对营养的需要。

四、灌溉

灌溉是补充土壤水分，满足作物正常生长发育所需的重要措施。正确的灌溉不仅能满足作物各生育期对水分的需求，而且可改善土壤的理化性质，调节土壤温度，促进微生物的活动，最终达到促进作物快速生长发育获得高产的目的。

1. 灌溉方法

大致有地表灌溉、喷灌和地下灌溉等 3 种类型。

地表灌溉：是最常用的人工灌溉，也是我国最基本的灌溉方法，具有费水、费力、操作比较简单的特点，如沟灌、畦灌等。

喷灌：是灌溉水通过机械设备，变成水滴状喷射到空中，降落在植物或土壤上。这种方法可用少量水实行定额灌溉，可调节农田小气候，既省水又省工，但需要一定的投资。

地下灌溉：也称为渗灌，是在地下 40～100cm 处设置有孔的水管，水从管中浸出，并借助毛细管作用上升或向四周扩散，来满足作物生长发育的需要。这是节水灌溉的好方法，主要用于干旱地区，但盐碱地要慎用此法。

2. 灌溉注意事项

灌溉除了应保证作物生长发育需要获得高产外，还应降低成本，因此，灌溉时期及灌溉次数的确定显得十分必要。灌溉随作物种类、气候及土壤等因素的不同而不同。禾本科牧草及饲料作物通常在拔节至抽穗是需水的关键时期，豆科牧草及饲料作物则是从现蕾到开花是需水的关键时期。对于刈割草地，每次刈割后都要进行灌水施肥。尤其是盐碱地，刈割后土地裸露，地表水分蒸发加剧，盐分上移，盐碱加重，灌水后，盐分下行，可减轻盐碱程度。一般旱地当土壤水分含量低于田间持水量的 50%～80% 时就要灌溉，超过时则应排水，否则影响作物的正常生长。

五、病虫害防治及杂草防除

在牧草及饲料作物生产中，经常会遇到病虫的为害和杂草的侵蚀，影响产量质量，所以必须做好病虫害的防治及田间杂草的防除工作。

（一）病虫草害的类型

1. 病害

饲料作物和牧草在生长发育及产品贮运过程中，常遭受生物的侵染和非生物不良因素的影响，从而在生理上、组织上和形态上发生一系列反常变化，造成产量降低，品质变劣。这种违背人们栽培目的的现象，称为作物病害。引起作物病害的病原种类虽然很多，但从本质上看，可分为非侵染性病害和侵染性病害两大类。

（1）非侵染性病害：这种病害由不良环境引起，不具侵染性，在病害部位找不到任何病原生物。非侵染性病害亦称为生理性病害。

①营养性病变：植物生长发育过程中因某一种或几种元素缺乏、不足或过多引起的一系列病变，如失绿、变色、畸形、组织坏死以及倒伏等均为营养性病变。

②水分失调：植物因干旱引起叶片变黄，叶尖、叶缘焦枯，早期落花、落叶、落果、籽粒不实、甚至全部萎蔫；或因土壤水分过多造成土壤缺氧，引起根系窒息、腐烂，叶片发黄、全株凋萎；或因水分供应急剧变化，如早期干旱后突然多水，引起块根、直根开裂等均为水分供应失调引起的病变。

③温度伤害：植物生长发育过程中温度过高或过低都将伤害植物。过低会造成霜害、冻害，过高加上干旱会造成植物枯萎和灼伤。

④中毒：空气和土壤中的有害物质，可引起植物病害。工业排放的废气、废水及肥料或农药施用不当都会伤害植物，轻者造成叶片变黄、枯焦，重者造成植株死亡。

（2）侵染性病害：这种病害由病原微生物所引起，在受伤害的部位可以找到病原微生物。病原在寄主植物上生长繁殖，并借某些方式向健康部位和株体传播，因此具有一定的传染性。在侵染性病害的病原中，最主要的是真菌，其次是病毒、细菌、线虫、寄生种子植物等。常见的侵染性病害有如下几种。

①真菌病害：主要症状是霉粉、黑粉、斑点、枯萎、腐烂等，如玉米的大小叶斑病及黑穗病，三叶草霜霉病，苜蓿褐斑病、腐霉猝倒病、锈病等。

②细菌病害：主要症状是萎蔫、导管变色、软腐等，如三叶草花叶病、花生丝核病、马铃薯花叶病等。

③线虫病：主要症状是干腐、瘤状，多侵染根和地下果实，如花生线虫病、甘薯线虫病等。

④寄生性种子植物：高等植物绝大多数为自养植物，但也有少数植物由于缺少足够叶绿素或某些器官退化而成为寄生病原物。如菟丝子主要为害豆科植物。

2. 虫害

牧草的虫害类型：牧草的虫害种类很多，按口器不同可分为咀嚼式口器害虫和刺吸式口器害虫。咀嚼的害虫是以齿状的口器咬食植物组织，将叶片咬成孔洞或咬断幼嫩的植株，如蝗虫、蚱蜢、蝼蛄、地老虎、黏虫等；刺吸式口器类的害虫有蚜虫、盲椿象、蓟马、红蜘蛛等，是以针状的口器刺入植物组织，吸食汁液，使植株变黄枯萎。了解了此种分类法，可为化学药物的选择提供依据。如灭除咀嚼式口器的害虫可选用胃毒剂，而要灭除刺吸式口器的害虫则应选用内吸剂。

害虫的另一种分类法是按其一生的变化情况进行分类。按其变化类型可分为两种类型，即完全变态和不完全变态。不完全变态的害虫在个体发育过程中分为三个时期，即卵、若虫（幼虫）、成虫。不完全变态类害虫的幼虫，外部形态和生活习性与成虫相似，其差别是个体较小和生殖器官未发育完全，如蝗虫、叶蝉等。完全变态的害虫一生要经过四个时期，即卵、幼虫、蛹、成虫，各时期在外部形态、内部器官构造、生活习性上截然不同。完全变态类害虫通常幼虫对农作物为害较重，成虫一般不为害作物，但甲虫类的成虫也为害农作物。

3. 杂草为害

杂草是指不是人们有意栽培的细茎草本植物。杂草在长期与自然条件的斗争中形成了许多特性，具体表现为：结实率高，如灰灰菜、野苋菜等每株可结数百粒至数千粒种子；传播能力强，既可随风和水传播，也可随动物和人传播；易落粒；休眠期长短不一，有的种子边脱落边萌发，有的种子几个月甚至几年后仍能发芽；繁殖能力强，很多杂草既可有性繁殖，又可无性繁殖；具有一定的伴生性，某些杂草适应某些饲料作物或牧草的生长条件，伴随着它们生长而生长。

杂草的为害主要表现在三个方面：①与栽培的牧草及饲料作物争夺水分、养分和阳光。②是病虫害的发源地。③增加畜产品的成本。

（二）病虫害与环境

病虫害的发生、发展与环境条件以及天敌的多少有着密切关系。环境条件主要包括温度、湿度、土壤、光线等多种因素。各种病虫害的发生、消长要求不同的环境条件，有的喜温暖潮湿的环境，有的则喜干燥的条件。但总体上看，温暖潮湿的环境有利于病害的发生，而干燥的条件则有利于害虫的出现。

土壤的结构、酸碱度、通透性以及温度、湿度状况，也影响着病虫害的发生与发展。如通气性好的沙壤土有利于地下害虫的发生，高温高湿的土壤则病害易于发生。

在自然界中，害虫的多少还与其天敌的数量有关。如七星瓢虫多则蚜虫就少，鸟类和蛙类多则可控制咬食茎叶、花、果实的地上害虫发展。因而，农业生产过程中，应主动创造不利于病虫害发生和发展，有利于农作物生长的环境条件，以减轻或制止病虫害的发生和流行。

（三）病虫草害防治方法

1. 病虫害防治方法

有植物检疫、农业防治、生物防治、化学防治和物理机械防治等。

植物检疫：是防止人为传播病虫害的重要措施。主要内容是对种子、苗木等的引进、调出进行检疫。将国内局部地区发生的检疫对象封锁起来，采取有效措施，逐步消除。

农业防治：是在牧草及饲料作物栽培过程中，运用一系列措施，如选育抗病品种、合理轮作倒茬、加强田间管理等，预防或消灭病虫害。

生物防治：是利用有益生物消灭有害生物，如利用七星瓢虫防治食蚜虻、草蛉等，起到以虫治虫的作用。

物理机械防治：是利用物理因素和机械来消灭害虫的方法，如灯光诱杀、暴晒、温汤浸种、石灰水浸种等。

化学防治：是利用化学药剂预防或消灭虫害的方法，如利用喷雾、喷粉、熏蒸、拌种、浸种、土壤消毒、涂抹受害部位和毒谷、毒饵等方法可有效起到防治病虫害作用。农药有杀虫剂和杀菌剂之分。

杀虫剂是用来防治害虫的药物。主要有胃毒剂、触杀剂（如辛硫磷、杀虫畏）、熏蒸剂（磷化铝、氯化苦）、内吸剂（乐果）和综合杀虫剂（敌百虫、西维因）等。

杀菌剂则是用来防治作物病害的药物。有保护剂和治疗剂之分，保护剂用于未受病菌侵害之前，主要起保护作用，如波尔多液；当作物已受病菌侵害就应使用治疗剂，如多菌灵、托布津等。

使用农药时，一要正确选择农药品种和剂型，二应适时用药，三要合理掌握用药量和用药次数，四要采用正确的用药方法，以达到节约、高效、低毒和安全的目的。

2. 防除杂草的措施

①切断杂草来源。主要是铲除田边和渠边杂草、施用腐熟的厩肥及播前进行种子处理、防止杂草种子随风和水及有机肥传播进入土壤。②农业防治。是通过合理密植，增加牧草及饲料作物的竞争能力，减少伴生草的生长；通过耕作措施消灭杂草，比如中耕、耕地、耙地等。③化学除草。应用化学除草剂来防除杂草。化学除草剂种类繁多，根据其作用和性质可分为选择性除草剂和灭生性除草剂。选择性除草剂只对某类植物有用，而对另一

类植物不起作用，如2、4—D只杀灭双子叶植物，对单子叶植物无害，甚至有促进生长的作用。灭生性除草剂如五氯酚钠、茅草枯等，则可杀死所有植物。化学除草剂的应用，为农业生产带来许多好处，如节省人力、物力，改进农业生产方法等。

六、收获技术

收获是农业生产的最终目的，也是田间生产的最后环节。

（一）收获的种类

根据栽培目的和收获物不同，收获类型有如下几种。

（1）籽粒收获：籽粒收获是以籽实为目的的收获，大多数饲料作物和采收种子的牧草都属此类，如玉米、大豆等。收获特点是有固定的收获期，一般在籽粒蜡熟末期或完熟期收获。

（2）地上部收获：是以收获地上部的茎叶为主要目的的收获，牧草与青饲料都属此类。这种收获无固定收获期，可根据栽培目的及饲喂家畜的种类来确定收获期。如苜蓿作为牛、羊青干草时，应在单位面积可消化养分产量最高的初花期收获，而用来作为猪、鸡的蛋白质及维生素补充饲料时应在现蕾期收获。

（3）地下部收获：是以获取地下部块根、块茎、直根等营养器官为主要目的的收获，如甘薯、萝卜、马铃薯等。这类收获也无固定收获期，但收获期的确定受外界温度等条件的影响，通常在早霜前收获。

（二）收获方法

（1）人工收获：从收割到脱枝、晾晒、包装、入库完全用人工或畜力进行，不用任何机械。

（2）机械收获：又分分段收获和联合收获。分段收获是将收割、晾晒、捡拾、脱粒、包装、入库等分段用机械进行。这种方法，机具简单、轻便、灵活、适宜小面积作业。联合收获是用联合收割机一次完成收获和脱粒等作业，特点是速度快、效率高、损失少，适宜大面积地块应用。

第二节 河南省黄河滩区牧草生产的栽培管理

一、河南省黄河滩区基本情况

黄河流经河南省西起灵宝，东至台前，流经 8 市 26 个县区，全长 711km。从孟津白鹤向东为设防河段，两岸堤距一般为 5～10km，最宽达 20km。此段河道为复式断面，河槽两侧有广阔的滩地。黄河滩区是黄河河道的重要组成部分，滩地既是汛期的排洪、滞洪和沉沙区域，又是滩区群众赖以生产和生活所必需的土地。尤其自 20 世纪黄河小浪底工程建成以后，我省黄河两岸的自然条件得到基本固定，许多属于季节性的黄河滩地已基本成为永久性的可利用土地。此外，1855 年黄河在河南兰考决口改道后，在河南省还留下一条故道，即老的黄河滩区。该黄河故道涉及商丘市的 4 个县区。

黄河滩区水热条件良好，年均温 13.6～15.1℃，1 月份平均温度为 1.5℃（最低温度为 –20℃），7 月份平均温度为 27.5℃（最高温度为 40℃），≥10℃ 的活动积温为 4 700～5 000℃；全年降水量为 600～1 200mm，主要集中在 6、7、8 三月内，约占 65%；全年日照时数为 2 000～2 600h，无霜期为 230d；土壤类型主要有：棕壤土、褐土、黄棕壤土、潮土、盐碱土、砂姜黑土、水稻土；土壤质地主要为：轻壤、中壤、重壤及黏土；草地植被主要是灌丛和温带落叶阔叶林。优越的自然环境适合大多数优良牧草的生长。

黄河滩区和故道共涉及 9 个市的 30 个县区（24 个县和 6 个

区）。据统计，2009 年这 30 个县区的人口 1.84×10^7 人，其中，农业人口 1.32×10^7 人。居住在滩区和故道内的人口约 150 万人。黄河滩区和故道的土地总面积 3 140 km²，合 470.6 万亩。据统计，在 470.6 万亩滩地和故道中，已开垦耕地 369.9 万亩，宜种草面积（包括部分不宜种粮的已垦地）199.2 万亩（见下表）。

目前，部分地区的滩地和故道由于开垦和利用不当，地表裸露、沙化的问题非常严重，已成为河南省的主要风沙源。黄河滩区的开垦地以种植业为主，产业非常单一。农作物夏粮以小麦为主，秋粮以大豆、玉米、花生为主。由于受汛期洪水漫滩影响，秋作物保种不保收。

表　黄河滩区基本情况　（单位：万人、元、万亩）

市县	人口	乡村人口	农民人均纯收入	滩区/故道面积	已利用面积	可种草面积	滩区地面现状
三门峡市	174.5	119.2	5 504.6	41.5	35	35	
灵宝市	73.8	62.4	5 872.0	12.5	11	11	
陕　县	34.6	23.4	4 510.0	11	10	10	
湖滨区	30.0	7.5	5 329.0	8	6	6	
渑池县	36.1	25.9	5 569.0	10	8	8	
洛阳市	189.3	154.1	6 068.4	16	5.5	5	
新安县	50.4	35.3	5 106.0				
吉利区	6.8	3.4	6 233.0	4	2	1	沿河边少部分沙化
孟津县	46.2	39.3	4 426.0	10	3	3	沿河边少部分沙化
偃师市	85.9	76.1	7 355.0	2	0.5	1	
济源市	68.0	35.0	6 763.0	4	1	3	裸露、沙化
郑州市	343.0	135.6	8 155.0	60.4	60.4	9.1	
巩义市	81.4	45.9	8 481.0	9.4	9.4	0	
荥阳市	60.3	32.9	7 973.0	17.5	17.5	2.7	
邙山区	20.3	13.5	9 766.0	13	13	3	无裸露、沙化
金水区	113.3			0.5	0.5	0.4	
中牟县	67.7	43.3	7 445.0	20	20	3	

（续表）

市县	人口	乡村人口	农民人均纯收入	滩区/故道面积	已利用面积	可种草面积	滩区地面现状
开封市	185.9	153.4	4 359.2	35.9	22.5	13.4	
郊 区	23.7	18.1	5 869.0	4.5	0.5	4	裸露、沙化，可种草
开封县	75.1	66.9	4 534.0	8.9	5	3.9	裸露、沙化，可种草
兰考县	87.1	68.4	3 789.0	22.5	17	5.5	裸露，可种草
新乡市	230.6	204.3	4 993.7	119.6	78.3	66.8	
原阳县	72.7	67.3	4 404.0	47.7	42	43.5	裸露13.5万亩
封丘县	77.6	67.9	4 268.0	21	7.8	12.5	裸露0.75万亩
长垣县	80.3	69.1	6 281.0	50.9	28.5	10.8	裸露2.1万亩
焦作市	148.7	129.8	6 634.7	112.4	100	32	
孟州市	37.7	31.3	6 734.0	56.8	51	17	
温 县	46.0	39.5	6 602.0	25.8	23	7	
武陟县	65.0	59.0	6 604.0	29.8	26	8	
濮阳市	194.0	170.3	4 076.8	39.3	31.2	7	
濮阳县	108.4	93.9	4 566.0	14	12	3	裸露2.5万亩，沙化1.4万亩，无盐碱化
范 县	50.2	45.1	3 545.0	12	11	0.5	基本无裸露，沙化5万亩，无盐碱化
台前县	35.4	31.2	3 373.0	13.3	8.2	3.5	裸露4万亩，沙化0.4万亩，无盐碱化
商丘市	335.7	236.2	3 917.4	41.6	36	28	
民权县	86.1	63.8	3 770.0	9.8	7.5	5	
宁陵县	59.7	51.6	3 745.0	7.5	6.8	6	
梁园区	80.0	46.0	4 423.0	16.8	15	15	无裸露、沙化
虞城县	109.9	74.8	3 851.0	7.5	6.8	2	
合 计	1 835.6	1 320.4	5 379.7	470.6	369.9	199.2	

黄河滩区及故道主要分布于我省郑州、洛阳、济源、开封、焦作、新乡、濮阳等 9 市 30 个县（市、区），黄河滩区和故道的土地总面积 3 140km^2，合470.6 万亩，草丛草场成方连片，约占全省天然草地面积的 7%。滩涂区人口 150 万人，人均土地 3.13 亩。

二、黄河滩区牧草生产的栽培管理

　　黄河滩区四季分明，土质松散，村庄稀落，地势平坦、宽阔，水资源丰富，便于大规范机械作业，但黄河滩地种粮产量低，适宜各类牧草生长。在黄河滩区牧草生产上要推广标准化种植技术，加强其生产的栽培管理。

　　1. 最佳播期和最后刈割期的选择

　　牧草在河南黄河滩区经实践可春播、夏播、秋播，经长期研究和综合考虑一般推荐秋播，秋季播种时间宜在每年秋季的 8 月中旬至 10 月上旬。该地区秋播春播正值多风干旱季节，水分难以保证，加之温度较低，出苗困难，很难达到苗全齐匀壮；夏播温度适宜，但正值雨季，给农机操作带来较大难度；秋播土壤经夏季的蓄墒，耕层土壤含水量比较丰富，且温度比较适宜，雨季已过，所以比较起来秋播比较理想。苜蓿的最后刈割期一定要适当选择，使其能安全越冬和有利于来年返青。综合考虑产量、安全越冬和来年春季生长等因素，确定适宜的刈割时间，最适时间应为距越冬期30d，不能适期刈割的应适当推迟刈割时间，可推迟到 10 月底、11 月初。

　　2. 雨季收获方法

　　苜蓿在正常情况下，全年亩产量可达 1.1t 以上，但往往达不到，原因是雨季霉变。从收获时间看，第一茬在 5 月初收获，此茬产量最高，占全年产量的 40% 左右，此期雨水少，空气干燥，收后能及时晾干，第二、第三茬收获期分别为 7、8 月份，容易受到雨季威胁，一旦遇雨，产量、品质骤然降低。第四茬，由于此期温度低、雨水少，品质不会受到影响。目前针对第二、第三茬雨季霉变问题，可采取根据天气变化情况推迟或提前收获和青贮方法来解决。

3. 牧草地杂草、虫害的防除技术

在大面积生产中杂草问题十分关键，部分春播地块第一茬杂草为害较严重，杂草为害面积可占20%左右，个别地块杂草为害率60%～70%。主要原因是部分地块由于播种质量差，缺苗严重，造成第一茬生长的中后期杂草严重；再有一种情况，二、三年生草部分地块，再生杂草严重，部分地块到苜蓿收获季节，杂草多于苜蓿，严重影响了草的质量，价格下跌较多，使农民收入下降。对于牧草地杂草防除技术问题：①提倡秋季适宜期播种；②把握除草时间，掌握最佳防治期。目前的杂草品种主要有稗草、苘麻、泥壶菜等，可使用药剂豆施乐防治。苜蓿播种前利用草甘膦除一遍，耕翻后灌水，杂草长出后再除一遍，平整后播种。苜蓿出苗后长出第五片叶子后喷撒选择性除草剂，如苜草净等，具体根据杂草种类选择；通过窄行距和高播量控制杂草。

河南省黄河滩区苜蓿种植面积的扩大也为苜蓿害虫的发生和流行创造了有利的生态条件。在河南省黄河滩区苜蓿田发生为害的昆虫，早期以蚜虫、蓟马为害为主，6月以后以盲蝽、甜菜夜蛾、棉铃虫等为害为主，7月中、下旬后为害最猖獗，需要进行防治控制其为害。苜蓿是一种多年生豆科植物，茬口多，生长期长，为多种害虫的生存提供了一个充足的食料来源，易造成害虫大面积发生为害。另外，有些传毒昆虫，如蚜虫除自身为害外，还传播病毒病，造成个别地块苜蓿长势矮小，叶片卷曲增厚，苜蓿品质和产量下降。在防治时要注意选择对天敌杀伤小的生物农药（如BT，核多角体病毒等），合理使用高效低残留的化学农药（如吡虫啉、啶虫脒），尽量减少化学农药使用量和使用次数，充分保护和发挥天敌的自然控制作用。商品草病虫害防除，一般也都采用飞机撒药除害，药物使用需要 PCA 证件。苜蓿苗期 60d 非常关键，蚜虫：氧化乐果；蓟马：高效氯氰菊酯；棉铃虫等：辛硫磷防治。

苜蓿田害虫天敌种类丰富，特别是蚜虫天敌瓢虫，对蚜虫种群具有明显控制作用，另外，气候条件对昆虫的活动影响较大，年份之间害虫发生情况有差异。总之，苜蓿昆虫为害的发生受多种因素影响，在防治上，根据苜蓿不同生长阶段和有害生物种群特点，选择合适的苜蓿品种，制定合理的防治措施，做到及时预防，才能有效减少害虫的发生与为害，实现苜蓿的高产、优质和高效。

4. 合理施肥技术

牧草种植底肥施用最好搞测土配方，根据土壤情况确定氮、磷、钾配比，同时必须加入适量微肥；苜蓿的根瘤菌能固定氮素，但只能满足其需要的 2/3，为保证苜蓿高产稳产，施肥是关键。返青期追肥氮肥 5～8kg 尿素是提高产量的重要措施，其余季节酌情追肥。施用磷、钾肥可显著增加苜蓿的产量，并可提高粗蛋白含量。一般每年晚秋施一次即可，追肥中以春季收完第一茬后施肥增产效果比较明显。

牧草追肥中常存在较大盲目性，存在问题也较多，比如①部分种植者在春季施一次碳铵或尿素，按照小麦、玉米等传统作物的施肥方法进行施肥，氮肥的施入量大，磷肥和钾肥施入量相对较少，造成后期严重倒伏，从而影响了收获牧草的产量和品质。②部分种植者在认识上存在误区，认为种草无需施什么肥，连种两年根本没施过肥。针对上述问题，科研和管理部门要加大培训，让种植者真正掌握苜蓿施肥技术。

5. 秋季播种的死苗问题

秋播效果虽好，但秋播时机若掌握不好，第一年冬季会发生死苗现象，严重的死苗率达70%以上。死苗在20%～30%属于正常现象。死苗原因：一是苜蓿本身抗寒性不如小麦，再加上有的年份冬季比较寒冷，对苜蓿越冬不利；二是秋季播种后（现有机械）耕层土壤较虚，苜蓿本身播种较浅（1.2cm），容易失墒。实际上大部分秋播地块的冬季死苗为干旱而死；三是死苗在早春（包括往年播种的地块）主要是早春浇水不当造成（降低地温）。

防止冬季死苗的主要措施为：在适播期内播种，播后镇压一遍，冻水充足，可大大减少越冬死苗率，防止早春死苗同样是冬前蓄足底墒，避免早春浇水，待苜蓿返青到10cm后浇水比较适宜。

总之，黄河滩区是河南的主要风沙源，在黄河滩区种植牧草，建设优质牧草基地，可以种草为中心建立起一道绿色长廊，有助于稳固主河道，起到防风固沙、保持水土、净化空气、美化环境的作用，使黄河这条千年"害河"变害为利、为民造福。本示范区的建设是加强黄河滩区生态环境保护的客观要求，在黄河滩区内大面积种植优质牧草，不仅可起到防风固沙的作用，调节沿黄的气候和湿度，还可以改造东亚飞蝗的孳生地，减轻或抑制蝗灾的发生，也有利于黄河滩区珍贵的湿地资源保护，对于改善郑州、洛阳、开封、商丘、新乡、濮阳等沿黄大中城市的生态环境具有重要意义。黄河滩区建设优质牧草基地，建立以"经济作物—粮食作物—饲草作物"为内容的"三元"农业种植模式，通过优良豆科牧草以及饲料作物，如紫花苜蓿、草木樨、紫云英和苕子等的种植，把用地和养地有效地结合起来，逐步发展生态农业和进一步优化河南省畜牧业结构，对促进奶业发展具有战略意义。

第四章 牧草生产技术

第一节 豆科牧草生产技术

一、紫花苜蓿

紫花苜蓿也叫紫苜蓿、苜蓿或苜蓿草，一般统称为苜蓿，原产小亚细亚、伊朗、外高加索一带，至今有2 000多年的栽培历史，是世界上栽培最早、种植面积最大、种植国家最多的优良牧草。其产量高、质量好、营养全面丰富，是任何牧草都无法比拟的，所以被誉为"牧草之王"，也是黄河滩区种植面积最大，利用最广泛的优质牧草。

（一）形态特点

紫花苜蓿为豆科苜蓿属多年生草本植物。株高70～80cm，茎直立或斜生，茎叶丰富，有较强的分枝能力，可形成较大的株丛（图4-1）。三出复叶，小叶倒卵形，前端锯齿。蝶形花冠、总状花序，荚果螺旋形，每荚有种子2～8粒，种子黄色，肾形，千粒重1.5～2.0g。直根系发达，入土深数米，根颈和侧根发育良好，主根上着生有大量的根瘤，能够固氮和提高土壤肥力，是非常好的生态草。

（二）对环境的要求

紫花苜蓿喜温暖半干燥的气候条件，生长发育的最适温度为

20~25℃，气候温暖且昼夜温差大时有利于生长；抗旱、抗寒及耐牧性较强，紫花苜蓿适应在年降水量为400~800mm的地方生长，降水量多的地方应种植在黄河滩区排水良好的地方。易积水的涝地、洼地均不利于紫花苜蓿的生长。温暖干燥且有排灌条件的地方最适宜紫花苜蓿的生长。喜光耐阴，充足的光照有利于牧草的分枝及产量和质量的提高。紫花苜蓿对土壤要求不严，但在滩区沙壤土和壤土中生长最为适应。

图4-1　初花期紫花苜蓿

（三）选地、整地及施肥

紫花苜蓿适宜在黄河中下游一带种植，在选地上除了盐碱地、内涝地、低洼地以及黏土地外均可种植，但开阔向阳、温暖干燥且有排灌条件的黄河滩地最适紫花苜蓿的种植和生长。

紫花苜蓿种子细小，需要有良好的整地质量。播种前一定要秋翻、秋耙和秋施肥，以便接纳较多的秋冬降水，促进生长。施肥以基肥为主，适当地搭配化肥，在一般的土壤中，有机肥的施用量为每亩 2 ~ 3t，再结合 15 ~ 20kg 的过磷酸钙或者 10 ~ 15kg 的硫酸钙。

（四）播种

（1）时间选择：我国黄河滩一带春季干旱，夏季高温杂草多，可选择在夏末秋初播种，或者秋季播种。选择秋播时，播种时间最佳在 9 月中下旬，不能迟于 10 月中旬，否则会降低幼苗的越冬率。

（2）品种选择：目前，我国黄河滩一带利用的苜蓿品种有国产的和进口的，其中大部分用国外进口品种，主要来自于美国、澳大利亚、加拿大等国家，在选择上主要考虑温度、降水量和土壤三方面因素，其中温度最为关键。在温度指标中，苜蓿的抗寒性是选种的核心。一般而言，品种抗寒性（即越冬能力）的主要指标用休眠级数来表示，级数越小，抗寒性越强，级数越大，抗寒性越低。在我国黄河滩一带，适合选择休眠级为 2 ~ 4 的品种，如金皇后、苜蓿王、德宝、塞特、猎人、金王后、三得利、WL232、WL323、WL252、爱非尼特、德福、塞福等。

（3）种子处理：首先，苜蓿播种前要晒种 2 ~ 3d，以打破休眠，提高发芽率和幼苗整齐度。其次要接种，在从未种过苜蓿的土地播种时，要接种苜蓿根瘤菌，每千克种子用 5g 菌剂，制成菌液洒在种子上，充分搅拌，随拌随播。无菌剂时，用老苜蓿地土壤与种子混合，比例最少为 1∶1。

（4）播种方法：紫花苜蓿在黄河滩一带常见的播种方法有条播、撒播和穴播三种；播种方式有单播，混播和保护播种（覆盖播种）三种。可据具体情况选用。种子田要单播，穴播或宽行条播，行距 50cm，穴距 50cm × 70cm 或 50cm × 50cm 或 50cm × 60cm，每穴留苗 1 ~ 2 株。收草地可条播也可撒播，可单播也可混播或保护播种。条播行距 30cm。撒播时要先浅耕后撒种，再耙耱。混播的可撒播也可条播，可同行条播，也可行间条播。保护播种的，要先条播或撒播保护作物，后撒播苜蓿种子，再耙耱。灌区和水肥条件好的地区可采用保护播种，保护作物有麦类，油菜或割制青干草的燕麦、墨西哥玉米、甜高粱、皇竹草等，但要尽可能早的收获保护作物。在干旱地区进行保护播种时，不仅当年苜蓿产量不高，甚至影响到第二年的收获量，最好实行春季单播。在生产上为了提高牧草营养价值、适口性和越冬率，也可采用紫花苜蓿与禾草混播，其中，与无芒雀麦、羊草、鸡脚草等禾草混播效果最佳，也可与猫尾草、一年生黑麦草、多年生黑麦草、鹅冠草混播，在混播草中，苜蓿占 40% ～50% 为宜。

（5）播种量：在黄河滩区单播时苜蓿的播种量为每亩 1 ～1.3kg，在滩区草荒严重的地方每亩播种量可再增加 0.5kg；在干旱地和山坡地种植时，播种量再提高 20% ～50%；在林下种植时，播种量要提高 50% ～60%。

（6）播种深度：视土壤墒情和质地而定，土干宜深，土湿则浅。沙壤土宜深，重黏土则浅，播深一般为 1 ～2.5cm。播种后要及时镇压 1 ～2 次，以利于保墒和出苗。

（五）田间管理

（1）杂草防除：出苗前，如遇雨土壤板结，要及时除板结层，以利出苗。紫花苜蓿苗期生长极为缓慢，易受杂草的为害，特别是高大的杂草对紫花苜蓿影响更大，所以要在播种的第一年苗期开始，每隔 20 ～30d 除草 1 次。

（2）病虫害防治：紫花苜蓿在黄河滩区种植时病虫害较多，常见病虫主要有蚜虫、螟虫、盲椿象、金龟子等。要早期发现，及时用速灭杀丁、敌百虫、敌杀死等药物来防治。在生产上，一经发现病虫害露头，即行刈割喂畜为宜。紫花苜蓿常感染菌核病、锈病、霜霉病、褐斑病、黑茎病等，除选育和使用抗病品种外，可采取早期拔除病株、发病前适时刈割或发病后喷洒多菌灵、波尔多液、石硫合剂，托布津等措施来防治。

（3）灌溉和施肥：2 年生以上的苜蓿地，在每年春季萌生前，需要清理田间留茬，并进行耕地保墒，秋季最后一次刈割和收种后，要松土追肥。每次刈割后也要耙地追肥，灌区结合灌水追肥，入冬时要灌足冬水。

（4）刈割：紫花苜蓿在黄河滩区刈割留茬高度 3～5cm，上游留茬高，中下游留茬低点，但干旱和寒冷地区秋季最后一次刈割留茬高度应为 7～8cm，以保持根部足够的养分和利于冬季积雪，对越冬和春季萌生有良好的作用。秋季最后一次刈割应在生长季结束前 20～30d 结束，过迟则不利于植株根部和根茎部营养物质积累。

（5）受粉：种子田在开花期要借助人工授粉或利用蜜蜂授粉，所以周围要有足够的蜜蜂或者赤眼蜂，以提高结实率。

（六）饲草产量

紫花苜蓿在黄河滩区产量高而稳定、生产成本也低，一次种植可利用 7～8 年，如管理好，可利用 10 年以上。一年可刈割 3～5 次，滩区每亩鲜草产量为 3.5～4.5t，折合干草 1～1.5t。在气候优越和水肥条件较好的情况下，干草产量每亩可达 1.5～2.0t。

另外，苜蓿可以进行打浆或者叶蛋白提取。用做不同的饲喂目的。

（七）营养与利用

据测定，紫花苜蓿初花期的营养成分为：干物质含量为 25.5%，干物质中粗蛋白、粗脂肪、粗纤维、无氮浸出物、粗灰分、钙和磷的含量分别为：20.5%、3.1%、25.8%、41.3%、9.3%、1.10%和0.37%。开花期营养成分见表4-1。

表4-1 紫花苜蓿开花期的营养成分（%）

生育期	状态	干物质	粗蛋白质	粗脂肪	粗纤维	无氮浸出物	粗灰分	钙	磷
开花期	绝干	100	18.4	1.4	31.6	37.3	11.3	2.22	0.28
	鲜样	21.2	3.9	0.3	6.7	7.9	2.4	0.51	0.06
	风干	87	16	1.2	27.5	32.4	9.9	1.93	0.24

注：资料来自张子仪主编的《中国饲料学》

苜蓿营养丰富，鲜嫩可口，质地柔软、味道清香、适口性好，是草食家畜最为理想的饲草饲料。无论青草、青干草或者草粉均是家畜的首选饲草饲料。

（1）奶牛：国内外无数应用证明，紫花苜蓿是奶牛的最佳牧草，对于提高奶牛单产作用很大。在夏秋季节里，适合苜蓿与禾本科牧草（如无芒雀和羊草等）混合青饲，青饲时每天每头的用量为15~20kg，同时搭配饲料玉米和杂交苏丹草的青草或者青贮饲料进行饲喂。要注意的是，苜蓿不能单独饲喂，也不适合在苜蓿地放牧，那样会引起臌胀病的发生；苜蓿的喂量不宜过多，否则会引起消化不良以及乳房炎，影响家畜健康。在冬春季节里，适合饲喂苜蓿与禾本科牧草的混合青干草，日喂量可以在10kg左右，再搭配一些青贮玉米秸秆和少量精饲料。2008年，中国奶业协会会长原农业部副部长刘成果在中国草学会青年工作委员会学术研讨会上讲"苜蓿草是奶牛高产优质的保障"，得到了与会者的赞同。2010年12月15日，针对牛奶优质安全生产问题，国内草业相关领域的院士、专家、学者向国务院提交了一份"关于大力推进苜蓿产业发展"的建议书。原国家总理温家宝高度重视并批示："赞成。要彻底解决牛奶质量安全问题，必须从发展优质饲草产业抓起"，之后国务院批准在全国建立 4 个百万亩牧草基地，其中，山东、河南为苜蓿生产基地。目前，国内国际商品草市场年需求量 1.00×10^7 t，我国紫花苜蓿商品草年生产量不足 3.00×10^5 t，多集中在甘肃、内蒙古。在河南，2009 年规模化苜蓿种植面积约为 10 万亩，奶牛需要 2.00×10^6 t 苜蓿干草，但苜蓿干草年提供能力 10 万多吨，仅能满足本地需求量的 5%。目前，河南省黄河滩区要打造全国绿色奶业示范带，种植和推广苜蓿尤为迫切。在全国，国家发改委计划从 2012 年开始，启动"振兴奶业苜蓿发展行动"，中央财政每年安排 5.25亿元，以 3 000 亩为一个单元，在奶牛主产省和苜蓿主产省，开展奶牛优质苜蓿标准化高产创建，2012 年全国建设 50 万亩，到"十二五"末，累计建设 200 万亩基地，其中主要是种植紫花苜蓿。

（2）肉牛：由于苜蓿含有皂角素，同样不能单独饲喂，也不适合放牧饲喂，在夏秋季节里，适合苜蓿与禾本科牧草（羊茅和羊草等）混合青饲，青饲时每天每头的用量为 20～25kg，同时搭配串叶松香草、聚合草和杂交苏丹草的青草进行饲喂。在冬春季节里，适合饲喂苜蓿与禾本科牧草的混合青干草，日喂量可以在 15kg 左右，再加一些氨化饲料或者青贮玉米秸秆，同时补充少量精饲料即可。

（3）羊：在牧草旺盛的夏秋季节里，成年绵羊适合饲喂苜蓿和无芒雀麦的混合青干草，每只每天喂量为 3.5～4.5kg；在冬春的季节里，绵羊适合饲喂苜蓿青干草，成年羊的喂量约2kg，同时搭配一些优质的氨化饲料或者青贮饲料。

（4）人类：苜蓿在初花期刈割，叶片中粗蛋白含量高达25%，纤维素含量低于 18%，而且胡萝卜素、维生素 K、B 族维生素以及核黄素含量丰富，这个时候的嫩叶和叶粉是人类很好的营养和保健食品，对预防癌症、高血压和糖尿病有很大效果，所以在美国，把食用添加苜蓿草粉的绿色面包和苜蓿豆腐作为健康生活的时尚。我们有理由相信，随着我国人民生活水平的提高，绿色苜蓿食品将会成为我国大众的健康选择。

二、白三叶

白三叶原产于欧洲，是世界上分布最广、栽培最多的豆科牧草之一，现用于牧草生产和园林绿化。

（一）形态特点

白三叶为豆科车轴草（或三叶草）属多年生草本植物。主根短，侧根发达，须根多而密，主要分布在 10～20cm 土层中，是豆科牧草中唯一的浅根系植物。茎分为匍匐茎和花茎两种，匍匐茎由根颈伸出，有明显的节和节间，掌状三出复叶，叶面有"V"形白色斑纹，叶缘有微锯齿。头型总状花序，花冠白色（图4－2）。荚果长卵形，种子小，千粒重 0.5～0.7g。

（二）对环境的要求

三叶喜温暖湿润气候条件，生长最适宜温度为 15～25℃。抗寒能力强，能够忍受冬季 -20～-15℃ 的低温。耐热性也强，能够忍受 30～35℃ 的高温；牧草生长的适宜年降水量为 500～800mm，生长期间需要持续和稳定的灌溉条件，抗旱能力很差，耐涝性强。另外，白三叶耐阴耐贫瘠，耐酸不耐碱。

（三）选地、整地及施肥

白三叶要选择排水良好、土层深厚、富含有机质的中壤质或黏壤质土来种植。地形要平坦和开阔，能排能灌。白三叶播前要求精细整地，秋翻深度要达到 20cm，翻后要及时耙地和压地，做到内松外实。白三叶为固氮植物，但根瘤形成前仍需供给充足

图4-2　盛花期白三叶

的养料，基肥是以优质厩肥为主，施用量为30~45t/hm²，白三叶需磷钾肥也较多，应该同有机肥结合起来用作基肥，肥效可维持3~5年。

（四）播　种

白三叶在黄河滩区适合在8月中旬到9月中下旬播种，播种量为每亩0.4~0.5kg，播深1~1.5cm。白三叶主要为条播，也可撒播。白三叶可单播也可混播，通常选择羊茅、猫尾草、牛尾草、多年生黑麦草、鸡脚草和白三叶混播，禾豆比为2:1。

（五）田间管理

等白三叶出苗后，视长势，一般施尿素每亩5~10kg，以促进壮苗提高鲜草产量。以后每次刈割或放牧利用过后，需要每亩追施高效复合肥15kg左右。

（六）饲草产量

白三叶为刈割与放牧兼用型牧草，但以刈割为主，每年可刈割 3～4 次，鲜草产量达到每亩 1.5～3t，在黄河滩区水肥条件较好的情况下，鲜草产量每亩可达 3～4t。

（七）营养与利用

白三叶营养丰富、草质嫩、适口性好、消化率高（表 4－2）。初花期干物质含量为 15.8%，干物质中粗蛋白、粗脂肪、粗纤维、无氮浸出物、粗灰分、钙和磷的含量分别为：24.7%、2.7%、12.5%、47.1%、13.0%、1.72% 和 0.34%。另外，各种维生素含量比较全。白三叶各种畜禽均喜食，特别是草食动物很好的一种高蛋白和多维牧草。白三叶再生能力强，耐践踏，适宜牛羊放牧。白三叶草也是鱼的优质饲草。

表 4－2　白三叶不同生育期营养成分　（%）

生育期	状态	干物质	粗蛋白质	粗脂肪	粗纤维	无氮浸出物	粗灰分	钙	磷
初花期	绝干	100	24.7	2.7	12.5	47.1	13	1.72	0.34
	鲜样	14.5	3.6	0.4	1.8	6.8	1.9	0.25	0.05
	风干	87	21.5	2.4	10.9	40.9	11.3	1.5	0.3
开花期	绝干	100	24.5	2.5	12.5	47.5	13	1.7	0.35
	鲜样	20	4.9	0.5	2.5	9.5	2.6	0.34	0.07
	风干	87	21.3	2.2	10.9	41.3	11.3	1.48	0.3

注：资料来自张子仪主编的《中国饲料学》

三、红三叶

红三叶也叫红荷兰翘摇、红车轴草或者红菽草，原产小亚细亚和南欧，是世界上栽培最早和最多的重要牧草。红三叶种植历史悠久，用于发展畜牧业早于紫花苜蓿。目前，红三叶在欧、美、澳各地大量栽培，是人工草地的骨干草种，是我国南北广泛种植的有前途的重要栽培草种之一。

（一）形态特点

红三叶为豆科车轴草属多年生下繁草本植物。株高 60 ~ 90cm。直根系，侧根发达，着生大量的须根，根系多集中在土表30cm的地层。茎圆形、中空，直立或斜上，有分枝、多茸毛。掌状三出复叶，小叶卵形或者长椭圆形，叶面有"V"形斑纹（图 4 - 3）。头型总状花序，聚生于茎顶端或者自叶腋处长出，每个花序有 50 ~ 100 朵小花，红色或者淡红色。种子椭圆形或者肾形，表面光滑，棕黄色或紫色，千粒重 1.5 ~ 2.2g。

图 4 - 3　盛花期红三叶

（二）对环境的要求

红三叶喜温暖湿润气候，以夏天不太热冬天不太冷的地区种植最为适宜。生育期内的最适温度为 18~25℃，耐高温又耐低温。不耐旱，适合在黄河滩区年降水量为 800~1 000mm 的地区生长，在降水量低于 500mm 的情况下生长不良；不耐淹，长期水淹会烂根死亡。红三叶喜光不耐阴，光线不足时产量低质量差。耐碱不耐酸，适宜的土壤 pH 值为 6.6~7.5。

（三）选地、整地及施肥

红三叶对滩区土壤要求不严格，通常以养分充足、水分适宜、排灌方便且富含钙质的壤土较为理想。易积水的砂砾地，低洼地不适宜种植。红三叶的良好前作是谷类、叶菜类及薯类。

红三叶种子小，根系多集中在表土层，要求播前精细整地，秋翻耙，加强土壤的熟化，以接纳较多的水分。实践证明，播种头一年秋季进行翻耙地，可以加强土壤的蓄水和熟化，对播种最为有利。红三叶对氮肥要求较多，其次是钾、钙和磷。播前每亩要施 2.5t 堆肥或厩肥，再加上 20~30kg 磷肥作为基肥。

（四）播种

（1）播种时间：红三叶在黄河滩区适合在 8 月下旬到 9 月下旬秋播。

（2）选种：红三叶品种繁多，一般根据生育期可分为早熟和晚熟两种，早熟型红三叶植株低矮，分枝少，花期短，一年可以刈割 2~4 次，根系不发达，不耐寒冷，但耐高温与干旱，适合在黄河中下游低纬度滩区广泛种植；晚熟型红三叶植株高大，分枝多，株丛密集，花期长，再生性差，年可刈割 1~2 次，饲草质量不及前者，但是抗寒性强，适合在黄河中上游高纬度滩区种植。

（3）播前种子处理：播前要进行硬实处理和根瘤菌接种（方法同前），另外，稀土和微肥拌种效果也很好。每亩用250~300mg/kg硝酸稀土播前浸种，可提高产草量10%左右，硼肥和钼肥浸种或者拌种可明显提高种子产量。

（4）播种方法：红三叶种子小，在黄河滩区牧草田播种量为每亩1~1.5kg，采种田播量可减为每亩0.5~1.0kg，用作牧草生产，行距15~30cm，用作种子生产，行距为30~50cm。红三叶可单播，也可混播，二者均采用条播，行距30~40cm，或60~70cm的双条播。播后覆土1~2cm，镇压1~2次。红三叶适宜和黑麦草、鸡脚草、猫尾草、牛尾草等混播。红三叶与黑麦草混播时，要以红三叶为主，实行2∶1间、套种；红三叶与猫尾草、鸡脚草可实行1∶1间、套种，效果很好。

（五）田间管理

（1）除草：红三叶苗期生长缓慢，易遭受杂草的为害，特别是春季播种，除草更为关键。红三叶出苗后要及时中耕，同时要及时清除杂草和合理疏苗。当长到4片叶和8片叶时，要分别第二次和第三次中耕除草。另外，每年返青前后也要中耕除草1~2次。

（2）灌溉与施肥：红三叶不抗旱、不耐热，在干旱和炎热的天气，要及时灌水1~2次。在牧草生长旺季和每次刈割和放牧后，也应该及时追肥和灌溉。红三叶的施肥原则是根据红三叶需肥规律、土壤养分状况和肥料效应，确定施肥量和施肥方法，按照有机与无机结合、基肥与追肥结合的原则，实行平衡施肥。基肥为秋耕或播前浅耕，每亩施农家肥2 000~2 500kg，过磷酸钙20~30kg为基肥。农家肥要求充分腐熟，符合无害化标准。种肥为对土壤肥力低下的，在播种时还要施入尿素5kg或硝酸铵10kg，促进幼苗生长。追肥为每次刈割后要进行追肥，每亩需过磷酸钙 20kg，钾肥 15kg 或草木灰 30kg。不应使用工业废弃物、城市垃圾和污泥。不应使用未经腐熟、未达到无害化指标的人畜粪尿等有机肥料。选用的肥料应达到国家有关产品质量标准，满足无公害红三叶对肥料的要求。钼肥、硼肥和铁肥也对红三叶饲草产量有显著提高效果，当每亩用量为 10～15g，施用浓度分别为 300mg/kg、450mg/kg 和 600mg/kg 的情况下，叶面喷洒能使白三叶牧草产量增加 7%～10%。

（3）病虫害防治：红三叶病虫害较少，常见病害有锈病、褐斑病和菌核病等，目前还没有十分有效的药物治疗措施，主要是通过合理的种植制度来预防，如播种前用多菌灵拌种，合理密植和增加行间的通风透气等。虫害主要是地老虎、盲椿象和蛴螬等，一般在红三叶生长弱期或者杂草丛生时大量发生，可用乐果、速灭杀丁加以防除。

（六）饲草产量

红三叶在黄河滩区 1 年可刈割 3～4 次，鲜草的亩产量为 4t 左右。红三叶花期长达 2 个月，种子成熟不一致，宜在 70%～80% 的花序干枯变为黄褐色时收获，每亩可收种子 15～30kg，最高可达 70kg。

红三叶草营养丰富、品质好。花期干物质含量为 27.3%，干物质中粗蛋白、粗脂肪、粗纤维、无氮浸出物以及粗灰分分别为：15.0%、4.0%、28.2%、45.5%、7.3%，可消化粗蛋白质（猪）为 133g/kg，钙和磷的含量分别为 0.47% 和 0.35%。和紫花苜蓿相比，总消化养分略低，可消化粗蛋白略高，三种必需氨基酸含量接近紫花苜蓿。

（七）营养与利用

红三叶是一种很好的豆科牧草，放牧牛羊发生臌胀病的机会较少，但反刍家畜（牛、羊）不可采食过饱。幼嫩的草可用来饲喂牛、猪、兔、鹅、鱼，均为切碎饲喂。但奶牛可整喂，日喂奶牛 15～20kg 鲜草，可节省 30%～40% 的精料。由红三叶和禾本科牧草调制成的青干草，草质柔软、味香，可以作为冬春季节良好的储备料。优质的红三叶草可制成草粉喂猪，草粉要占日粮组成的 15%～30%。

四、百脉根

百脉根也叫五叶草、牛角花或者鸟趾草，原产欧洲和亚洲的湿润地带。早在 17 世纪已经被用于瘠薄地的改良和草业生产。我国西北和西南地区有大量的野生种，现在广泛栽培的百脉根主要来自新西兰和美国，其适应性强、产量高、用途广泛，深受群众的欢迎，特别是我国温带湿润地区极有希望的豆科牧草。

（一）形态特点

百脉根为豆科百脉根属一年生或者多年生草本植物。株高 60～90cm，属丛生型半上繁草。主根粗大入土深，侧根发达，根系主要分布在 20cm 以上的土层中；根系以及周围根瘤多，能够固氮来满足植物氮的需要。茎丛生、斜生或者直立，分枝多。掌状三出复叶，小叶卵形或者倒卵形，2 片拖曳着生于叶轴的基部，与三片小叶相似，故称之为五叶草。4～8 朵黄色小花排列成伞形花序，花冠黄色，蝶形。荚果细长圆柱形，角状，聚生于长柄的顶端散开，状如鸟足；种子肾形，黑色，橄榄色或者墨绿色，千粒重 1.0～1.2g。

（二）对环境的要求

百脉根喜温暖湿润气候条件，从温带到热带均可种植生长，在气温为 7.5℃，地温为 7℃ 以上即可萌发，适宜的年生长温度为20~25℃，生长需要的最低温度为5~8℃，能够忍受35~40℃高温，但是大多数品种耐寒性差，远不及紫花苜蓿，但耐热性强于紫花苜蓿；适宜的年降水量为500~900mm，抗旱能力强；该草为喜光植物，光照充足时，植株高大，叶色浓，光合作用强，产量高；光照不足时，在生长早期，低矮、瘦小，易出现死苗现象；百脉根对土壤要求不严，各类土壤均可种植，但以沙质壤土上生长最佳。最适宜在土壤肥沃、排水良好的钙质土壤中种植与生长。

（三）选地、整地及施肥

百脉根适宜在各种荒山荒坡的退化草地和退耕还牧地种植，是人工草地建设和草地改良的理想草种。在南方的下湿地、低洼内涝地、黏土地和白浆土地不易种植。由于百脉根种子细小，播前要深耕细耙，使土壤细碎疏松，以利于播种和保苗。在退耕地第一年种植时要浅耕，然后深耕耙耱。在贫瘠的土地上种植时，应每亩施有机肥1.5~2t，同时掺入20~25kg的过磷酸钙翻入底层作为基肥。

（四）播种

（1）品种：全世界百脉根品种有100种，依照其生活型可分为一年生和多年生两大类群。多年生种为常用种，主要有鸟足百脉根、窄叶百脉根、大百脉根、棱英百脉根和澳洲百脉根等；一年生百脉根主要有粗糙百脉根和安嘎司百脉根两种。鸟足百脉根也可简称是百脉根，是最常用的栽培种。

（2）种子处理：百脉根硬实率高，平均在20%~40%，需要在播种前进行硬实处理，处理方法主要是冷热交替2~3h的处理；第一次种植时要在播种前进行根瘤菌接种，可以用根瘤菌菌粉接种，也可以用简易法进行接种；为了防止生长期病害的发生，播前需要晒种灭菌，在病虫害较多的地区播种，播前应该严格清选，最好再用多菌灵、辛硫磷等药物进行拌种。

（3）播种时间：百脉根在河南黄河滩区适合秋播，秋播一般选择在8~9月份。

（4）播种方法：播种方法主要是条播，播行是20~30cm，播深1~1.5cm，播后镇压1次，单播时播种量为每亩0.5~0.8kg。百脉根也可以进行混播，混播的对象主要是无芒雀麦、鸡脚草、冰草、牛尾草、早熟禾等。实验证明，百脉根同苇状羊茅、朝鲜碱茅和冰草混播效果不错。百脉根可以大面积地进行飞播，飞播时种子要做成丸衣种子，适合草山草坡的改良。

（五）田间管理

百脉根苗期生长缓慢，不耐杂草，在播种当年幼苗同杂草的竞争能力很差，要注意苗齐以后要中耕除草，到封垄时要除净。第二年百脉根返青以后，生长较快，每次刈割后要进行中耕除草1次，同时要及时浇水、松土。干旱期要及时进行灌溉，以提高产量以及品质。百脉根不耐涝，在淫雨季节要及时排水防涝。百脉根再生能力较强，每次利用后要及时灌溉和施肥。

（六）饲草产量

百脉根在黄河滩区一年可刈割鲜草2~4次，鲜草的产量为每亩4~5t，种子的产量每亩为5~10kg。

（七）营养与利用

百脉根营养丰富（表4–3），初花期的营养成分为：干物质含量为26.4%，干物质中粗蛋白、粗脂肪、粗纤维、无氮浸出物、粗灰分、钙和磷的含量分别为：11.3%、2.2%、22.2%、54.3%、10.0%、2.00%和0.26%。百脉根的氨基酸含量也很丰富，现蕾开花初期 3 种限制性必需氨基酸赖氨酸、蛋氨酸、色氨酸含量分别为 0.46%、0.07%、0.08%。百脉根茎叶多，营养价值高，适口性好，各种家畜均可采食，是良好的牧草。花前幼嫩鲜草粉碎打浆后，可喂兔和草鱼；稍老可切碎喂马、牛、羊，喂反刍家畜时，与苇状羊茅等禾草混喂效果更好。另外，用百脉根与玉米秸秆制成的青贮饲料可直接喂牛羊，也可拌入精料饲喂。喂奶牛时，产奶量可提高 20%。

表 4－3　百脉根开花期的营养成分　　　　　　（%）

生育期	状态	干物质	粗蛋白质	粗脂肪	粗纤维	无氮浸出物	粗灰分
	绝干	100	11.3	2.2	22.2	54.3	10.0
开花期	鲜样	23	2.6	0.5	5.1	12.5	2.3
	风干	87	9.8	1.9	19.3	47.3	8.7

注：资料来自张子仪主编的《中国饲料学》

五、沙打旺

沙打旺又名直立黄芪，为豆科黄芪属多年生草本植物。是可用于改良荒山和固沙的优良牧草，也可用作绿肥。野生种主要分布在中国东北、西北、华北和西南地区。20 世纪中期中国开始栽培。

（一）形态特点

沙打旺主根粗壮，入土深 2～4m，根系幅度可达 1.5～4m，着生大量根瘤。植株高 2m 左右，丛生，主茎不明显，由基部生出多数分枝。奇数羽状复叶，小叶 7～25 片，长卵形。总状花序，着花 17～79 朵，紫红色或蓝色。荚果三棱柱形，有种子 9～11 粒，黑褐色、肾形，千粒重 1.5～1.8g。

（二）对环境的要求

沙打旺抗逆性强，适应性广，具有抗旱、抗寒、抗风沙、耐瘠薄等特性，且较耐盐碱，但不耐涝。沙打旺的越冬芽至少可以忍耐 −30℃ 的地表低温，连续 7d 日平均气温达 4.9℃ 时越冬芽即开始萌动。种子发芽的下限温度为 10℃ 左右。茎叶可抵御的最低温度范围为 − 10 ~ − 6℃。沙打旺的根系深，叶片小，全株被毛，具有明显的旱生结构，在年降水量 350mm 以上的地区均能正常生长。在土层很薄的山地粗骨土上，在肥力最低的沙丘、滩地上等，沙打旺往往能很好地生长。沙打旺对土壤要求不严，并具有很强的耐盐碱能力，在 pH 值 9.5 ~ 10.0、全盐量 0.3% ~ 0.4% 的盐碱地上，沙打旺可正常生长。

（三）选地、整地及施肥

沙打旺种子小，顶土力弱，播前最好适当整地，同时注意镇压保墒，以保全苗。在播种时以磷肥作基肥，亩施过磷酸钙 10 ~ 30kg，可显著提高鲜草产量。有条件的地区应注意及时灌水，亦可大幅度提高产量。

（四）播种

沙打旺没有固定的播种期，从早春到初秋均可，在黄河滩区以秋季的 9 月中旬较为合适，还可以利用冬前寄籽播种。沙打旺播种量一般为每亩 0.5 ~ 0.8kg 即可，播行是 20 ~ 30cm，播深 1 ~ 1.5cm，播后镇压 1 次。沙打旺种子小，顶土力弱，播前最好适当整地，同时注意镇压保墒，以保全苗。

（五）田间管理

发芽要求土壤水分不低于 11%，最好在 15% ~ 20%，土壤温度10℃以上。雨季温度水分条件适宜，播后2~3d即可发芽，5~7d出苗。沙打旺幼苗期间生长缓慢，有"蹲苗"习性，但根系伸长却很快。蹲苗过后，地上部生长逐渐加快。二年生以上植株，春季返青后生长速度较快，经过90~110d的营养生长后转入生殖生长。沙打旺常见的病害主要有白粉病、黄萎病、匍柄霉叶斑病、丝核菌根腐、基腐病、黑斑病和叶肿病，沙打旺苗期生长缓慢，不耐杂草，苗齐以后要中耕除草，到封垄时要除净。2年以后的沙打旺地块要在返青以及每次刈割后进行中耕除草1次。沙打旺不耐涝，要及时排水防涝。干旱期要及时进行灌溉，以提高产量以及品质。沙打旺再生能力较强，每次刈割后要及时灌溉和施肥。

（六）饲草产量

沙打旺在黄河滩区一年可刈割鲜草2~4次，鲜草的产量为每亩4~5t。

（七）营养与利用

沙打旺营养丰富，花期干物质含量为25%，干物质中总能为18.4MJ/kg，消化能（猪）9.49MJ/kg，花期粗蛋白质含量为13.27%，可消化粗蛋白质（猪）为99g/kg，纤维素含量为37.91%，钙和磷的含量分别为0.48%和0.19%（表4-4）。沙打旺富含各种氨基酸，现蕾开花初期3种限制性必需氨基酸赖氨酸、蛋氨酸、色氨酸含量分别为0.66%、0.08%、0.10%。

表4-4　沙打旺营养成分（占风干物%）

物候期	水分	粗蛋白	粗脂肪	粗纤维	无氮浸出物	灰分
孕蕾期	8.31	22.33	1.99	21.36	36.09	9.92

（续表）

物候期	水分	粗蛋白	粗脂肪	粗纤维	无氮浸出物	灰分
开花期	7.45	13.27	1.54	37.91	32.73	6.78
结荚期	7.51	10.91	1.42	39.59	33.98	6.59

沙打旺幼嫩鲜草粉碎打浆后，可喂猪、禽、兔、鱼；稍老可切碎喂马、牛、羊。喂反刍家畜时，与禾草混喂效果更好。沙打旺可制成发酵饲料，酸甜可口、营养丰富，喂猪、鸭、鱼效果不错。另外，用沙打旺与玉米秸秆制成的青贮饲料可直接喂牛羊，也可拌入精料饲喂。喂奶牛时，产奶量可提高30%。沙打旺可制成干草，在冬春季节，与禾草在一起整喂或切短喂均可。优质沙打旺草粉可搭配制成配合饲料，有效地解决配合饲料中蛋白质，维生素以及矿物质的不足。在日粮组成中，蛋鸡为3%～5%，肉鸡为2%～3%，母猪为30%～40%，育肥猪为15%～20%。

六、胡枝子

胡枝子原产中国、朝鲜和日本，分布于我国的东北、华北、西北地区及湖北、浙江、江西、福建等省。胡枝子除作饲草外，很大程度上用作水土保持植物，也可作绿肥；因花色美丽，尚可作庭园观赏植物；用叶子代茶，可作饮料。

（一）形态特点

胡枝子为多年生灌木。茎直立，高0.5～3m，分枝繁密，老枝灰褐色，嫩枝黄褐色，疏生短柔毛。羽状三出复叶，互生，顶端小叶宽椭圆形或卵状椭圆形，长1.5～5cm，宽1～2cm，先端钝圆，具短刺尖。总状花序腋生，总花梗较叶长，花萼杯状，花冠有紫、白两色。荚果倒卵形，不开裂，网脉明显，内含种子1粒；种子褐色，斜倒卵形，有紫色斑纹，千粒重8.3g。

（二）对环境的要求

胡枝子为中生性灌木，耐旱，耐阴，耐瘠薄，适应性强，对土壤要求不严格，尤其耐寒性极强，可在冬季无雪覆盖，最低气温达 −30 ~ −28℃的地方越冬。其野生种通常分布于海拔400 ~ 2 000m的暖温带落叶阔叶林区及亚热带山地和丘陵地带，是这一地带灌木丛的优势种。春季气温稳定在5℃以上时开始返青，在北京地区4月中旬返青，4月下旬开始分枝，6月初开花，7月中旬结荚，10月中下旬枯黄。在黄河滩区种植时整个生育期为90 ~ 115d，生长期为150 ~ 190d。

（三）选地、整地及施肥

胡枝子适宜在黄河滩区退化草地和退耕还牧地种植。截叶胡枝子容易栽培，在山坡草地、岗地和砾石地上种植时，可用除草剂消灭杂草后，不用翻地而直接种植。

由于胡枝子种子细小，播前最好要深耕细耙，使土壤细碎疏松，以利于播种和保苗。在贫瘠的土地上种植时，每亩应施有机肥1.5 ~ 2.5t，同时掺入450 ~ 500kg的过磷酸钙翻入底层作为基肥。

（四）播 种

（1）品种：胡枝子属在全世界有约120种，我国有近70种，人工培育的品种不多。目前，广泛应用的种主要是二色胡枝子、达乌里胡枝子以及截叶胡枝子等。

（2）种子处理：胡枝子硬实率高，平均在20% ~ 40%，有的高达70% ~ 80%，播种前要进行硬实处理。另外，去荚处理对于提高胡枝子萌发与出苗也有很大的好处。第一次种植时要在播种前进行根瘤菌接种。截叶胡枝子种子寿命短，播前要进行生活力的测定。

（3）播种时间：在我国寒冷地区，适合春播；在黄河滩区适合秋播，秋播一般在 8~9 月份；在华南地区，春夏秋均可播种。

（4）播种方法：胡枝子在黄河滩区条播或点播均可，通常以条播为主。条播时，二色胡枝子行距为 70~100cm，播种量为每亩 0.5kg，播深 2~3cm；截叶胡枝子行距为 30cm，播种量为每亩 0.4~0.6kg/hm^2，播深 1~2cm；达乌里胡枝子行距为 40~60cm，播种量为每亩 0.6~0.8kg，播深 1~2cm。二色胡枝子除了条播外，也可进行撒播，播种量增加 2 倍，也可做成丸衣种子，进行飞播，适合草山草坡的改良。除了单播外，截叶胡枝子也可以同禾本科牧草进行混播或者套种，鸭茅、多年生黑麦草、无芒雀麦以及鹅观草都是首选草种。

（五）田间管理

胡枝子在苗期生长缓慢，不耐杂草，在播种当年同杂草的竞争能力很差，要注意苗齐以后中耕除草 2~3 次，到封垄时要除净。第二年返青以后，生长较快，每次刈割后要进行中耕除草 1 次，同时要及时浇水、松土。干旱期要及时进行灌溉，以提高产量和品质。胡枝子的利用适合在开花期以前，刈割高度适合在 15~20cm。再生性一般，一年刈割 2~3 次。

（六）饲草产量

胡枝子在滩区一年可刈割鲜草 2~3 次，截叶胡枝子产量较高，每亩产干草 0.5~0.8t，种子产量为每亩 350kg；二色胡枝子在湿润地区干草产量为每亩 0.5~0.6t，干旱地区干草产量为每亩 150 ~ 200kg，产种子 15 ~ 30kg；达乌里胡枝子产量最低，每亩产干草 100 ~ 120kg。

（七）营养与利用

胡枝子营养价值高，粗蛋白质含量为 13.4% ~ 17.0%，且氨基酸含量丰富，据原北京农业大学对二年生胡枝子植株的分析，苗期的赖氨酸含量达 1.06%，开花期也达 0.83%，比紫花苜蓿还高。胡枝子的消化率比其他灌木类牧草高，反刍动物对其有机质的消化率为 53.3% ~ 57.6%。胡枝子枝叶繁茂，适口性好，适宜青饲或放牧利用，是牛、马的良好饲草，羊喜食，尤以山羊更喜食，调制成草粉也是猪、鸡、兔的优质饲料。

七、小冠花

小冠花也叫多变小冠花，原产北美，在西欧国家栽培历史悠久。我国于 1973 年从原欧美国家引入，目前主要种植在黄河流域。小冠花虽然在我国栽培历史短，但是饲草质量和产量均不错，被公认为很有推广价值的高产型豆科牧草。

（一）形态特点

小冠花为豆科小冠花属多年生草本植物。株高 80 ~ 100cm，茎半伏卧型，多分枝，丛生。叶片为奇数羽状复叶，有大叶型和小叶型两类。伞形花序，蝶形花冠粉白色，美丽。种子短圆柱形，千粒重 3.8 ~ 4.2g。

（二）对环境的要求

小冠花喜温暖湿润的气候条件，适合在黄河上游和中游一带种植。植株最适生长温度为 20 ~ 27℃。抗寒，对早霜及晚霜有很强的耐受力。适宜的年降水量为 600 ~ 1 000mm，低于 300mm

的地区不适宜栽培。不耐涝、不抗湿，长时间的湿涝会烂根死亡。小冠花为喜光植物，光照不足生长不良，产量和质量都会受到极大的影响。小冠花对土壤要求不严，除酸性过大、盐分含量较高或低洼内涝地以外，一般均能种植。

（三）　选地、整地及施肥

小冠花要求在地势平坦、土层深厚、有机质丰富、能排能灌、开阔向阳的土地上种植。也可用来改良退化草地、退耕地和浅山丘陵灌丛林地。

小冠花种子细小，要求有良好的整地质量。利用荒山秃岭兴建小冠花草地时，要清除地面灌丛和杂物，全面耕翻土壤，同时要耙地和压地。在贫瘠地和沙化地、碱化地上种植时，要施足基肥，保证有较高的肥力。播前每亩施优质农家肥 3t 以上，再加施 20kg 的过磷酸钙，肥效可维持 3～5 年。

（四）　播种

小冠花属植物有 20 多种，目前大量栽培的有多变小冠花。小冠花种子常有杂质，播前要清选，供播种的种子纯净度要在 90% 以上，发芽率不低于 95%。播前要进行根瘤菌接种。小冠花繁殖方法主要有两种，一种为种子播种，另一种为枝条扦插育苗。两种繁殖方法的时间幅度均较长，种子播种时接种根瘤菌后可增产 20% 以上。种子播种可春播，也可夏播。在黄河滩区播种，应在晚夏雨季过去立即播种，使小冠花在秋季充分发育，翌年春季早发，尽快覆盖地面，抑制杂草。小冠花硬实率较高，达 40%～70%，最高可达 80%，越是新鲜种子硬实率越高，播前必须处理。小冠花通常用条播，行距为 50～70cm。机械播种采用单条播或双条播，每亩播量为 0.4～0.6kg，播后覆土 1～2cm，镇压 1～2 次。小冠花枝条扦插有两种，一种是采用枝条直接插植于地块中；另一种是集中育苗，成苗后移植于地块中。前一种成活率较低，生长较慢；后一种成活率较高，生长快。枝条扦插育苗，首先要准备好苗床，即选肥沃湿润的土地，翻土捣碎，浇透水，以备扦插。选健壮枝条，从节部剪断，保留1个腋芽和1个叶片，株行距为10cm，根朝下，梢朝上，斜插入土中，露出腋芽和叶片。栽完浇1次透水，上面用草帘等搭棚遮阳。每隔3～4d浇1次水，经7～8d生根长叶。成活后撤棚。到插条长出新叶和开始扎根时，即可浇透水，带土挖苗，移入大田中。

（五）田间管理

小冠花苗期生长很慢，不耐杂草，所以从苗期以后，要抓紧中耕除草。密条播的在中耕除草的同时要疏苗和除净苗眼杂草。每隔10～15d中耕除草1次，到封垄时要完成3次中耕除草。返青前和每次刈割后，要中耕除草1次。为了提高产量和增进品质，刈割返青时，追肥、灌水1～2次，每次每亩施硝酸铵8～10kg、过磷酸钙20～30kg。深施肥后灌1次水。

小冠花的施肥原则是，选用的肥料应符合国家有关产品质量标准，满足无公害小冠花对肥料的要求。根据小冠花需肥规律、土壤养分状况和肥料效应，确定施肥量和施肥方法，按照有机与无机结合、基肥与追肥结合的原则，实行平衡施肥。基肥：秋耕或播前浅耕，每亩施有机肥料2.5～3.5t，过磷酸钙25kg和尿素5kg为底肥。有机肥料要求充分腐熟，符合无害化标准。种肥：对土壤肥力低下的，在播种时还要施入硫铵6～7kg，磷酸二氢钾促进幼苗生长。追肥：每次刈割后要进行追肥，每亩需过磷酸钙20～30kg或磷二铵7.5～10kg。不应使用工业废弃物、城市垃圾和污泥。不应使用未经腐熟、未达到无害化指标的人畜粪尿等有机肥料。

（六）饲草产量

小冠花种植时产鲜草一般每亩在 3～4t 以上，最高可达每亩6t，每亩产种子 25～30kg。

该草枝叶繁茂，叶量丰富，营养价值高，花期干物质的含量为 18.8%，干物质中粗蛋白质、粗脂肪、粗纤维、无氮浸出物、粗灰分、钙及磷的含量分别是 22.4%、1.84%、32.4%、34.1%、9.7%、1.63%、0.24%。另外，小冠花氨基酸较全，矿物质含量接近紫花苜蓿。

（七）营养与利用

草地适合牛羊放牧，在株高 40～60cm 时开始放牧，每次放牧 3～4d，重牧不影响再生，与禾草草地轮牧效果更好。小冠花每年刈割 2～3 次，可青饲也可制干草，青饲时，小冠花青草最适合用作牛羊等反刍动物的饲料，饲喂后产奶多、长肉快，不易得膨胀病，为了节约优质青草，提高饲喂效率，青饲时最好与氨化秸秆、青贮饲料结合起来。小冠花制成干草后可供冬春缺草时家畜的饲喂。

八、红豆草

红豆草也叫驴喜豆、驴食豆和车轴草原产于欧洲，我国西北边疆也有野生种。目前，我国栽培的红豆草是从英国引入的，产量高、质量好，可与"牧草之王"紫花苜蓿媲美，故有"牧草皇后"的美称，在我国栽培有近 50 年的栽培历史，目前是我国干旱和半干旱地区有价值的牧草之一。

（一）形态特点

红豆草为豆科红豆草属多年生草本植物。株高 80～120cm，直根入土深，具有丰富的根瘤。叶片为奇数羽状复叶，穗总状花序，花冠紫红色或粉红色，蝶形花冠，蜜腺发达。种子黄色，肾形，千粒重 16～21g。

（二）对环境的要求

红豆草喜温暖稍干燥气候条件，生长所需的温度比紫花苜蓿要高，耐寒性及越冬率不及紫花苜蓿。适合的年降水量为 400～800mm，抗旱性强于紫花苜蓿。多年实践证明，在年降水量 500mm，年均温 12～13℃情况下，生长最好。该草为长日照植物，喜光性强，充足的光照有利于高产稳产，光照不足则品质差产量低。红豆草在疏松且富含钙质的土壤中生长良好，适宜的土壤 pH 值为 6.0～7.5，有一定的抗酸耐碱能力，但在地下水位高的草甸土及酸性大的白浆土、重黏土上生长不良。生长年限一般是 6～7 年，2～4 年内产量最高。

（三）选地、整地及施肥

在黄河滩区种植时，红豆草地要求地势平坦、土层深厚、有机质丰富、能排能灌、开阔向阳的土地条件。也可在黄河故道退耕地和黄河上游浅山丘陵种植来改良土壤。

在播种的前一年，前作收获后要及时深耕，实行秋耕或早春耕，草荒地可伏耕，以便消灭杂草和蓄积更多的水分。红豆草固氮能力强，但对氮却较为敏感，在形成根瘤前及植株老龄后，要供给充足的氮肥，能促进其旺盛生长，延长利用年限。氮肥和磷肥混合施能显著地提高肥效；红豆草是喜钙植物，增施石灰也会提高产量。另外，根据红豆草需肥特点，施肥时应以基肥为主，追肥为辅，基肥每亩 2.5t 腐熟的有机肥。

（四）播种

（1）品种：全世界红豆草属植物有100多种，适合我国的品种主要有甘肃红豆草、蒙农红豆草、普通红豆草、外高加索红豆草和沙地红豆草。其中普通红豆草最为普遍。

（2）种子处理：红豆草种子中杂质较多，按农业部规定，供播种用的红豆草纯净度不小于85%，发芽率不低于90%。红豆草硬实率也很高，有20%~30%。播前要进行硬实处理。红豆草接种根瘤菌能促进旺盛生长，延长年限和提高产量，可用专用的红豆草根瘤菌菌粉，也可用捣碎的根瘤带土播种。该牧草对钼肥较为敏感，播前用0.05%的钼酸铵处理种子，不仅可提高产量，而且能增加蛋白质的含量。硝酸稀土对红豆草的营养生长也有十分显著的促进效果。

（3）播期：红豆草种子大，易出苗，播种时不需要去荚，春秋播种皆宜，在黄河滩区适合在8月中旬到9月中旬播种。播量为每亩3~4kg，行距30~40cm，播种深度为4~5cm，镇压1~2次。可单播也可混播，但以单播为主，单播产量高而且便于管理，但调制较为困难。高产田和种子田适合单播，大面积永久性草地适合混播。在滩区，红豆草与紫花苜蓿、苇状羊茅、冰草混播效果都不错。

（五）田间管理

（1）除草：红豆草从出苗到封垄的40~50d，杂草较多，必须及时中耕除草。要从苗期开始，每隔15d中耕除草1次，同时疏苗，打成单株。早春返青前和每次刈割后，根据杂草发生情况，及时中耕除草1次。

（2）灌溉：红豆草虽然具有较强的抗旱能力，但在年降水量不足400mm的地区，要在生长期及时灌溉，冬季也要冬灌。

采种田收完第一茬种子后灌透水，还能再收一茬种子。冬灌对红豆草安全越冬和提高第二年产量有重要的作用，但量不能过多，否则会形成冰层，影响牧草的返青。

（3）施肥：在生长初期以及每次刈割后，应进行适当追肥，施氮肥可以促进根瘤菌的活性，有利于固氮，一般在春秋两季进行。红豆草的施肥要根据红豆草的需肥规律、土壤养分状况和肥料效应，确定施肥量和施肥方法，按照有机与无机结合、基肥与追肥结合的原则，实行平衡施肥。基肥为秋耕或播前浅耕时，每亩施有机肥料 1 500～2 500kg，过磷酸钙 50～60kg 为底肥，有机肥料要求充分腐熟，符合无害化标准。种肥为对土壤肥力低下的，在播种时还要施入硝酸铵 2.5～4kg，促进幼苗生长。追肥为每次刈割后要进行追肥，每亩需钾肥 10kg，或磷二铵 4～6kg。要注意施肥时不得使用工业废弃物、城市垃圾和污泥作肥料。不得使用未经腐熟、未达到无害化标准的人畜粪尿等有机肥料，被选用的肥料要达到国家有关产品质量标准，满足无公害苜蓿对肥料的要求。

（4）病虫害防治：红豆草易感染锈病、白粉病、菌核病，同时还受到蒙古灰象蛱、青叶跳蝉等害虫为害。要及时发现及时防治。病害防治除了选育抗病品种外，要及时拔除病株和采取相应的药物防治。各种害虫都可用敌杀死、速灭杀丁等药物喷洒。

（六）饲草产量

红豆草在黄河滩西段中游一带种植时，每年可刈割 3～4 次，鲜草产量为每亩 4.5～5.5t；红豆草在黄河滩东段下游种植时，每年可刈割 4～5 次，鲜草产量为每亩 5.5～6.5t。红豆草营养价值大，被称为"牧草皇后"，与紫花苜蓿媲美。花期干物质含量为 17.8%，干物质中粗蛋白质、粗脂肪、粗纤维、无氮浸出物、粗灰分、钙及磷的含量分别为 15.1%、2.0%、31.5%、

43.0%、8.4%、2.1%、0.24%。可消化粗蛋白质为229g/kg，总能18.2MJ/kg，消化能（猪）11.1MJ/kg，代谢能（鸡）9.2MJ/kg。红豆草花期长、落粒性强，给种子收获产生极大的麻烦，所以及时收获非常有必要，一般在花序中下部荚果变褐色时及时采收，第1年产量较低，每亩为30kg左右，2～4年后每亩产量可达到50～60kg。

（七）营养与利用

红豆草的饲用方法主要有放牧、青饲和调制干草。红豆草花鲜嫩而可口，各种家畜均喜食。但开花后纤维含量提高，饲喂效果变差。嫩时整喂，老时切碎喂。喂猪或鸡时要粉碎或打浆，并拌入精料，用量同紫花苜蓿。该牧草与禾草混播的草地适合放牧牛和绵羊，饲喂绵羊的效果好于紫花苜蓿草地，很少发生臌胀病。与苇状羊茅混合调制成的青干草适合牛羊的生产，是非常理想的冬春饲料。红豆草也可调制成青草粉，饲喂方法与效果同紫花苜蓿。

第二节 禾本科牧草生产技术

一、多花黑麦草

多花黑麦草也叫意大利黑麦草，原产欧洲南部和北非，是温带地区最重要的禾本科牧草之一。须根稠密，分蘖多，丛生，是世界上最好的优良禾草之一，也是黄河滩区最重要的牧草之一。

（一）形态特点

多花黑麦草为禾本科黑麦草属一年生或者越年生草本植物，秆直立，疏丛型，高100～120cm。叶狭长，长5～12cm，宽2～

91

4mm，深绿色，穗状花序，外稃有短芒，千粒重2.0g。

（二） 对环境的要求

多花黑麦草喜温暖湿润气候，不耐严寒和干热，适宜夏季凉爽、冬季不寒冷、年降水量在700~1 500mm的地区生长，非常适宜在黄河滩区种植。

（三） 选地、整地及施肥

多花黑麦草需要在滩区地势平坦、肥力好、土层厚且有水利条件的地方种植。在播种前需要精细整地，使土地平整，土壤细碎，保持良好的土壤水分。翻地深度应在20cm以上，翻地后要及时耙地。每亩应施1.5~2t有机肥料作底肥，并用8~10kg氮肥作种肥施入。

（四） 播种

多花黑麦草在黄河滩区一般在9~11月份播种，播种量为每亩1~1.5kg，行距为15~30cm，播种深度1.5~2cm。多花黑麦草适宜与三叶草或苕子混播，可建成优质高产人工草地。

（五） 田间管理

多花黑麦草幼苗一般生长比较缓慢、细弱，最容易受杂草为害。所以要加强田间管理，促进幼苗生长发育。其次要适时适量浇水。多花黑麦草对水分条件反应比较敏感，在分蘖、拔节、抽穗期适当灌水，增产效果比较明显。

（六） 饲草产量

在黄河滩区，多花黑麦草最适宜的收割期为抽穗到乳熟期，可保持较高的消化率。如果收割过晚，则茎基部老化，养分含量降低，适口性变差。一般每亩产鲜草 4~5t。

（七）营养与利用

多花黑麦草的质地，无论鲜草或干草均为上乘，其适口性也好（表4-5），其抽穗期营养成分为：干物质含量为 24.6%，干物质中粗蛋白、粗脂肪、粗纤维、无氮浸出物、粗灰分、钙和磷的含量分别为：11.7%、3.5%、18.4%、40.4%、13.0%、0.42% 和 0.27%。

多花黑麦草与红三叶或百脉根等混种，专供肉牛冬季放牧利用。放牧时间可达 140~200d；多花黑麦草与白三叶混种，专供滩区奶牛春夏季放牧利用，放牧时间可达 170d，多花黑麦草也是草鱼很好的青饲料，配合精料饲喂后又保健又上膘。

表4-5　多花黑麦草的营养成分　　　　　　　　　　　　（%）

生育期	状态	干物质	粗蛋白质	粗脂肪	粗纤维	无氮浸出物	粗灰分	钙	磷
	绝干	100	13.4	4.0	21.2	46.5	14.9	0.48	0.31
分蘖期	鲜样	20	2.7	0.8	4.2	9.3	3.0	0.1	0.06
	风干	87	11.7	3.5	18.4	40.4	13.0	0.42	0.27

注：资料来自张子仪主编的《中国饲料学》

二、多年生黑麦草

多年生黑麦草别名英国黑麦草、宿根黑麦草、黑麦草，是世界温带地区最重要的禾本科牧草之一，原产于西南欧、北非及亚洲西南。目前在我国，该草主要分布在华中、华东及西南地区，在江苏、浙江、湖南、四川、云贵高原等地都已大面积种植，其生长良好，在北方地区越冬不良。

（一）形态特点

多年生黑麦草为中生植物，其株丛与多花黑麦草有很大差异性（图4-4）。须根稠密，主要分布于15cm表土层中，具细短根茎。分蘖众多，丛生，单株栽培情况下分蘖数可达250~300个或更多。秆直立，高80~100cm。叶狭长，长5~12cm，宽2~4mm，深绿色，展开前折叠在叶鞘中；叶耳小；叶舌小而钝；叶鞘裂开或封闭，长度与节间相等或稍长，近地面叶鞘红色或紫红色。穗细长，最长可达30cm。含小穗数可达35个，小穗长10~14mm，每小穗含小花7~11朵。颖果扁平，外稃长4~7mm，背圆，有脉纹5条，质薄，端钝，无芒或近似无芒；内稃和外稃等长，顶端尖锐，质地透明，脉纹靠边缘，边有细毛。千粒重1.5~2.0g。

图4-4　多年生黑麦草（左）和多花黑麦草（右）

1—植株　2—花序　3—小穗　4—种子小穗

（二）对环境的要求

多年生黑麦草喜温暖湿润气候，适宜夏季凉爽、冬季不寒冷、年降水量在700~1 500mm的地区生长。生长最适气温为

20~25℃，当白天温度和夜间温度为21℃和16℃时生长速度最快。喜肥，适宜栽种在肥沃、潮湿、排水良好的土壤和黏土或黏壤土栽培。适宜的土壤 pH 值为6~7。

多年生黑麦草不耐旱，夏季干热时对它生长最为不利，在沙土上生长不良。多年生黑麦草一般寿命为3~4年，以生长的第2年长势最旺盛，产量也最高。它再生能力强，抽穗前刈割或放牧，能快速恢复生长，长出再生草来。它生长发育迅速，在南方3月底4月初为分蘖期，4月底抽穗，5月初开花，6月上旬种子成熟。多年生黑麦草在年降水量500~1 500mm 地方均可生长，而以1 000mm 左右最为适宜。排水不良或地下水位过高时不利于生长，不耐旱，高温干旱对其生长更为不利。

（三）选地、整地及施肥

多年生黑麦草在播种前需要精细整地，使土地平整，土壤细碎，保持良好的土壤水分。翻地深度应在20cm 以上，翻地后要及时耙地。豆茬地也可旋耕后播种，结合耕翻，每亩应施1 500~2 000kg 有机肥料作底肥，并每亩8~10kg 氮肥作种肥施入。

（四）播种

播种首先精选好种子，使种子的纯净度、发芽率等播种品质达到标准要求，然后方可播种。多年生黑麦草在黄河滩区一般在9~11月份播种，每亩播种量为1~1.5kg，收种地可略少些，为0.5~0.8kg。多年生黑麦草以条播为宜，行距为15~30cm，播种深度1.5~2cm。多年生黑麦草适宜与三叶草或苕子混播，可建成优质高产人工草地。

（五）田间管理

多年生黑麦草幼苗一般生长比较缓慢、细弱，最容易受杂草为害。所以要加强田间管理，促进幼苗生长发育。首先要及时中耕除草，严防杂草侵入，力争把杂草除早、除小、除了。其次要适时适量浇水。多年生黑麦草对水分条件反应比较敏感，在分蘖、拔节、抽穗期适当灌水，增产效果比较明显。在南方夏季炎热天气灌水可降低地温，有利多年生黑麦草越夏。第三结合灌水适当追施肥料，尤其要注意氮肥供应，若在微酸性土壤上种植，可加施磷肥，每亩施磷肥 15 ~ 18kg。微肥对多年生黑麦草饲草产量有显著提高效果，当锌肥和铁肥的施用浓度分别为 400mg/kg 和 600mg/kg，每亩用量为 15g ~ 20g 的情况下，花期叶面喷洒能使其牧草产量提高 10% 以上。

多年生黑麦草在滩区最适宜的收割期为抽穗到乳熟期，可保持较高的消化率。如果收割过晚，则茎基部老化，养分含量降低，适口性变差。一般每亩产鲜草 3 ~ 4t，每亩产种子 50 ~ 80kg。多年生黑麦草种子落粒性较强，当穗子变成黄色，进入蜡熟期时，即可收获。

（六）饲草产量

多年生黑麦草用于滩区放牧时应在草层高 20 ~ 30cm 以上进行。刈制干草者，以盛花期刈割为宜。在黄河滩区，多年生黑麦草一个生长季节可刈割 2 ~ 4 次，每亩产鲜草 3 ~ 4t。一般在滩区暖温带两次刈割应间隔 3 ~ 4 周。通常第一次刈割后利用再生草放牧，耐践踏，即使采食稍重，生机仍旺。刈割留茬高度以 5 ~ 10cm 为宜，一般每亩产鲜草 3 ~ 4t。

（七）营养与利用

多年生黑麦草的质地，无论鲜草或干草均为上乘，其适口性也好，为各种家畜所喜食。就多年生黑麦草和多花黑麦草相比，二者不相上下，其营养成分含量见表4－6。

表4－6　黑麦草属主要栽培牧草抽穗期的营养成分　　　　（%）

牧草品种	水分	占干物质						
		粗蛋白	粗脂肪	粗纤维	无氮浸出物	粗灰分	钙	磷
多年生黑麦草	7.52	10.98	2.20	36.51	40.20	10.11	0.31	0.24
一年生黑麦草	7.10	7.36	2.97	36.80	42.97	9.90	0.74	0.19

注：《中国饲用植物化学成分及营养价值表》，中国农业科学院草原研究所编著，1990

多年生黑麦草实际饲用价值甚好，常与红三叶等混种，专供肉牛冬季放牧利用。放牧时间可达140～200d，牛放牧于单播草地可增重0.8kg，混播草地上增重0.9kg。如将黑麦草干草粉制成颗粒饲料，与精料配合作肉牛肥育饲料，效果更好。

三、羊草

羊草又名碱草，广泛分布于我国华北和东北地区，尤其适宜我国东北各省种植，在寒冷、干燥地区生长良好。春季返青早，秋季枯黄晚，能在较长的时间内提供较多的青饲料。

（一）形态特点

羊草为禾本科多年生草本植物。具有非常发达的地下横走根茎，根深可达1.0～1.5m，主要分布在20cm以上的土层中。茎秆直立，呈疏丛状，具 3 ~ 7 节，株高 60 ~ 90cm。叶片较厚且硬，扁平或内卷，灰绿或灰蓝绿色。穗状花序顶生，小穗长 10 ~ 20mm。颖果长椭圆形，深褐色，长 5 ~ 7mm。种子细小，千粒重 2g 左右。

（二）对环境的要求

羊草为喜温耐寒的北方型牧草，分布于北半球的温带和寒温带。羊草为中旱生植物，在年降水量 300mm 的干旱地区，生长仍较好。在年降水量 500 ~ 600mm 的地方生长更好。由于根部发达，能从土壤深处吸收水分和养料，所以特别抗旱和耐沙，是风沙干旱区很有发展前途的牧草。但不耐涝，即使短时间的水淹也能引起烂根。秋季气候温暖，雨水充沛，有利于根茎和越冬芽的生长。羊草为喜光植物，但叶面积指数低，种群的光能利用率低；羊草对土壤要求不严，除低洼内涝地外，各种土壤都能种植。羊草耐贫瘠、抗盐碱，适合的土壤 pH 值为 5.5 ~ 9.0。

（三）选地、整地和施肥

羊草适合在黄河滩下游一带种植，选地不严，除低洼滩区内涝外均可种植。羊草利用年限长，产量高，需肥多，必须施足基肥和及时追肥。羊草需氮肥多，无论基肥还是追肥，都要以氮肥为主，适当搭配磷肥和钾肥。每亩基肥施有机肥 2.5 ~ 3t，翻地前均匀撒入。土壤贫瘠的砂质地和碱性较大的盐碱地，多施一些有机肥料，不仅提高土壤肥力，改善土壤结构，还缓冲土壤的酸碱性，对羊草生长更为有利。

（四）播种

羊草种子成熟不一，发芽率较低，又多秕粒和杂质，播前必须严加清选。清选方法以风选和筛选为主，清除空壳、秕粒、茎秆、杂质等，纯净率达 90% 以上才能播种。羊草在黄河滩区适合夏秋播种，大约在 8 月下旬或 9 月中旬。条播时，羊草的每亩播种量以 2.5~3.0kg 为宜，行距为 15~30cm，播种深度 2cm。羊草可以单播，也可以和苜蓿、沙打旺、野豌豆进行混播。

（五）田间管理

在滩区草荒地种植羊草，必须进行播前除草。这是达到苗全、苗壮，尽快形成草层的关键性措施。羊草幼苗易被杂草抑制，及时消灭杂草，对抓苗和保苗都有重要意义。人工除草和机械除草都要抓住有利时机，在羊草已扎根，而杂草尚在幼小时进行。在羊草长出 2~3 枚真叶时用齿耙耙地灭草率可达 90% 以上。生育后期还要割除高大杂草，免受草害，获得草层厚密，产草量高的效果。

多年利用的羊草草地，根茎盘根错节，通透不良，株数减少，株高变矮，产量逐年下降。翻耙更新改良，是恢复草地生命力，提高产草量的基本措施。可在早春或晚秋，土壤水分充足，地下部分储存丰富，越冬芽尚未萌发时期，用犁浅耕 8~10cm，耕后用圆盘耙斜向耙地 2 次，切断根茎，以促进其旺盛生长。也可用重型铁口耙，斜向耙地 2 次。耙后用"V 型"镇压器压地。这种翻、耙、压相结合的更新复壮措施，可使退化的羊草草地复壮，产量成倍增加。一般每隔 5~6 年就要翻耙 1 次。但是，在土壤干旱，沙化、碱化较重和豆科草占优势的羊草草地，一般不宜采用。

羊草结实率低，增施硼肥是提高羊草结实率的有效措施。

（六）饲草产量

羊草在滩区种植时全年可刈割 4~5 次，每亩鲜草产量可达 5~6t。在水肥条件较好的情况下，每亩产量可达 8t 以上。

（七）营养与利用

羊草营养价值高（表4-7），最适合直接青刈，可在拔节至孕穗期收割，直接喂马、牛、羊。也可以加工成青干草，绿色干草是牛、马、羊重要的冬春储备饲料。

表4-7　羊草不同时期营养成分含量

| | 干物质（%） | | | | | 钙 | 磷 | 胡萝卜素（mg/kg） |
	粗蛋白	粗脂肪	粗纤维	无氮浸出物	灰分			
分蘖期	20.3	4.1	35.6	33	7	0.39	1.02	59
拔节期	18	3.1	47	25.2	6.7	0.4	0.38	85.87
抽穗期	14.9	2.9	35	41.4	5.8	0.43	0.34	63
结实期	5	2.9	33.6	52.1	6.4	0.53	0.53	49.3

注：资料来自内蒙古农牧学院

四、赖草

赖草别名宾草、阔穗碱草、老披碱草。该草分布较广，我国北方和青藏高原地区半干旱、干旱地区均有，但面积不大。赖草常出现在轻度盐渍化低地上，是盐化草甸的建群种。在低山丘陵和山地草原中，有时作为群落的主要伴生种出现。

（一）形态特点

赖草为中旱生多年生禾草。具发达的地下伸长根茎，秆直立；单生或呈疏丛状，株高40~100cm，叶片细长，长8~30cm，宽4~7mm。深绿色，平展或内卷。穗状花序直立，小穗排列紧密，常小穗常2~4枚着生于穗轴的每节，长10~15cm，含4~7朵小花，颖锥状披针形，长8~12cm，短于小穗，内外秆等长。

（二）对环境的要求

赖草为中旱生植物，耐寒耐旱，比羊草有更广泛的生态适应区域，从暖温带、中温带的森林草原到干草原、荒漠草原、草原化荒漠，以至 4 500m 以上的高寒地带都有分布。对土壤适应性广，具有较强的耐盐性。赖草春季萌发早，一般 3 月下旬至 4 月上旬返青，5 月下旬抽穗，6~7 月开花，7~8 月种子成熟。

（三）选地、整地和施肥

赖草选地、整地和施肥同羊草相似，该草通过引种驯化，可培育为干旱地区轻度盐渍化土壤刈牧兼用的栽培草种。例如，在北方黄河滩区，用赖草根茎移栽建植人工草地的试验表明，栽后 9d 出苗，23d 分蘖，35d 拔节，65d 抽穗，70d 开花，100d 成熟；平均每株分蘖数 88 个，茎叶比 1 ∶ 1.97。

（四）播种

赖草播前也需要严加清选。清选方法以风选和筛选为主，清除空壳、秕粒、茎秆、杂质等，纯净率达 90% 以上才能播种。赖草在黄河滩区适合秋播，大约在 9 月 10 日。条播时，赖草的每亩播种量以 3.5~4.0kg 为宜，行距为 20~30cm，播种深度 2cm。赖草可以单播，也可以和苜蓿、小冠花、百脉根、沙打旺等进行混播。

（五）田间管理

在滩区草荒地种植赖草，也必须进行播前除草，草荒严重时需要用除草剂来消灭杂草，这是达到苗全、苗壮，尽快形成草层的关键性措施。由于北方土壤偏碱，微肥比较缺乏，因此，增施微肥对赖草有显著增产效果，当铜肥、锌肥和铁肥的施用浓度分别为 300mg/kg、350mg/kg 和 500mg/kg，牧草产量提高 10% 以上。

同羊草相似，多年利用的赖草草地，根茎盘根错节，通透不良，株数减少，柱高变矮，产量逐年下降。翻耙更新改良，是恢复草地生命力，提高产草量的基本措施。可在早春或晚秋，土壤水分充足，地下部分储存丰富，越冬芽尚未萌发时期，用犁浅耕 8～10cm，耕后用圆盘耙斜向耙地 2 次，切断根茎，以促进其旺盛生长。也可用重型铁口耙，斜向耙地 2 次。耙后用"V 型"镇压器压地。这种翻、耙、压相结合的更新复壮措施，可使退化的赖草草地复壮，产量成倍增加。一般每隔 5～6 年就要翻耙 1 次。但是，在土壤干旱，沙化、碱化较重和豆科草占优势的赖草草地，一般不宜采用。

（六）饲草产量

全年可刈割 3～4 茬，赖草各茬分别为总产量的 38.8%、50.1%、11.1%，在河南省黄河滩区种植，每亩鲜草产量近 4.5t，折合干草产量 1t。

（七）营养与利用

赖草幼嫩时为山羊、绵羊喜食，夏季适口性降低，秋季又见提高，可作为家畜的抓膘牧草。牛、骆驼终年喜食。在自然状态下，叶量较少而质地粗糙，丛生性差，产量低；结实率低，采种困难。其优点是具有一定程度的耐盐渍化，土壤生态适应幅度广；水肥条件稍好时能茂盛生长，属中等品质的饲用植物。通过引种驯化，可培育为适应我国西北干旱地区，轻度盐渍化土壤刈牧兼用的栽培草种。赖草除作饲用外，根可入药，具有清热、止血利尿作用；又可用作治理盐碱地、防风固沙或水土保持草种。

五、无芒雀麦

无芒雀麦又名禾萱草、无芒草或者光雀麦。原产于欧洲，其野生种分布于亚洲、欧洲和北美洲的温带地区，多分布于山坡、路旁、河岸。我国东北、华北、西北等地都有野生种。该草现已成为欧洲、亚洲干旱、寒冷地区的重要栽培牧草。我国东北1923年开始引种栽培，现在是黄河滩区，特别是黄河滩中游地段很有栽培价值的禾本科牧草。

多年来，无芒雀麦在滩区种植功能很多，既可用作干草、青贮、青饲，也可用作水土保持和低碳环保草种，是滩区栽培利用最为广泛的冷季禾本科牧草品种之一。

（一）形态特点

无芒雀麦为禾本科雀麦属多年生牧草。属根茎型上繁草，株高50～120cm。根系发达，具短根茎，多分布在距地表10cm的土层中。茎直立，圆形（图4-5）。圆锥花序，长10～30cm，每枝梗着生1～2个小穗，小穗狭长卵形，内有小花4～8个；外稃宽披针形，具5～7脉，通常无芒或背部近顶端有短芒。颖果狭长卵形，长9～12mm，千粒重3.2～4.0g。

（二）对环境的要求

无芒雀麦最适宜在滩区冷凉干燥的气候条件下生长，不适应高温、高湿环境。耐干旱，在降水量400mm左右的地区生长良好。耐寒，能在-30℃的低温条件下越冬，若有雪覆盖，在-48℃低温情况下，越冬率仍可达到85%以上。因此，无芒雀麦是最抗寒、最适宜在寒冷干燥地区种植的牧草品种之一。

无芒雀麦对土壤适应性很广，在排水良好且肥沃的壤土或黏壤土种植，能获得稳定的高产，但在轻质壤土上也能生长。耐盐

图 4 - 5　扬花期无芒雀麦

碱能力较强，pH 值为 8.0 时只有轻微影响，过酸或过碱的土壤则会严重影响无芒雀麦的种植，耐水淹的时间可长达 50d 左右。

无芒雀麦是长寿禾本科牧草，在黄河滩区种植，其寿命长达 25 ~ 50 年。一般以生长第 2 ~ 7 年生产力较高，在精细管理下可维持 10 年左右的稳定高产。

无芒雀麦的再生性良好。在黄河中游滩区，一般每年可刈割 3 次；在黄河中游下游滩区，可刈割 2 次。其再生草产量通常为总产量的 30% ~ 50%。

（三）选地、整地及施肥

无芒雀麦在滩区选地不严，土壤深厚、土层疏松的土地均可种植。根系发达，并且有强壮的地下茎，所以要求土层深厚，播种前耕地宜深，由于苗期生长缓慢，所以也需要精细整地，施足基肥（有机厩肥每亩 1~1.5t，再加过磷酸钙15kg）。

（四）播种

无芒雀麦在温带地区春、夏、秋季均可播种，在滩区春旱较为严重的地区，以夏天雨季来临时播种的效果为好；在滩区水分充足的地区，以秋天播种的效果为好。单播每亩的播种量为1.5~2kg，播种深度为2~3cm，通常以条播为主，行距为15~30cm。无芒雀麦还宜与紫花苜蓿、红三叶、红豆草和沙打旺等豆科牧草混播，混播时无芒雀麦的每亩播种量一般为1~1.5kg，豆科牧草一般为0.3~0.5kg。

（五）田间管理

在黄河滩区，无芒雀麦与豆科牧草混播时，不仅能够有效提高干草产量，而且可能防止形成坚实的草皮，更有利于土壤团粒结构的形成，并可以提高土壤肥力，延长利用年限。追肥对无芒雀麦有良好的增产作用。可在分蘖至拔节期，每亩应施氮肥10~15kg，同时适当施用磷、钾肥，追肥后随即灌水。采种田可减少追肥用量，多施一些磷肥和钾肥。一般每次刈割之后，都要相应追肥1次。

当播种的无芒雀麦生长到第4年以后，根茎积累盘结，有碍土壤蓄水透气时，需要进行耙地松土，切破草皮，改善土壤和通透状况，促进分蘖和分枝的产生。

（六）饲草产量

无芒雀麦干草的适当收获时间为开花期。收获过迟不仅影响干草品质，也有碍再生，减少二茬草的产量。春播时在黄河滩区种植时，当年可收 1 次干草，生活 3~4 年后草皮形成时才能放牧，耐牧性强，第一次放牧的适宜时间在孕蕾期，以后各次应在草层高 12~15cm 时。在黄河滩区种植时，全年刈割 3~4 次，每亩鲜草产量为 2.5~3t。干草产量每亩达到 0.6~0.8t。

（七）营养与利用

无芒雀麦牧草茎叶柔软，适口性好，营养丰富（表 4-8），是草食动物上佳饲草，与苜蓿和沙打旺的混播草地是牛羊的良好放牧地。

表 4-8　无芒雀麦不同生育期营养成分　　　　　（%）

生育期	水分	干物质					可消化蛋白质	可消化总养分
		粗蛋白	粗脂肪	粗纤维	无氮浸出物	粗灰分		
拔节	78.4	19.0	4.2	35.0	36.2	5.6	15.7	94.4
孕穗	77.0	17.0	3.0	35.7	40.0	4.3	12.6	86.9
抽穗	76.9	15.6	2.6	36.4	42.8	2.6	13.0	90.9
开花	73.6	12.1	2.0	37.1	45.4	3.4	10.6	90.9
成熟	70.7	10.1	1.7	40.4	44.1	3.7	7.7	75.8

注：资料来自内蒙古农牧学院

六、鸭茅

鸭茅又名鸡脚草或者果园草，原产于欧洲、北非及亚洲的温带地区。现已遍及世界温带地区。是一种高产优质的牧草，我国新疆、四川、云南等地有野生分布，在西南、西北地区均广泛栽培，在全国各地有较大面积的栽培。鸭茅适于大田轮作，又适于饲料轮作，与高光效牧草作物间作套种，可充分利用光照增加单位面积产量。由于耐阴，在滩区果树或高秆作物下种植能获得较好的效果。鸭茅能积累大量根系残余物，对改良土壤结构，防止杂草滋生，对提高滩区土壤肥力有良好的作用。

（一）形态特点

鸭茅系禾本科鸭茅属多年生草本植物。疏丛型，须根系，密布于 10~30cm 的土层内，深的可达 1m 以上。秆直立或基部膝曲，高 70~150cm。圆锥花序展开，长 8~15cm。小穗着生在穗轴的一侧，密集成球状，簇生于穗轴顶端，形似鸡足，故名鸡脚草（图 4-6）。每小穗含 3~5 朵花，颖果长卵形，黄褐色。种子较小，千粒重 1.0g 左右。

图 4-6　扬花期鸭茅

1—植株；2—花序；3—小穗；4—小花；5—种子

（二）对环境的要求

鸭茅喜温暖湿润的气候，耐寒性中等，耐热性较差，但其耐热性和耐寒性都较多年生黑麦草强，抗寒性和抗旱力都低于无芒雀麦，适宜湿润温凉的黄河中游一带种植。最适生长温度为10～31℃。昼夜温度变化大对生长有影响，昼温 22℃，夜温 12℃最宜生长。耐热性差，高于 28℃生长显著受阻。

鸭茅适宜生长在黄河中游湿润的环境中，有很强的耐阴性，在阳光不足的疏林和灌木丛中生长良好，成为果园和林园的良好覆盖植物。鸭茅虽喜湿、喜肥，但不耐长期浸淹，喜肥沃、近中性的黏壤土或砂壤土，较耐酸性，而不耐盐碱。适宜的土壤 pH 值为 5.5～7.5，在南方酸性细红黄壤土上种植生长良好，在较干旱、瘠薄的环境中，常比多年生黑麦草有更好的表现。

在良好的条件下，鸭茅是长寿命的多年生牧草，在黄河滩区1 次种植一般可生存 6～8 年，多者可达 15 年，以第二、第三年产草量最高。

（三）选地、整地及施肥

鸭茅生长缓慢，与杂草竞争能力弱，精细整地是保苗和提高产量的重要措施之一，特别是在干旱地区，秋季深耕可以蓄存水分，减少杂草，并且有利于根系发育，因此，要求在播种的前一年秋季深耕结合施底肥，每亩施 1.5t 农家肥与 20kg 磷肥用做底肥，然后耙糖保墒，来年春播前再耙糖 1～2 次，使地表平整。土壤墒情不足时，应在播前灌水，如要夏播，播前浅翻，耙糖几次后再播种。

（四）播种

鸭茅可春秋播种，以秋播更好。秋播不宜过晚，以免幼苗遭受冻害，也对越冬不利。黄河下游段滩区不应迟于 9 月中旬，黄河上游段滩区不应迟于 9 月下旬。为了确保苗齐和杂草危害，可用冬小麦或冬燕麦作保护作物同时播种，以免受冻害。宜条播，行距 15～30cm，每亩播种量为 0.8～1kg。覆土宜浅，稍加覆土即可。

鸭茅可与苜蓿、白三叶、红三叶、杂三叶、黑麦草、牛尾草等混种。鸭茅丛生，如与白三叶混种，白三叶可充分利用其空隙匍匐生长并供给禾本科草以氮使其生长良好。鸭茅与豆科牧草混种时，禾豆比按 2∶1 计算，鸭茅用种量为每亩 0.5～0.6kg。

（五）田间管理

鸭茅是需肥最多的牧草之一，尤以施氮肥作用最为显著。在一定限度内牧草产量与施氮肥成正比关系。据试验，每亩施氮量为 36.8kg 时，鸭茅干草产量最高，每亩达到 1.2t。如每亩施氮量超过 36.8kg 时，不仅降低产量，而且减少植株数量。

由于黄河滩区地势开阔，阳光充足、通风透气好，所以鸭茅一般虫害较少。常见病害有锈病、叶斑病、条纹病、纹枯病等，均可参照防治真菌性病害法进行处理。引进品种夏季病害较为严重，一定要注意及时预防。提早刈割，可防治病害蔓延。

（六）饲草产量

鸭茅作为刈割干草，收获期不迟于抽穗盛期。由于春季返青早，秋季持续性长，因此，放牧利用季节较长，放牧可在草层高 25～30cm 时进行。留茬高 10cm 左右，不宜过低，否则将严重影响再生。鸭茅在滩区种植时每年可刈割 3～4 次，每亩产鲜草在 3.5t 上下，高者可达 4.5t。

（七）营养与利用

鸭茅叶量丰富，草质柔嫩，富含营养物质，各种家畜均喜食，鸭茅适宜青饲、调制干草或青贮，也适于放牧。青饲宜在抽穗前或抽穗期进行。

鸭茅的营养价值较高，在第一次刈割以前，鸭茅所含的营养成分随成熟度而下降。再生草基本处于营养生长阶段，叶多茎少，所含的营养成分约与第一次刈割前孕穗期相当，但也随再生天数的增加而降低。不同生长时期，鸭茅营养成分的含量如表4-9。

表4-9 不同生长时期鸭茅营养成分含量 （%）

生育期	干物质	占干物质				
		粗蛋白质	粗脂肪	粗纤维	无氮浸出物	粗灰分
营养生长期	23.90	18.40	5.00	23.40	41.80	11.40
抽穗期	27.50	12.70	4.70	29.50	45.10	8.00
开花期	30.50	8.50	3.30	35.10	45.60	7.50

注：资料来自《饲料生产学》，南京农学院主编，1980

由表4-9可见，自营养生长向成熟阶段发展时，蛋白质含量减少，粗纤维含量增加，因而消化率下降。据研究，在营养生长期内鸭茅的饲用价值接近苜蓿，盛花期以后的饲用价值只有苜蓿的一半。鸭茅再生草基本处于营养生长阶段，因此，它的饲用价值仍很高。

鸭茅长成以后多年不衰，春季生长早，夏季仍能生长，叶多茎少，耐牧性强，最适于放牧利用，宜划区放牧。尤宜与白三叶混种以供放牧，据美国一个州10年统计平均，单纯鸭茅牧地（每亩每年施氮肥15kg），每头牛每天增重490g，而鸭茅、白三叶混种草地，每头牛每天增重508g。在一个生长季节内，每亩可获肉牛增重640.5kg。另据报道，在鸭茅牧地放牧肥育羔羊时，每头每天平均增重0.27kg，每亩可使肥育羔羊增重28kg。另外，鸭茅牧草中的镁比较少，可引起牛缺镁症（统称牧草搐搦症）。饲喂时应予以注意。

七、高羊茅

高羊茅也叫苇状羊茅，是温带地区重要的优良牧草，既可用作优良牧草，又可用于草坪建植。

（一）形态特点

禾本科羊茅属多年生草本植物、株高100~120cm、秆成疏丛，直立，粗糙，幼叶折叠；叶舌呈膜状，长0.4~1.2cm，平截形；叶耳短而钝，有短柔毛；茎基部宽，分裂的边缘有茸毛；叶片条形，扁平，挺直，近轴面有背且光滑，具龙骨，稍粗糙，边缘有鳞，长15~25cm，宽4~7mm。须根系发达、对水、肥的利用效率高，圆锥花序，果实黄褐色，果实较大，千粒重为2.4~2.6g（图4-7）。

（二）对环境的要求性

高羊茅喜寒冷潮湿、温暖的气候，在肥沃、潮湿、富含有机质、pH值为4.7~8.5的细壤土中生长良好。耐高温，是最耐热和耐践踏的优良牧草，在长江流域可以保持四季常绿；喜光，耐半阴，对肥料反应敏感，抗逆性强，耐酸、耐瘠薄，抗病性强。适宜于温暖湿润的中亚热带至中温带地区栽种。

（三）选地、整地及施肥

高羊茅在滩区选地不严，土壤深厚和土层疏松的平原或者坡

图 4 - 7　拔节期的高羊茅

地均可种植。苇状羊茅为高产型牧草，需肥量大，每亩需施肥2 000kg 的腐熟的有机肥，同时要注意深耕和良好的整地。

（四）播种

高羊茅在黄河滩区春夏秋均可播种，不过以秋季播种最好，此时水温条件较好，有利于出苗和成活。播种量为每亩 0. 75 ~ 1. 25kg。可单播也可混播，通常与红三叶、紫花苜蓿、沙打旺等混播，高羊茅萌发快，萌发时间为播后 7 ~ 14d。

（五）田间管理

（1）中耕除草：高羊茅播种后要注意中耕除草，高羊茅幼苗细弱，从出苗到拔节这一段时间最容易受到杂草的危害。苗期后要进行第一次中耕除草；到分蘖拔节期时要进行第二次中耕除草；封垄前要进行第三次中耕除草。

（2）病虫害防治：高羊茅主要的病害有锈病和叶腐病，主要用石硫合剂预防。害虫有蚜虫、黏虫、草地螟、土蝗等，要及早发现，及时喷洒敌敌畏、敌杀死等防治。

（六）饲草产量

高羊茅产量高、品质好，是一种很有发展前途的新兴牧草。在黄河滩区每年可刈割 3~4 次，每亩鲜草产量为 3 000kg 以上，折合青干草 1 000kg 以上。种子产量也很高，每亩产 20~30kg，最高可达 40kg。

（七）营养与利用

高羊茅为高大健壮牧草，虽然质地粗糙，但营养丰富、粗蛋白的含量显著。抽穗开花期干物质含量为 25.5%~27.6%，干物质中粗蛋白、粗脂肪、粗纤维、无氮浸出物、粗灰分、钙及磷的含量分别是 15.1%、1.8%、27.1%、45.2%、10.8%、0.66%、0.23%。

高羊茅鲜草青绿多汁，可整喂或切短喂牛、羊，也可粉碎喂猪、兔和鱼，若混合豆科牧草及作物，饲喂效果会更好。高羊茅青贮料和干草是牛羊越冬的好饲料。与豆科牧草混合的高羊茅干草喂草食家畜时，可代替部分精料。用高羊茅制成的青贮饲料在冬春季节可用作为青料。

高羊茅耐牧性强，春季、晚秋以及收种后的再生草均可用来放牧，但要适度。一方面，重牧会影响苇状羊茅的再生；另一方面，高羊茅植株内含吡咯碱（Perloline），食量过多会使牛退皮、皮毛干燥、腹泻，尤以春末夏初容易发生，此称为羊茅中毒症。

八、冰 草

冰草也叫扁穗冰草、野麦子、羽状小麦草。冰草是世界温带地区最重要的牧草之一，广泛分布于前苏联东部，西伯利亚西部及亚洲中部寒冷、干旱草原上。前苏联、美国和加拿大引种栽培较早，培育出了不少优良新品种，在生产上大面积应用。我国主要分布在东北、西北和华北的干旱草原地带，并是该地区草原群落的主要伴生种，也是改良干旱、半干旱草原的重要栽培牧草之一。

（一）形态特点

扁穗冰草是禾本科疏丛型多年生草本植物。株高 60 ~ 80cm，土壤肥沃、水肥条件好时可达 100cm 以上。根系发达，须根密生，具沙套，有时有短根茎。茎秆直立，2 ~ 3 节，基部节呈膝曲状，上被短柔毛。叶披针形，长 7 ~ 15cm，宽 0.4 ~ 0.7cm，叶背光滑，叶面密生茸毛；叶稍短于节间，紧包茎；叶舌不明显。穗状花序，长 5 ~ 7cm，呈矩形或两端微窄，有小穗 30 ~ 50 个；小穗无柄，紧密排列于穗轴两侧，呈蓖齿状，每个小穗含 4 ~ 7 朵小花，结实 3 ~ 4 粒。颖不对称，沿龙骨上有纤毛，外颖长 5 ~ 7mm，尖端芒状，长 3 ~ 4mm。外稃有毛，顶端具短芒。种子千粒重 2g。

（二）对环境的要求性

冰草具有高度的抗寒抗旱能力，在我国寒温带种植可以安全越冬。在年降水量 230 ~ 380mm 的地区生长良好。干旱严重时生长停滞，一遇雨水即迅速生长。冰草可在各种土壤上生长，从轻壤土到重壤土、半沙漠地带都可生长，适应性很广。抗逆性强，耐瘠薄，也耐盐碱，但不宜在酸性强的土壤和沼泽土壤上种植。冰草一般可利用 10 年，播种当年根系发育旺盛，向横深发展较快，在夏季便形成大量的分蘖枝。地上部分生长缓慢，基本上处于营养生长阶段。翌年早春返青，生长速度快，从返青到完成整个生育期的长短，因气候土壤条件不同而有一定差异。一般在

100～130d。栽培冰草开花期产量高，再生草也是开花期最高。冰草种子成熟后，易自行脱落，采集种子应在蜡熟期进行。冰草喜冷凉气候，早春返青早，在北方各省（区）4月中旬开始返青，5月末抽穗，6月中下旬开花，7月中下旬种子成熟，9月下旬至10月上旬植株枯黄。一般生育期为110～120d。冰草不耐夏季高温，夏季干热时停止生长，进入休眠。秋季再开始生长，所以春秋两季为生长的主要季节。

（三）选地、整地及施肥

冰草种植地，特别在旱作地区，其土壤耕作的关键是前作收获后，要及时翻耕灭茬保墒蓄水。其次是由于种子轻小，整地要精细平整，以克服因播种深浅不一造成缺苗断垄。结合耕翻施有机肥料每亩1 000～1 500kg作基肥。

（四）播种

种子田播国家规定标准Ⅰ级种子，生产田播国家规定标准Ⅲ级以上种子。播前要检测种子品质，判定种子级别，计算出实际播种量。高寒地区宜在5～6月播种，干旱地区宜在夏秋雨后播种，其他水热条件好的地区可早春播种。可单播，可用燕麦作保护播种。条播、撒播均可，条播行距20～30cm。播种量每亩1～1.5kg，覆土深2cm左右为宜。

（五）田间管理

冰草播种当年生长缓慢，要注意除草，防杂草为害。生活四年的草地，草根大量絮结，土壤表层密实，通透性变劣，导致产量下降，应在早春牧草萌发前用轻耙切割，改进水分、空气流通状况，以提高产量，延长利用年限。刈割后应趁雨天追施氮肥以保增产。

（六）饲草产量

冰草再生力差，播种当年冬季可轻度放牧利用，但严禁早春与晚秋啃食践踏。割草可在抽穗期进行，过迟则茎叶变粗硬，饲用价值低。一年只可割草一次。种子成熟后自行脱落，应于蜡熟期收获，随割随运，以免落粒损失。

（七）营养与利用

冰草草质柔软，是优良牧草之一，营养价值较高（表4-10）。既能用作青饲，也能晒制干草、制作青贮或放牧、在幼嫩时马和羊最喜食，牛和骆驼喜食，在干旱草原区把它作为催肥的牧草。每年可刈割2~3次。一般每公顷产鲜草15 000~22 500 kg，可晒制干草3 000~4 500kg。冰草的适宜刈割期为抽穗期，延迟收割，茎叶变得粗硬，适口性和营养成分均为降低，饲用价值下降。由于冰草的根系须状，密生，具沙套，并且入土较深，因此，它还是一种良好的水土保持植物和固沙植物。

表4-10　冰草的化学成分　　　　　　（%）

生育期	干物质	粗蛋白	粗脂肪	粗纤维	无氮浸出物	粗灰分	钙	磷
营养期	87.0	19.5	4.6	22.5	32.9	7.5	0.57	0.43
抽穗期	87.0	16.6	3.5	27.2	33.4	6.3	0.44	0.37
开花期	87.0	9.3	4.1	31.5	36.2	5.9	0.39	0.43

注：《中国饲料学》，张子仪主编，2000

第五章 饲料作物生产技术

第一节 毛苕子

毛苕子也叫冬巢菜、毛巢菜和毛野苕子，原产于欧洲北部，广布于东西两半球的温带，是豆科野豌豆属一年生或越年生草本植物。

1. 形态特点

毛苕子是豆科野豌豆（或巢菜）属一年生或越年生草本植物，自然高度 40~60cm，全株密生银灰色长茸毛；根系发达，主根明显，入土深 1~2m；茎四棱中空，匍匐蔓生，长达 2~3m；叶为偶数羽状复叶，每个复叶由狭长小叶 5~10 对组成，顶端有卷须 3~5 个；总状花序，每个花梗有小花 10~30 朵，蓝紫色；荚果短矩形，两侧稍扁；种子圆形，黑褐色，种脐色略淡，千粒重 30~35g（图 5-1）。

2. 对环境的要求

毛苕子属冬性作物，耐寒能力很强，植株生长期能忍耐 -30℃ 的短期低温。毛苕子不耐夏季酷热，气温超过 30℃ 时，植株生长缓慢且细弱；耐旱能力较强，在年降水量不少于 450mm 地区均可栽培，但不耐水淹；对土壤要求严，喜砂土或砂质壤土，在排水良好的黏土也能良好生长。

3. 选地、整地及施肥

毛苕子在黄河滩区种植时，要选择地势开阔，排水良好的土地来种植。播种前在翻耕、整地的同时施足有机肥，有机肥每亩

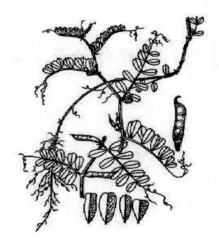

图 5 - 1　结荚期毛苕子

施用量为 1. 5 ~ 2. 5t，并结合施入过磷酸钙 25 ~ 50kg 或磷二铵 10 ~ 15kg 为底肥，对牧草和种子生产均有良好效果，磷肥还能促进根瘤固氮作用。

4. 播种

毛苕子在黄河滩区可春播，也可秋播，以秋播为好，时间为 9 ~ 10 月。种子田每亩播种量为 2. 5kg，收草地每亩播种量为 4kg，若毛苕子与禾本科冬牧草混播则下种比例为 1：1 或 2：1 即可。种子田实行条播，一般行距 35 ~ 40cm；收草地实行撒播或条播，一般行距为 20 ~ 25cm。

5. 田间管理

毛苕子幼苗生长缓慢，易受杂草为害，应及时中耕除草，加强护青管理工作。种子田切忌牲畜为害，中耕深度 3 ~ 6cm，进行 2 ~ 3 次。在滩区西部的干旱地段适时灌水和追肥，对丰产还是重要的。另外，应根据土壤营养，在花期适当叶面喷施钼、硼和锌等微量元素肥料，也有很好的增产效果。

6. 饲草产量

毛苕子在滩区秋播时，每亩可收种子 30～60kg，产鲜草 3～4.5t。

7. 营养与利用

毛苕子花期营养成分为干物质含量为 14.8%，干物质中粗蛋白质、粗脂肪、粗纤维、无氮浸出物、粗灰分含量分别为 3.5%、0.9%、3.3%、6.0%、1.1%（表 5－1）。毛苕子青草质量高，草质柔软细嫩，叶多茎少，蛋白质、矿物质含量高，纤维素含量低，适口性好，畜禽喜食，特别是滩区奶牛和奶羊夏秋季高蛋白、多汁青绿饲料和冬春季的优质青干草或草粉来源之一。

表 5－1　毛苕子的营养成分　　　　　　（%）

生育期	状态	干物质	粗蛋白质	粗脂肪	粗纤维	无氮浸出物	粗灰分
	绝干	100.0	22.8	4.2	27.8	33.8	11.4
盛花期	鲜样	22.0	5.0	0.9	6.1	7.5	2.5
	风干	87.0	19.8	3.7	24.2	29.4	9.9
	绝干	100.0	23.4	5.8	22.0	41.4	7.4
开花期	鲜样	14.8	3.5	0.9	3.3	6.0	1.1
	风干	87.0	20.3	5.1	19.2	35.9	6.5

注：资料来自张子仪主编的《中国饲料学》

第二节　箭筈豌豆

箭筈豌豆又名普通苕子、春箭筈豌豆、普通野豌豆等，原产于欧洲南部和亚洲西部。我国甘肃、陕西、青海、四川、云南、江西、江苏和台湾等省（区）的草原和山地均有野生分布。20

世纪50年代从前苏联、罗马尼亚、澳大利亚、日本等国引进了一些品种。箭筈豌豆在西北地区种植时，表现适应性强，产量高，是一种优良的草料兼用作物，1962年开始推广，现在许多省（区）都有种植，也是黄河滩区重要的豆科饲料作物。

1. 形态特点

箭筈豌豆为一年生草本。主根肥大，入土不深，侧根发达。根瘤多，呈粉红色。茎较毛苕子粗短，有条棱，多分枝，斜生或攀援，长80～120cm。偶数羽状复叶，具小叶8～16枚，顶端具卷须，小叶倒披针形或长圆形，先端截形凹入并有小尖头。托叶半箭头形，一边全缘，一边有1～3个锯齿。花1～3朵生于叶腋，花梗短；花冠蝶形，紫色或红色，个别白色。荚果条形，稍扁，长4～6cm，每荚含种子7～12粒。种子球形或扁圆形，色泽因品种不同而呈黄色、粉红、黑褐或灰色，千粒重50～60g。

2. 对环境的要求

箭筈豌豆性喜凉爽，抗寒性较毛苕子差，当苗期温度为－8℃，开花期为－3℃，成熟期为－4℃时，大多数植株会受冻害死亡。苗期生长较慢，花期开始迅速生长，花期前的生长快慢随温度高低而不同。耐干旱但对水分很敏感，每遇干旱则生长不良，但仍能保持较长时间的生机，遇水后又继续生长，但产量显著下降。再生性强，但与刈割时期和留茬高度有关，花期前刈割，留茬高度20cm以上时，再生草产量高。对土壤要求不严，耐酸耐瘠薄能力强，而耐盐能力差，在pH值5.0～8.5的砂砾质至黏质土壤上生长良好，但在冷浸泥田和盐碱地上生长不良。适宜在pH值6.0～6.8并排水良好的肥沃土壤和砂壤土上种植。箭筈豌豆为长日照植物，缩短日照时数，植株低矮，分枝多，不开花。

3. 选地、整地及施肥

箭筈豌豆是各种谷类作物的良好前作，它对前作要求不严，可安排在冬作物、中耕作物及春谷类作物之后种植。整地应在播种前一年完成浅耕、灭茬灭草，蓄水保墒。翌年播种前施底肥、深耕、耙耱、整平地面。亩施有机肥 1 500～2 000kg，过磷酸钙 20kg 为底肥，播种时施磷二氨等复合肥为种肥，促进幼苗生长。

4. 播种

箭筈豌豆在黄河滩区宜春播或秋播，9 月中下旬秋播最合适，迟则易受冻害。箭筈豌豆种子较大，用作饲草或绿肥时，每亩播种量 4～5kg，收种时 3～4kg。与燕麦混播量亩 2.5～3kg，燕麦 8～10.0kg，按箭筈豌豆单播量 4 成，燕麦单播量的 6 成计算各自的播种量。播种深度 3～4cm。播种方法，单播宜采用条播，行距 20～30cm。混播，可撒播也可条播，条播时可同行条播，也可隔行条播，行距 20～25cm。

5. 田间管理

箭筈豌豆抗逆性强，幼苗后期管理简便，但苗期要注意除草，适量追肥，在灌区应注意分枝期和青荚期的供水。箭筈豌豆在生长过程中对土壤中磷消耗较多，收草后的茬地往往氮多磷少，应增施磷肥，以求氮磷平衡，促进后作产量。

6. 饲草产量

箭筈豌豆收获时间因在滩区利用目的不同而不同。用以调制干草的，应在盛花期和结荚初期刈割；用作青饲的则以盛花期刈割较好。如利用再生草，注意留茬高度，在盛花期刈割时留茬 5～6cm 为好；结荚期刈割时，留茬高度应在 13cm 左右。种子收获要及时，过晚会炸荚落粒，当 70% 的豆荚变成黄褐色时清晨收获，每亩可收种子 100～150kg，高者可达 200kg。

7. 营养与利用

箭筈豌豆茎叶柔软，叶量大，营养丰富，适口性好，是各类家畜的优良牧草，茎叶可青饲、调制干草和放牧利用。籽实中粗蛋白质含量高达 30%（表 5－2），较蚕豆、豌豆种子蛋白质含量高，粉碎后可作精饲料。箭筈豌豆籽实中含有生物碱和氰苷两种有毒物质。生物碱含量为 0.1% ~ 0.55%，略低于毛苕子。氰苷经水解酶分解后放出氢氰酸，不同品种的含量在 7.6 ~ 77.3mg/kg，高于卫生部规定的允许量（即氢氰酸含量 < 5mg/kg），需做去毒处理，如氢氰酸遇热挥发，遇水溶解即可降低，即其籽实经烘炒、浸泡、蒸煮、淘洗后，氢氰酸含量可下降到规定标准以下。此外，也可选用氢氰酸含量低的品种或避开氢氰酸含量高的青荚期饲用，并禁止长期大量连续饲喂，均可防止家畜中毒。

表 5 - 2　箭筈豌豆的营养成分　　　　　　　（%）

样品	水分	占干物质						
		粗蛋白质	粗脂肪	粗纤维	无氮浸出物	粗灰分	钙	磷
鲜草	84.50	13.55	3.87	29.03	41.94	12.26	0.24	0.06
干草	全干	16.14	3.32	25.17	42.29	13.07	2.00	0.25
种子	全干	30.35	1.35	4.96	60.65	2.69	0.01	0.33

注：资料来自《牧草饲料作物栽培学》，陈宝书主编，2001

　　箭筈豌豆是在黄河滩区重要的粮、料、草兼用作物，生长繁茂，产量高。鲜草干燥率 22%，叶量占 51.3%，茎叶柔嫩，营养丰富，适口性好，马、牛、羊、猪、兔和家禽都喜食。箭筈豌豆与青燕麦混播，收贮混合青干草，产量较青燕麦单播提高 43.3%，混合青干草的蛋白质含量较青燕麦提高 4.0%；是增加冬春干草贮量，改进干草质量，提高冬春家畜营养水平的有效途径，应在青燕麦种植地区大力推广。

第三节　饲用豌豆

　　饲用豌豆又叫"小寒豆"，"麦豆"。豆科，豌豆属。起源于亚洲西部和地中海地区。我国以四川最多，次为河南，非常适合在河南省黄河滩区一带种植。饲用豌豆的嫩荚、嫩苗可作蔬菜；种子供食用、制淀粉或作饲料；茎、叶可作饲料或绿肥。

1. 形态特点

饲用豌豆是豆科豌豆属一年生或越年生草本植物，全株光滑无毛，带白色蜡粉。直根系发达，入土深约 1.50m，根瘤多着生在侧根上。茎圆形中空，细长，为 100~200cm，大多蔓生，少数品种直立，高约 60cm。偶数羽状复叶，小叶 2~6 片，叶轴顶端有分枝的卷须，基部有大形托叶，比小叶大，叶状。腋生的总状花序，花紫色，自花授粉，荚果圆筒形，荚内有种子 4~8 粒，种子球形，光滑或皱缩，有黄、白、黄绿、灰褐等色，千粒重 150~300g。花冠蝶形，带紫色；二雄蕊、一雌蕊。果实为荚果，荚有硬、软两类，种子圆形。

2. 对环境的要求

饲用豌豆为长日照作物，能很好适应滩区长日照条件。早熟种对光照长短不敏感，适应性强；晚熟种要求长日照。子叶不出土，无休眠期。出苗期适温为 6~12℃，结荚期为 16~22℃。自发芽到成熟需积温 1 700~2 800℃。饲用豌豆不耐高温，结荚期如果温度升至 26℃，即使短时间，也能造成早熟减产。因此，在春末夏初温度较高地区应提早播种，使结荚期避开高温的夏季。生长期内需水量较多，发芽时需吸收相当于自身重量的水分。开花期为需水临界期。对土壤要求不严，但以 pH 值为 6.5~8.0、富含钙质的砂壤土和壤土最宜。

3. 选地、整地及施肥

饲用豌豆在黄河滩区适宜选择土质疏松、土层深厚、光照充足，保肥保水的地块种植，为饲用豌豆的生长发育提供良好的土壤条件；切忌在土质黏重、土壤瘠薄的砂土，坡度较大，漏水漏肥的地块种植，这样的地块既满足不了饲用豌豆生长所需的肥水要求，也不利于饲用豌豆根瘤菌的形成和活动。前作收获后及时清除秸秆残茬，整地前每亩施过磷酸钙 30～40kg，硫酸钾 15～20kg，尿素 5～10kg 或普钙 20kg，硫酸钾 10kg，复合肥 20kg 作底肥，可改良土壤，减轻根部病害。

4. 播种

饲用豌豆可在黄河滩区 3～4 月份春播，也可秋播，播期在 10 月中旬。条播、撒播或点播均可。条播时行距为 25～40cm，播深为 4～7cm，播量为每亩 10kg；饲用豌豆也可点播，行距 30cm 左右，穴距 20～30cm，每穴 2～4 粒种子，播量为每亩 3kg。国外资料报道，行距 20～30cm，株距 10cm 左右，对于干饲用豌豆生产最为适宜。另外，青饲饲用豌豆宜与麦类混播，二者比例 2∶1 为佳，每亩播量为饲用豌豆 8～10kg，燕麦 4kg。

5. 田间管理

在黄河滩区，苗期生长缓慢，易受杂草为害，需及时中耕除草。据测定，根瘤菌每生产 1 000kg 饲用豌豆籽粒，需吸收氮 3.1kg，磷 0.9kg，钾 2.9kg。为获高产，可苗期施少量速效氮肥，以每亩 3kg 为宜；开花结荚期喷磷，并根外施硼、锰、钼、锌、镁等微量元素。苗期的病害主要有根腐病和立枯病，可选用可杀得 2 000 干悬浮剂 1 000 倍液、12% 绿乳铜 800 倍液、12.5% 烯唑醇 1 200～1 800 倍液喷雾防治。虫害主要有蛄蝓、蚜虫和斑潜蝇。蛄蝓常于出苗时取食未出土的幼芽而造成缺苗，可于傍晚每亩撒施 6% 密达颗粒剂 300～350g 进行防治；蚜虫可用 50% 杀灭快 800 倍液、10% 大功臣 1 800 倍液喷雾防治。

6. 饲草产量

开花结荚期，饲用豌豆蛋白质积累达到最高，青刈的应在此期收割（表 5－3）；收籽粒的则在荚果 80% 成熟时于早晨收获，迟则易裂荚落粒；豆、麦混种的宜在饲用豌豆开花结荚期、麦类开花期时收割。在黄河滩区种植时一般每亩产鲜草 1～2t，种子

100～150kg。饲用豌豆脱粒后应及时干燥，水分降至 13% 以下才可安全贮藏，贮藏期间，应注意防止昆虫、鼠类的侵害。

表5－3　不同播种期和收获期的青刈饲用豌豆干物质产量（kg/hm²）

播种时间（日/月）	青刈时间（日/月）			
	22/3	2/4	17/4	2/5
30/9	6 637.5	7 870.5	10 615.5	8 454.8
26/10	4 731.0	6 691.5	9 814.5	8 005.5
23/11	1 851.0	2 668.5	5 116.5	5 338.5
19/12	479.0	856.5	1 975.5	2 751.8

注：《饲料生产学》，南京农学院主编，1980

7. 营养与利用

饲用豌豆叶量多，茎叶柔软，营养丰富，适口性好，是在黄河滩区各类家畜的优良牧草，特别是搭配冬牧－70对奶牛的饲喂效果很好，同时其茎叶可青饲、调制干草和放牧利用。籽实中粗蛋白质含量高，粉碎后可作精饲料饲喂猪和鸡。

第四节　饲用高粱

饲用高粱也叫蜀黍、荻子或者芦粟，原产于热带，具有抗旱、耐涝、耐盐碱能力，产量高，适应性强，用途广，栽培容易，是在黄河滩区一种具有发展潜力的饲料作物，可以放牧或刈割后青饲，也可以做成青贮饲料或加工成干草。

1. 形态特点

禾本科高粱属一年生草本植物。须根系发达，由初生根、次生根和支持根组成，入土深度 1.4～1.7m，地面 1～3 节处有气生根。茎直立，株高 1～5m，一般有分蘖 4～6 个。茎的外部由厚壁细胞组成，较坚硬，品质粗糙。茎由多节组成，节上具腋芽，通常呈潜伏状态，肥水充足或主茎被损伤时萌发成分蘖。高粱的叶由叶鞘、叶片和叶舌组成。叶片肥厚宽大，中央有一较大的主脉（中脉），颜色有白、黄、灰绿之分。脉色灰绿的高粱，茎秆中含较多汁液，多为甜茎种，抗叶部病害能力强；脉色白、黄的高粱茎中汁液少，抗叶部病害能力较差。早熟品种 10～18 片叶，晚熟品种 25 片叶以上。高粱为圆锥花序，籽粒圆形、卵形或椭圆形，颜色有红褐、黄、白等。深色籽粒含单宁较多，不利消化，但在土壤中具有防腐、抗盐碱等作用。种子千粒重 25～34g。

2. 对环境的要求

饲用高粱为喜温作物，种子发芽最低温度 8～10℃，最适温度 20～30℃。生长发育要求 ≥10℃有效积温 980～2 200℃。耐热性好，不耐寒，昼夜温差大有利于养分积累，但温度高于38～39℃或低于 16℃时生育受阻。抽穗至成熟要求 25℃，灌浆后温度逐渐下降，有利于籽粒的充实。高粱不耐低温和霜冻。饲用高粱的抗旱性远比玉米强，蒸腾系数为 280～322，在干旱条件下能有效利用水分。生长期中如水分不足植株呈休眠状态，一旦获得水分即可恢复生长。茎叶表面覆有白色蜡质，干旱时叶片卷缩防止水分蒸发。后期耐涝，抽穗后遇水淹，对其产量影响甚小。饲用高粱为短日照作物，缩短光照能提早开花成熟，但茎叶产量降低；延长光照贪青徒长，茎叶产量提高。不同纬度地区之间引种时应予以注意。高粱为典型的 C_4 植物，对光能的利用率较高。饲用高粱对土壤要求不严，沙土、黏土、旱坡、低洼易涝地均可种植，较耐瘠薄和抗病虫害。高粱的一大特点是抗盐碱能力很强，适宜的 pH 值为 6.5～8.0，孕穗后可耐 0.5% 的土壤含盐量，为一般作物所不及，常作为盐碱地先锋作物。

3. 选地、整地及施肥

饲用高粱适宜选择在光照充足，土壤肥沃，土质疏松、土层深厚的地块种植，为其生长发育提供良好的土壤条件；忌在土壤瘠薄的砂土，坡度较大，漏水漏肥的地块种植，这样的地块既满足不了饲用高粱生长所需的肥水要求，也不利于饲用高粱的安全生产。整地前每亩施腐熟的有机肥 2 ~ 3t，过磷酸钙 20 ~ 25kg，硫酸钾 6 ~ 10kg 作底肥，既可改良土壤，又可满足其生长期对养分的需要，确保高产稳产。

4. 播种

在黄河滩区播种播前要平整土地，使种床紧实，种子和土壤充实接触，这样才能使种子迅速而整齐地萌发。土壤温度达 18 ~ 21℃时开始播种，黏土的播深为 2 ~ 3cm，砂性土的播深为 5cm。目前国内市场上的饲用高粱品种较少，且主要为国外培育的品种。大力士为澳大利亚培育的一个饲用高粱新品种，为近几年国内销量最多的一个品种。饲用高粱的播种量为旱地每亩 0.5 ~ 1kg，水浇地每亩 1.5kg。播种量太低，一方面影响前期的产量，一方面会使茎秆加粗。行距为 15 ~ 30cm 时能很好地控制地面杂草，但在干旱地区种植，行距可加大到 70 ~ 100cm。

5. 田间管理

在河南黄河滩区，饲用高粱虽然能适应褐土、潮土等多种土壤，而且很耐瘠薄，但只有在土层较厚和水肥充足的情况下才能获得最高产量。饲用高粱对肥料的需求量与玉米类似，每亩地播种时应施 6.5 ~ 8.0kg 的氮肥，并结合一定量的磷钾肥做基肥。磷钾肥的用量根据土壤的磷钾含量确定。每次刈割后每亩地追施 3.5kg 的氮肥以促进饲用高粱的再生。氮肥要距离种子 5cm 或在种子下面的 5cm，以免烧苗。

6. 饲草产量

该品种晚熟的特性非常明显，在黄河滩北部地区不能或极少抽穗。大力士的产量很高，如果土壤的水肥条件比较好，它在黄河滩区的鲜草产量每亩在 15t 左右。而且叶片大，茎叶比高，蛋白含量高于普通品种。大力士的分蘖力很强，因而再生性很好，一年可刈割3~4次。

7. 营养与利用

饲用高粱茎秆与籽粒都含有丰富的营养（表5-4）。仔猪饲喂高粱籽粒，断乳早，增重快，窝重高，生长健壮；马在使役期间饲喂饲用高粱，可提高使役能力。高粱籽粒中含有少量单宁，也叫鞣酸，有止泻作用，多喂可引起便秘。高粱食用、饲用价值及适口性均次于玉米，且含可消化蛋白质及赖氨酸、色氨酸较少，所以饲喂时应与豆类或其他饲料配合。另外，饲用高粱的营养价值还和品种有关。晚熟的品种，如澳大利亚培育的大力士，营养生长时间长，牧草质量降低速度慢。而早熟的品种很快从营养生长进入生殖生长，牧草质量会很快降低。此外，叶片越大、叶量越丰富和茎秆越细的品种，品质越好，因为蛋白主要存在于叶片中。可以用提高播种量的方法，使饲用高粱的茎秆变细。例如将大力士的亩播量由0.8kg提高到1.5kg，茎秆直径大约降低了一半，叶茎比明显提高。

表5-4　高粱各部位的营养成分　　　（%）

饲料	粗蛋白质	粗脂肪	粗纤维	无氮浸出物	粗灰分	钙	磷
籽粒	8.5	3.6	1.5	71.2	2.2	0.09	0.36
茎秆	3.2	0.5	33.0	48.5	4.6	0.18	微量
叶片	13.5	2.9	20.6	38.3	11.2	不详	不详
颖壳	2.2	0.5	26.4	44.7	17.4	不详	不详
风干糠	10.9	9.5	3.2	60.3	3.6	0.10	0.84
鲜糠	7.0	8.6	3.4	33.9	5.0	不详	不详

饲用高粱的青绿茎叶，尤其是甜高粱，是猪、牛、马、羊的优良粗饲料，青饲、青贮或调制干草均可。高粱的新鲜茎叶中，

含有羟氰配糖体，在酶的作用下产生氢氰酸（HCN），而引起毒害作用。出苗后 2~4 周含量较多，成熟时大部分消失；上部叶较下部叶含量较多；分蘖比主茎多；籽粒高粱比甜高粱多；生长期中高温干燥时含量较高；土壤中氮肥多时含量也多，故多量采食过于幼嫩的茎叶易造成家畜中毒。据江苏省报道，耕牛采食0.5~1.0kg 的幼嫩高粱即可致死。因此，高粱宜在抽穗时刈割利用或与其他青饲料混喂。另外，调制青贮料或晒制干草后毒性消失。高粱茎秆较粗，水分不易蒸发，调制干草较为困难，品质也较差。调制青贮饲料，茎皮软化，适口性好，消化率高，是家畜的优良贮备饲料。饲喂牛、羊以切短成 3~4cm 为宜，喂猪时则以粉碎或打浆为好。据报道，泌乳奶牛日喂 30~40kg 甜高粱青贮料，产奶量可提高 10% 以上。

第五节　苏丹草

苏丹草也叫野饲用高粱，原产于非洲的苏丹高原。在欧洲、北美洲及亚洲大陆栽培广泛。新中国成立前已经引进，现南北各省均有较大面积的栽培，是黄河滩区奶牛和草鱼重要的高产饲草之一。

1. 形态特点

苏丹草为饲用高粱属一年生禾本科牧草，须根，根系发达入土深，可达 2.5m。茎直立，呈圆柱状，高 2~3m，粗 0.8~2.0cm。分蘖力强，侧枝多，一般一株 15~25 个，最多 40~100个。叶条形，长 45~60cm，宽 4~4.5cm，每茎长有 7~8 枚叶片，表面光滑，边缘稍粗糙，主脉较明显，上面白色，背面绿色。无叶耳，叶舌膜质。圆锥花序，长 15~80cm，每节着生两枚小穗，一无柄，为两性花，能结实；一有柄，为雄性花，不结实。结实小穗颖厚有光泽。颖果扁平，籽粒全被内外稃包被倒卵形，外稃先端具 1~2cm 膝曲的芒，紧密着生于颖内，种子颜色依品种不同有黄、紫、黑之分。千粒重 10~15g。苏丹草依茎的高度不同，分为三型：矮型，中型，高型。苏丹草根系发达，分蘖能力强。依品种不同，侧枝着生情况也不同，又分为 4 种株型：直立型、半散开型、散开型、铺展型。直立型，半散开型株丛，适于刈割利用，分布广，经济价值大；散开型和铺展型适于放牧利用，经济价值不如前两类。直立型最普遍。

2. 对环境的要求

苏丹草是喜温植物，不抗寒，怕霜冻。苏丹草为短日照作物，种子发芽最适温度 20~30℃，最低 8~10℃。生育期 100~120d，要求积温 2 200~3 000℃。幼苗期对低温较敏感，气温降到 2~3℃即受冻害，但成株具有一定抗寒能力。在年降雨量仅 250mm 地区种植仍可获得较高产量。干旱季节地上部因刈割或放牧而停止生长，雨后即很快恢复再生。抽穗到扬花生长最快，需水最多，严重缺水将影响产量。但雨水过多或土壤过湿也对生长不利，容易遭受病害。苏丹草对土壤要求不严，只要排水良好，在沙壤土、重黏土、弱酸性和轻度盐渍土上均可种植，而以肥沃的黑土、黑钙土、暗栗钙土上生长最好。因其吸肥能力强，过于瘠薄的土壤上生长不良。

3. 选地、整地及施肥

为了提高产量，应结合翻耕施足基肥，在滩区一般每亩可施用农家肥 1 500~2 000 kg，或播种时每亩施用氮、磷复合肥 20~30kg。

4. 播种

播种期苏丹草是喜温作物，适合在黄河滩区种植，一般在晚霜过后地表温度达 12~14℃时即可开始下种。为保证青饲料轮供，在黄河滩区可以分期播种，每期间隔 20d，末期播种应在酷霜前 60~90d 结束。播前晒种或温水浸种 12h，以提高发芽及出苗率。播种方法一般采用条播，宜单条播，收草田行距 30 ～ 40cm，收种田行距 50cm。一般覆土深度 4 ～ 5cm，土壤墒情差时可深达 6cm，收草田每亩播种量 2.5 ～ 3.0kg，收种田可减半。为提高青饲料的产量和品质，减轻苏丹草对后作的不利影响，可与一年生豆科作物混播。适宜混播的豆科作物有苕子、豌豆、绿豆、豇豆等。

5. 田间管理

苏丹草幼苗细弱，不耐杂草，出苗后要及时中耕除草。每隔 10 ～ 15d 中耕除草一次。单播的苏丹草地，苗期用 0.5% 的 2, 4-D 类除草剂液喷雾除草 2 ～ 3 次，可以消灭阔叶杂草。苏丹草在分蘖期至孕穗期生长迅速，需肥逐渐增多。每次刈割后 5 ～ 7d，结合灌溉，每亩追施 7.5 ～ 10.0kg 硝酸铵或硫酸铵。据对苏丹草追施硫铵和尿素的研究结果，干草产量分别提高 87.3% 和 69.3%。苏丹草易遭黏虫、螟虫、蚜虫等危害。刈割利用作青饲料的，若有蚜虫危害，立即刈割利用；留种田要注意及时防治。

6. 饲草产量

（1）收获。

①草用：苏丹草在滩区再生性非常好，草用价值颇高。可用作放牧、青饲、调制青干草、青贮等。青饲苏丹草最好的利用时期是孕穗初期，这时，其营养价值、利用率和适口性都高。

②放牧用：第一次在拔节期，轻牧；第二次在孕穗期，中牧；第三次在抽穗期，重牧；第四次在霜冻前后至全部吃完。一般每隔 30 ～ 40d 放牧一次，放牧要经常驱赶，均匀采食。在苏丹草与豆料牧草的混播地放牧，不喂精料也上膘。

③青饲用：因幼嫩的株体含氢氰酸多，应在株高 50 ～ 60cm 时第一次刈割，每年刈割 2 ～ 3 次。在北方生长季较短的地区，首次刈割不宜过晚，否则第二茬草的产量低。

④青贮用：在孕穗期至扬花期刈割，与豆科牧草混贮效果和

品质更好。

⑤留种用：当主要茎秆上的籽粒已成熟时即可收获。割下的茎秆经过一段时间后熟再进行脱粒。每亩可产种子150kg以上，因苏丹草是风媒花，极易与饲用高粱杂交，故其种子田与饲用高粱田应间隔400～500m以上。

（2）产量。苏丹草株高茎细，再生性强，产量高，适于调制干草。在黄河滩区有灌溉的条件下，年刈可以割3次，干草总产量每亩1 200kg；缺水的旱作条件下，干草产量每亩达到700kg。

7. 营养与利用

（1）营养。苏丹草营养丰富，且消化率高。营养期粗脂肪和无氮浸出物较高，抽穗期粗蛋白质含量较高，粗蛋白质中各类氨基酸含量也很丰富。另外，苏丹草还含有丰富的胡萝卜素（表5－5）。

表5－5 苏丹草的化学成分 （%）

生育期	水分	粗蛋白质	粗脂肪	粗纤维	无氮浸出物	粗灰分
营养期	10.92	5.80	2.60	28.01	44.62	8.05
抽穗期	10.00	6.34	1.43	34.12	39.20	8.91
成熟期	16.23	4.80	1.47	34.18	35.38	7.94

注：《中国饲用植物志》第3卷，贾慎修主编，1991

（2）利用。苏丹草作为滩区夏季利用的青饲料最有价值。此时，一般牧草生长停滞，青饲料供应不足，造成奶牛、奶羊产奶量下降，而苏丹草正值快速生长期，鲜奶产量高，可维持高额的产奶量。苏丹草饲喂肉牛的效果和紫苜蓿、饲用高粱差别不大。另外，苏丹草用作饲料时，极少有中毒的危险，比饲用高粱玉米都安全。苏丹草也是黄河滩区池塘养鱼的优质青饲料之一，有"养鱼青饲料之王"的美称。据肖贻茂研究，在华中地区每亩产鲜草10t，用以喂鱼，可生产鱼肉400kg。苏丹草茎叶产量高，含糖丰富，尤其是与饲用高粱的杂交种，最适于调制青贮饲料。在旱作区栽培，其价值超过玉米青贮料。

第六节　高丹草

高丹草是用饲用高粱和苏丹草杂交而成，由第三届全国牧草品种审定委员会第二次会议于1998年12月10日最新审定通过的新牧草。高丹草综合了饲用高粱茎粗、叶宽和苏丹草分蘖力、再生力强的优点，杂种优势非常明显。

饲用高粱杂交草是利用饲用高粱与苏丹草杂交产生的F1代杂交种，具有很强的杂种优势，饲用高粱杂交草具有生长速度快，再生力强，生物产量高，营养价值高，适应性强，适口性好等特点。美国、前苏联、印度、澳大利亚等国均作为牧草在生产上应用，主要用于养殖牛、羊等。在中国，20世纪80年代以来，饲用高粱杂交草作为一种新型的饲料作物，受到了饲用高粱育种家的重视，开展了饲用高粱杂交草的选育工作以及在生产中应用的可行性研究。

1. 形态特点

饲用高粱苏丹草杂交种是饲用高粱与苏丹草的杂交一代种，是根据杂交优势原理，以高粱不育系为母本，以苏丹草为父本，经杂交选育获得的杂交组合。它的株高和茎秆直径因亲本不同有很大差异，株高一般为2.5~2.8cm，茎秆粗壮，叶片肥大。分蘖再生能力强，分蘖数一般为20~30个，分蘖期长，可延续整个生长期。叶色深绿，表面光滑。种子扁卵形，颜色依品种不同，有黄色、棕褐色、黑色之分，千粒重也因品种不同有较大差异。

2. 对环境的要求

高丹草属于喜温植物，不抗寒、怕霜冻，是黄河下游滩区最佳的饲料作物之一。种子发芽最低土壤温度16℃，最适生长温度24～33℃，幼苗时期对低温较敏感，已长成的植株具有一定抗寒能力。高丹草根系发达，抗旱力强，在年降雨量仅250mm地区种植，仍可获得较高产量，但最适合种植于降水量为500～800mm地区。在干旱季节如地上部分因刈割或放牧而停止生长，雨后即很快恢复再生。但严重缺水会影响产量，雨水过多或土壤过湿也对生长不利，容易遭受病害，尤其容易感染锈病。

高丹草对土壤要求不严，无论沙壤土、重黏土、微酸性土壤和盐碱土均可种植。但在过于瘠薄的土壤和盐碱土壤上种植时，应注意合理施肥。

高丹草为短日照植物，对光周期较为敏感，需要大于12 h的日照长度来防止抽穗开花，从而维持旺盛的营养生长和较高的营养价值，在适合的日照长度下，该类品种可有效延长发绿营养生长期，获得更高的产量和更好的品质。

3. 选地、整地及施肥

高丹草对滩区土壤要求不严，无论风沙土、褐土、潮土；无论沙壤土、重黏土、微酸性土壤和盐碱土均可种植。但在过于瘠薄的土壤和盐碱土壤上种植时，应注意合理施肥。因此播前应将土壤深耕，施足有机肥，种肥应包括氮、磷和钾肥，氮肥用量是每亩3～4kg。

4. 播种

高丹草在黄河滩区的播种期范围比较广，早春（4月中旬）到麦收后（6月中旬）播种都能正常生长，早播总产量高，晚播总产量低，黄河滩区的用种量为每亩1.5～2kg，在精细整地，施足基肥的基础上条播或穴播，条播，行距40～50cm，播深

2 ~4cm。

5. 田间管理

高丹草播种出苗后，要加强田间管理，苗高 10cm 时定苗，适宜密度为：青贮或调制干草，每亩 20 000 株左右，青饲利用时每亩 100 000 ~150 000 株。封行前中耕除草 1 ~2 次。此外，高丹草再生速度快，每次刈割后对肥料的需求量都很大，尤其对氮肥最为敏感，因此，为了保证高产、稳产，除施足基肥外，刈割后都应该及时追施氮肥，施用量一般每次每亩施尿素 8 ~10kg。

高丹草的根系发达，生长期间需要从土壤中吸收大量营养，因此，播前应将土壤深耕，施足有机肥，种肥应包括氮磷和钾肥，氮肥用量是每亩 3.4 ~4kg，以加快建植并满足早期生长的需要，首次刈割后结合灌溉每亩施氮肥 3 ~4kg，以后依据实际情况施用氮肥 1 ~2 次，特别是在分蘖期、拔节期以及每次刈割后，应及时灌溉和追施速效氮肥。苗期应注意中耕除草，当出现分蘖后，即不怕杂草为害。

在生长期间，勤检查蚜虫，一旦发现，要及时用氧化乐果、马拉硫磷、抗蚜威等防治。在紫斑病严重的地区，可在播种前用多菌灵拌种或发病初期用代森铵喷雾防治。

高丹草是由饲用高粱和苏丹草自然杂交形成的一年生禾本科牧草，属可多次利用型；能耐受频繁的刈割，并能多次再生，可用于高质量青草、干草生产，也能直接用于放牧或半干青贮。适宜刈割期是抽穗至初花期，即播种 6 ~8 周后，植株高度达到 1.0 ~1.5m，此时的干物质中粗蛋白质含量最高，粗纤维含量最低，可开始第一次刈割。留茬高度应以 10 ~20cm 为宜，地面上留 2 ~3 个节。饲用高粱杂交草再生力强，播种一次可以刈割多次，刈割时要尽量避开刈割后遇雨，以减少烂茬。再次刈割的时间以 4 ~5 周后为宜，间隔过短会引起产量降低。

6. 饲草产量

高丹草在黄河滩区种植时，每亩产鲜草 5t 左右，最高可达 10t。另外，高丹草含有丰富的可消化营养物质，青绿期蛋白质的消化率达 44%、脂肪 57%、纤维素 64%。茎叶柔嫩，适口性良好，为各类家畜所喜食。

7. 营养与利用

高丹草在利用上主要是作为黄河滩区畜禽和鱼类等的青饲料，刈割后青贮调制成干草。其叶量丰富，茎秆柔嫩多汁，牛、羊等草食动物及草食鱼类均喜食。高丹草生长旺，适用于青饲，在 6 月上旬即可收获第一茬，能解决家畜早期青饲草。由于它的茎叶比玉米和高粱柔软，易于晒制干草，还可以青贮。高丹草作为夏季利用的青饲料，饲用价值很高，饲喂奶牛可维持其高额产奶。

由于茎秆较粗，干燥缓慢，所以需要用茎秆压扁机械处理，以加快干燥过程，使叶片和茎秆含水量同时降低。播种 6~8 周，株高达到 45~80cm，可开始放牧利用，此时的消化率可达 60% 以上，粗蛋白含量高于 15%，过早放牧会影响牧草的再生。需要采用较大的放牧强度，在 10d 内完成牧草采食，牧后以 20cm 的留茬高度将植物残体割去，以促进再生，再次放牧要等到 3~4 周以后。放牧可一直持续到初霜前。用于青贮的多为刈割 1 次的品种，籽实型品种在种子乳熟至蜡熟期刈割。青贮前应将含水量由 80%~85% 降到 70% 左右。

第七节　墨西哥玉米

墨西哥玉米又名大刍草，是 1978 年在墨西哥发现的多年生大自然新类型。具有高抗病虫、喜高温、分蘖能力强、刈割后再生性能好、生长迅速、饲用价值高等特点，其茎叶柔嫩多汁、适

口性好，为鱼类和各种畜禽所喜食，既可刈割鲜饲又可青贮，是极具发展潜力的人工栽培饲草之一

1. 形态特点

墨西哥玉米是禾本科玉米属一年生草本植物。其株高 3 ~ 4m，分蘖能力强，每丛有分枝 30 ~ 60 多个，有的高达 90 多个。须根系发达，60% ~ 70% 分布在 30 ~ 60cm 的土层中，最深可达 200cm，故能从深层土壤中吸收水分和养分。近地面的茎节上轮生有多层气生根，除具有吸收能力外，还可支持茎秆不致倒伏。玉米根系发育与地上部生长相适应，根系发育健壮，则可供给地上部良好生长所需水分和养分。

2. 对环境的要求

墨西哥玉米为喜温作物，对温度的要求因品种而异。墨西哥玉米耐酸、耐水肥、耐热，对黄河滩区土壤要求不严，特别适于在滩区东段平原一带种植，生育期为 200 ~ 230d，再生力强，一年可割 7 ~ 8 次。

3. 选地、整地及施肥

墨西哥玉米要选滩区地势平坦、排灌水方便、土层深厚、肥力较高的地块种植。墨西哥玉米对前作要求不严，在麦类、豆类、叶菜类等作物收获之后均宜种植。它是良好的中耕作物，消耗地力较轻，杂草较少，故为多种作物如麦类、豆类、根茎瓜菜及牧草的良好前作。墨西哥玉米忌连作，连作时会降低品质和产量。

墨西哥玉米为深根性高产作物，要深耕细耙，创造具有良好水热条件而又疏松的耕层。耕翻深度一般不能少于 18cm。在翻地时，可施入有机肥作基肥，一般每亩施优质堆、厩肥 2.5 ~ 3t。墨西哥夏玉米一般不必施基肥。

4. 播种

墨西哥玉米在黄河滩区一般实行春播或夏播，在温度稳定在

15℃左右即可播种。滩区适合的墨西哥玉米品种是草优12，其每亩用种子1～1.5kg，撒播用种2.5～3.0kg播种前用35℃温水浸泡24h。开沟点播，每穴2粒，盖土3～4cm。条播时株行距40cm×30cm，每亩苗实株群5 000株左右。

5. 田间管理

（1）适时补苗、定苗。播后要及时检查苗情，凡是漏播的，在其他地块刚出苗时就要立即催芽补播或移苗补栽，力争全苗。为合理密植提高产量，要适时定苗。间苗在3～4片真叶出现时进行，间去过密的细弱苗，每穴留2株大苗、壮苗。定苗应在有5～6片真叶时进行，每穴留1株。间定苗最好在晴天进行，因为受病虫危害和生长不良的幼苗，在阳光下照射发生萎蔫，易于识别。

（2）中耕除草。墨西哥玉米苗期不耐杂草，及时中耕除草是玉米增产的重要条件。玉米在苗期一般中耕2～3次，苗高8～10cm以后每隔10～15d都应中耕除草1次，直到封垄为止。

（3）施肥。墨西哥玉米苗期在5叶前长势缓慢，5叶后生长转快开始分蘖。苗高30cm，每亩施氮肥8kg，中耕培土。注意旱灌涝排。苗高40cm可第一次刈割。割时应在分蘖点以上开镰，以后每隔15～20d收割1次，每次收割应比原茬稍高1～1.5cm。注意不能割掉生长点（即分蘖处），否则会影响再生，降低产量。

（4）防治病虫害。和普通玉米一样，墨西哥玉米出苗前常有蝼蛄、蛴螬等危害种子和幼芽，可用高效低毒的辛硫磷50%乳剂50ml，加水3kg，拌和玉米种子15kg，拌后马上播种，防治蝼蛄和蛴螬，保苗效果达100%。

墨西哥玉米苗期常见的害虫为地老虎（土蚕或截虫）、蝼蛄和蛴螬，特别是地老虎最为猖獗。我国中原地区第一代地老虎幼虫正好危害春播玉米、苦荬菜等作物。幼龄幼虫为害嫩芽嫩叶，食叶肉形成孔洞，大龄幼虫常从近地面处咬断幼苗，造成缺苗断垄现象。幼虫多生长在根际附近，昼伏夜出。蝼蛄在地下活动为害时，常在地面形成不规则的隧道，使作物根部与土壤分离而干枯死亡，除咬食种子外并能取食或咬断作物地下根茎部分，被害处呈乱麻状。

为有效的防治地老虎等的为害，可采用如下措施。

人工捕捉：清晨天刚亮地老虎尚未钻入地下时进行；白天在墨西哥玉米断苗处可扒出幼虫；中耕松土时发现幼虫要及时杀灭。

灌水：灌水时，地老虎因怕淹而浮出水面，小面积玉米地可人工捡拾，此法非常有效。

施用农药：用50%辛硫磷乳剂1 000倍水溶液浇灌根际，15min内即有中毒的3~5龄幼虫爬出地面，施药后48h全部死亡。采用敌百虫毒草毒饵诱杀可兼治地老虎和蝼蛄，方法是将90%敌百虫结晶750g溶解在少量水中，拌和切碎的鲜草375kg或炒香的饼肥颗粒每亩5kg制成毒草或饼肥毒饵，傍晚撒于田间作物根部附近地面，防治效果显著。

在墨西哥玉米心叶期和穗期，常发生玉米螟危害。玉米螟钻入心叶、玉米茎秆及穗内蛀食，故称为玉米钻心虫。在心叶期危害时，展开的叶片有成排的孔，蛀食茎秆或穗时常在表面留下孔洞。心叶期发生玉米螟时，用50%辛硫磷50ml加水25~50kg灌心叶，每千克药液可浇灌玉米、饲用高粱100株左右，施药后1d，杀虫效果达100%，30d后仍有效。穗期发生玉米螟用50%辛硫磷或90%敌百虫1 000倍液喷杀均有良好效果。

在墨西哥玉米玉米穗期可发生金龟子（蛴螬成虫）为害，用40%异硫磷1 000倍液喷洒效果良好，连续用药2~3次即可。

6. 饲草产量

墨西哥玉米在滩区的再生能力强，每年刈割 7~8 次，每 1 亩产茎叶 10~20t。墨西哥玉米草优 12 是我国从墨西哥引进的最新牧草品种，2001 年由河南省民权县特种动植物良种试验场率先引种成功，在我国的河南、河北、山西、广东等地多点试种表明，其最高亩产可达 35t，较普通的墨西哥玉米草产量提高 40%~70%，其产量在所有牧草当中遥遥领先，且适口性极好，适合饲喂牛、羊、猪、鹅等多种家禽家畜。

7. 营养与利用

墨西哥玉米营养高、效益好。其茎叶味甜，脆嫩多汁，适口性好，营养丰富，粗蛋白含量为 13.68%，粗纤维含量 22.73%，赖氨酸含量 0.42%。消化率较高。另含有多种畜禽所需的微量元素，牛、羊、猪、兔、鹅等均喜食，且消化转化率高，每亩鲜草可饲喂羊 40~60 只、鹅 500 只，经济效益极为可观。用它喂奶牛，产奶量比喂普通饲料提高 5%。

同时，墨西哥玉米鲜草也是黄河滩区各类渔场草食性鱼类的首选牧草。据统计，在鱼塘内每投料 22kg 墨西哥玉米鲜草即可养成 1kg 鲜鱼。

第八节　青贮玉米

青贮玉米和墨西哥玉米均为一年生禾本科粮饲兼用作物。其栽培面积大，为世界三大谷类作物之一。青贮玉米籽粒 65% 用作饲料，为畜禽养殖中用量最大的精饲料，被誉为"饲料之王"。因青贮玉米全株收获制作青贮具有高产、优质、省工、节能等优势，种植面积不断增加。以欧洲为例，青贮玉米种植面积已经占到玉米总种植面积的 30%~40%。我国随着规模化、集约化养牛业，尤其是奶牛养殖业的不断发展，青贮玉米种植面积迅速扩大，是我国黄河滩区最为适宜种植的优良饲料作物之一。

1. 形态特点

青贮玉米根系发达，着生于地下茎节的须状根构成发达之须根系，集中分布于 0～30cm 土层，少数可达 150cm 以下。地上近地表茎节轮生数层气生根，兼具支撑和吸收两种功能。茎具多节，不同品种之间节数差异很大，变异范围大致为 9～40 节，地下 3～9 节，地上 6～32 节。茎粗 2～4cm。株高不同品种之间差异很大，矮者不足 1m，高者 7m 以上，青贮品种多在 3～4m 之间。叶互生于茎节，由叶鞘、叶舌和叶片构成。叶鞘紧密包茎；叶片开展，长 80～120cm，宽 6～15cm。雌雄同株异花，雄花排列成圆锥花序，着生于茎顶；雌花排列成肉穗花序，着生于茎之中上部。颖果马齿形或近圆形；以黄色和白色居多，亦有紫色、红色和杂色；千粒重不同品种之间差异很大，轻者 50g 左右，重者高达 500g，多在 200～350g。

2. 对环境的要求

青贮玉米种子萌发的最适环境温度为 25～30℃；6～7℃ 亦可萌发，但速度极其缓慢；高于 45℃ 萌发受到抑制。苗期，在一定范围内，温度愈高，生长愈快；超过 40℃ 生长受抑制；遇 −4℃ 以下低温受冻死亡；地温 20～24℃ 根系生长快而健壮。日均温升至 18℃ 以上时春玉米开始拔节。拔节至抽雄，适宜温度 24～26℃。抽穗至开花、吐丝，适宜温度 25～27℃，下限温度 19～21℃，超过 35℃ 有害。灌浆至成熟，最适温度 22～24℃；气温降至 16℃ 时，灌浆停止；气温高于 30℃ 时，灌浆速度极其缓慢；昼夜温差大，利于籽粒产量提高。生长后期，遇 3℃ 以下低温，生长完全停止。

青贮玉米适宜黄河滩区土壤含水量为田间持水量之 60%～80%。播种期以 70%～75% 为佳。苗期出于蹲苗的考虑，宜控制在 60%～65%。拔节至抽雄以 70%～80% 为宜。抽穗至开花、吐丝应保持在 80% 左右。灌浆至蜡熟以 70%～80% 为佳。蜡熟至完熟宜控制在 60%～70%。

土壤酸碱性适应范围为 pH 值为 5～8，6.5～7.0 最佳。土壤含盐量不宜超过 0.3%。

当黄河滩区内的环境温度 10～12℃时，青贮玉米播种后 2～3 周才能出苗；15～18 ℃缩短至 1～2 周；20℃ 则仅需 1 周。通常春播 2～3 周出苗，夏播 1 周。春玉米苗期（从播种经出苗至拔节前）约 1 个月，夏玉米 3 周左右。春玉米穗期（从拔节至抽雄）略长于 5 周，夏玉米约 1 个月。春玉米花粒期（抽雄后至成熟）约 8 周，夏玉米 6 周左右。玉米生育期（从播种至成熟）80～150d。玉米属于短日照植物，长日照会延缓其生长发育进程，延长生育期；相反，短日照则会加速其生长发育进程，缩短生育期。

从出苗，经拔节，至抽雄，植株高度逐渐增长，抽雄期升至最高。苗期增长缓慢，穗期迅速，开花期停滞。从出苗，经拔节、抽雄、开花、吐丝、灌浆、乳熟、蜡熟，至完熟，地上生物量（干物质）不断增加，完熟期达到顶峰。苗期地上生物量（干物质）仅占完熟期之 3%～4%；抽雄期达到 50%～60%。可消化营养物质产量蜡熟期最高。

青贮玉米在黄河滩区适宜种植的区域十分广泛，除 >10℃年积温 <1 900℃（或夏季平均气温 <18℃），或年降水量 <350mm 又无灌溉条件的气候区生产水平较低外，其余气候区皆适宜种植。

3. 选地、整地及施肥

青贮玉米为高大型饲料作物，在选地上，要求在滩区土层深厚、地势平坦、水利条件较好，肥力较高的地块上种植，不适合在滩区坡地和瘠薄的沙土地上种植。青贮玉米对前作要求不严，在麦类、豆类、叶菜类等作物收获之后均宜种植。青贮玉米忌连作，连作时会降低品质和产量。

玉米为深根性高产作物，要深耕细耙，创造具有良好水热条件而又疏松的耕层。耕翻深度一般不能少于 18cm。在翻地时，可施入有机肥作基肥，一般每亩施优质堆、厩肥 2.5～3t。夏玉米一般不必施基肥。

4. 播种

青贮玉米在黄河滩区一般实行春夏播种。每年从 4 月 20 起到 5 月下旬结束，可根据品种特点进行分批播种。青贮玉米可直播，也可以穴播。选择直播时，合理密植有利于高产，播种量为 2.5～3.5kg/亩。穴播时，每穴 2 粒，每亩用种量为 1.5～2.0kg，播种后盖土 3cm。株行距 30cm×30cm，每亩苗实株群 5 500～6 000株。

另外，青贮玉米与秣食豆混播是一项重要的增产措施，同时还可大大提高青贮玉米的品质。以玉米为主作物，在株间混种秣食豆。秣食豆是豆科作物，根系有固氮功能，并且耐阴，可与玉米互相补充合理利用地上地下资源，从而提高产量，改善营养价值。混播量为青贮玉米 1.5～2.0kg，秣食豆 2.0～2.5kg。

5. 田间管理

与大田作物管理方法相同，需要进行除草、间苗、施肥及中耕等。施肥量为 10～15kg/亩。

6. 饲草产量

青贮玉米籽粒和茎叶单产皆高，因品种、土壤、气候、生长期及栽培管理措施的不同有差异，在黄河滩区西段每亩籽粒产量 300～700kg，每亩全株鲜产 4～6t；在黄河滩区东段每亩籽粒产量 500～800kg，每亩全株鲜产 6～8t。

7. 营养与利用

青贮玉米蜡熟期刈割最佳。该期刈割不仅可消化营养物质产量高，而且含水量适宜（65% 左右）。

蜡熟期刈割，全株玉米风干草含粗蛋白质（CP）7%～10%、淀粉28%～32%，酸性洗涤纤维（ADF）含量25%～30%、中性洗涤纤维（NDF）含量45%～50%、木质素含量3%～4%，总可消化养分（TDN）65%～70%，相对饲喂价值（RFV）115～145。无穗玉米的相对饲喂价值为85～115，明显低于有穗者。收获果穗后剩余秸秆的相对饲喂价值更低，仅为65～95。

青贮能较好地保存玉米的营养成分（表5-6）。青贮玉米品质优良，可大量贮备供冬春饲用。

表5-6　青贮前后玉米全株的营养成分　　　　　　　　　（%）

样品	水分	粗蛋白质	粗脂肪	粗纤维	无氮浸出物	粗灰分
青贮前	3.95	7.21	1.21	27.28	50.33	9.90
青贮后	5.74	7.96	2.67	31.25	48.09	10.03

玉米青贮料营养丰富、气味芳香、消化率较高，鲜样中含粗蛋白质可达3%以上，同时还含有丰富的糖类。用玉米青贮料饲喂奶牛，每头奶牛一年可增产鲜奶500kg以上，而且还可节省1/5的精饲料。青贮玉米制作所占空间小，而且可长期保存，一年四季可均衡供应，是解决黄河滩区牛羊所需青粗饲料的最有效途径之一。

第九节　大　麦

大麦为带壳大麦和裸大麦的总称。习惯上所称大麦是指带壳大麦，裸大麦一般称为青稞、元麦、米麦。大麦原产于中亚细亚和中国，以其适应性广、抗逆性强、用途广泛而在全世界广为种植，栽培面积居谷类作物的第六位，主要产于中国、前苏联、美国和加拿大。我国栽培历史悠久，全国南北各地均有分布，近年面积已达 $3.00 \times 10^6 hm^2$，总产约 $8.00 \times 10^6 t$，其中80%以上用作饲料。因栽培地区不同有冬大麦和春大麦之分，冬大麦的主要产区为长江流域各省和河南等地；春大麦则分布在东北、内蒙古、青藏高原、山西、陕西、河北及甘肃等省（区）。

大麦适应性强，耐瘠薄，生育期较短，成熟早，营养丰富，饲用价值高，是黄河滩区重要的粮饲兼用作物之一。

1. 形态特点

大麦属禾本科大麦属一年生草本植物。须根系，次生根因分蘖多少而定，入土较浅，根量较少，抗倒伏性不如小麦。株高 $60 \sim 150 cm$，茎秆伸长节间 $4 \sim 7$ 个。叶片较短而宽，叶色稍淡。叶耳较大，无茸毛，呈半月形，紧贴茎秆。穗状花序，穗轴每节着生3个小穗，称三联小穗。每个结实小穗仅有1朵两性花，由护颖、内稃（内颖）、外稃（外颖）及雌、雄蕊组成。护颖退化成线形。外稃有长芒或钩芒，少数品种无芒。内稃紧贴籽粒腹沟部，嵌生退化的小穗轴称基刺，是鉴别品种的标志之一。按每 4cm 长的穗轴上着生的小穗数分为稀、中、密3类，14个以下为稀，19个以上为密。颖果纺锤形，成熟时带壳皮大麦籽粒与内、外稃黏合，裸大麦则分离。多为黄色，也有紫、蓝或绿、棕、黑褐等色。胚乳粉质的含淀粉量较高，宜酿制啤酒；胚乳角质的蛋白质含量较高，适于作饲料。

大麦根据内外颖附着与否，可分为有颖大麦和裸粒大麦两类。有颖大麦，即人们通常所指的大麦，又称皮大麦，这种大麦在成熟时果皮分泌出一种黏性物质，将内外颖紧密地粘在颖果上，脱粒时不能分离。裸粒大麦因地区不同又称裸麦、元麦、米大麦、青稞等，这类大麦成熟时颖果与内外颖分离，在收获脱粒时可将颖壳除去。

根据大麦穗形不同，又可分为3个类型，即六棱大麦、四棱大麦和二棱大麦。六棱大麦，麦穗的横切面呈正六角形，穗形紧密，麦粒小而整齐，含蛋白质较多。六棱皮大麦因发芽整齐，淀粉酶活力大，特别适宜制作麦芽。六棱裸大麦多作食粮用。四棱大麦，麦穗横断面呈四角方形，穗形较疏，麦粒稍大但不均匀，蛋白质含量较高。四棱皮大麦因发芽不整齐只宜作饲料，四棱裸大麦也可作粮食用。二棱大麦穗形扁平，形成两条棱角。二棱大麦多为有颖大麦，籽粒大而整齐，壳薄，淀粉含量高，蛋白质含量低，发芽整齐，是酿造啤酒的最好原料。

2. 对环境的要求

大麦生育期比小麦短，春大麦生育期为 65～140d；冬大麦160～250d。冬大麦在黄河滩区多属冬性型。大麦为长日照作物，12～14 h 的持续长日照可使低矮的植株开花结实，而低于 12 h 的持续短日照下，植株只进行营养生长而不能抽穗开花。大麦为喜光作物，充足的光照可使分蘖数增加，植株粗壮，叶片肥厚，产量高，品质好。

种子发芽的最低温度为 0～3℃，最适温度为 18～25℃。一般苗期耐寒性较弱。分蘖的适宜温度为 13～15℃，最低为 3℃。越冬期间平均气温 5～10℃时，有利于幼苗越冬和形成大穗。生长期间平均以 16℃ 为宜，成熟期应不低于 17～18℃，但高于25℃则易引起早衰。

大麦对黄河滩区土壤要求不严，但以土层深厚、排水良好、中等黏性土壤为好。不耐酸但耐盐碱，适宜的 pH 值为 6.0～8.0。土壤含盐 0.1%～0.2% 时，仍能正常生长。

3. 选地、整地及施肥

大麦适宜在滩区地力肥沃的苜蓿、三叶草、花生、玉米等茬口上种植，不宜与小麦重茬连作。选茬后进行深翻整地，首先是前作收后及时进行深翻，熟化土壤。结合整地施足基肥，一般结合耕作每亩施优质厩肥 3～4t，硫酸铵 10kg，过磷酸钙

20~25kg。

4. 播种

选粒大饱满、纯净度高、发芽率高的种子播种。春大麦可在3月中下旬在黄河滩区土壤解冻层达6~10cm时开始播种，于清明前后播完。大麦多采取条播，行距15~30cm，青刈的宜窄，也可实行15cm交叉播种，增加密度，提高青刈产量。每亩播种10~15kg，播深3~4cm，播后镇压1次。

5. 田间管理

大麦为速生密植作物，无需间苗和中耕除草，但生育后期应注意防除杂草，并及时追肥和灌水。一般在分蘖期、拔节孕穗期进行，每亩每次追氮肥8~10kg。青刈大麦增施氮肥，可提高产量和蛋白质含量，改善饲料品质。

大麦耐旱，在年降水量400~500mm的地方均能种植。苗期需水较少，以保持土壤田间持水量60%~70%为宜。分蘖以后需水逐渐增多，抽穗开花期需水量最多，田间持水量可达70%~80%；抽穗后需水量渐减，灌浆成熟期喜少雨晴朗天气，田间持水量以70%左右为好。分蘖至拔节供给充足的水分，利于小穗和小花的分化，提高籽粒产量。开花以后到成熟，需水逐渐减少。抽穗后遇温暖湿润的气候条件有利于淀粉的积累，而低温干燥利于蛋白质的形成。中国曾发现20余种大麦病害。常见的大麦条纹病由带菌种子传染。感病后叶片出现黄褐色条纹，最后导致不能抽穗，全株死亡。此外还有云纹病、坚黑穗病等。除药剂拌种防治病虫害外，还要经常检查，及时拔除病株。为预防大麦黑穗病和条锈病，可用1%石灰水浸种，或用25%多菌灵按适宜浓度拌种。用50%辛硫磷乳剂拌种可防治地下害虫。常见害虫有麦蚜、麦蛾，以及黏虫、蝼蛄、地老虎等。

6. 饲草产量

青刈大麦在黄河滩区适期范围内播种越早，鲜草产量越高

（表 5 - 7）。冬大麦的播种期以平均地温达 18 ~ 20℃ 时为宜；入冬前有 40 ~ 50d 的生育期，有利于形成强壮的分蘖。一般在黄河滩区西段在 10 月中旬，黄河滩区东段在 10 月初播种完毕。

表 5 - 7　青刈大麦不同播种期的鲜草产量　　（kg/hm²）

播种期（日/月）	收获期（日/月）	鲜草产量	可消化蛋白质产量
23/9	3/5	24 105.0	693.0
3/10	6/5	27 070.5	805.0
13/10	8/5	22 549.5	682.5
23/10	8/5	20 925.0	475.5
2/11	13/5	10 939.5	487.5
12/11	13/5	22 192.5	445.5

注：《饲料生产学》，南京农学院主编，1980

7. 营养与利用

大麦籽粒虽粗纤维含量高，又有抗营养因子，淀粉含量和适口性均低于玉米，但其可消化蛋白质、钙、磷、维生素丰富，仍不失为良好的能量饲料。在以玉米为主的猪饲料中加入适量大麦，可使猪肉中脂肪硬度增加，提高瘦肉率。大麦化学成分如表 5 - 8。

表 5 - 8　大麦化学成分　　（%）

样品	水分	粗蛋白质	粗脂肪	无氮浸出物	粗纤维	粗灰分	钙	磷
籽实	10.91	12.66	1.84	65.21	6.95	2.83	0.05	0.41
干草	9.66	8.51	2.53	40.41	30.13	8.76		

注：《牧草饲料作物栽培学》，陈宝书主编，2001

大麦籽粒的限制性氨基酸含量较高，尤其赖氨酸、缬氨酸含量较高，而且氨基酸种类和比例比较适宜，因而是配合饲料工业

第五章　饲料作物生产技术

的重要原料。从大麦籽粒氨基酸的组成看（表5-9），除亮氨酸和苏氨酸外，其余8种氨基酸均高于玉米。许多研究发现，在蛋鸡饲料中如果将适量大麦和玉米相配合，可提高产蛋量和饲料利用效率。大麦发芽饲料则是黄河滩区种畜和幼畜宝贵的维生素补充饲料。大麦秸秆也是优于小麦秸、玉米秸的粗饲料。

表5-9　大麦与玉米必需氨基酸含量的比较　　（%）

项目	精氨酸	组氨酸	异亮氨酸	亮氨酸	蛋氨酸	苯丙氨酸	苏氨酸	色氨酸	缬氨酸	赖氨酸
大麦	0.6	0.3	0.6	0.9	0.2	0.7	0.4	0.2	0.7	0.6
玉米	0.5	0.2	0.5	1.1	0.1	0.5	0.4	0.1	0.4	0.2

开花前刈割的大麦茎叶繁茂，柔软多汁，适口性好，营养丰富，是畜禽优良的青绿多汁饲料，延迟收获则品质下降（表5-10）。适时早刈的大麦可切碎或打浆饲喂猪禽，一般切短后直接饲喂马、牛、羊，也可调制青贮料或干草。青贮大麦一般较籽实大麦提早5~10d收获。国外盛行大麦全株青贮，其青贮饲料中带有30%左右大麦籽粒，茎叶柔嫩多汁，营养丰富，是牛、马、猪、羊、兔和鱼的优质粗饲料。

表5-10　青刈大麦（冬大麦）不同生育日数营养成分变化

生育日数	含水量	占干物质（%）				
		粗蛋白	粗脂肪	粗纤维	无氮浸出物	灰分
170	19.0	27.4	5.3	16.8	42.6	7.9
180	19.4	23.2	5.2	19.0	45.4	7.2
190	20.4	19.6	4.9	24.0	45.6	5.9
200	22.2	17.1	3.6	32.4	42.3	4.6
210	25.1	14.7	2.8	35.1	43.0	4.4

（续表）

生育日数	含水量	占干物质（%）				
		粗蛋白	粗脂肪	粗纤维	无氮浸出物	灰分
220	28.9	12.8	2.1	33.9	46.3	4.8
230	33.6	11.0	2.1	37.8	44.3	4.8
240	42.2	8.8	1.9	46.0	37.9	5.4
250	49.3	7.6	1.8	50.5	34.5	5.7

注：《饲料生产学》，南京农学院主编，1980

第十节 黑麦

黑麦也叫粗麦或者洋麦，原产于西南亚的阿富汗、伊朗、土耳其一带。原为野生种，驯化后在北欧严寒地区代替了部分小麦，成为一种栽培作物。我国云贵高原及西北高寒山区或干旱区有一定的栽培面积，1979 年从美国引入黑麦品种冬牧 -70 和冬牧 -80，它耐寒，返青早，生长快，产草量高，草质好，抗病力强，现已成为解决我国黄河滩区冬春青饲料不足的主要品种之一。

1. 形态特点

黑麦为禾本科黑麦属一年生草本植物。须根发达，入土深 1.0～1.5m。茎秆粗壮直立，高 70～150cm，下部节间短，抗倒伏能力强。分蘖力强，达 30～50 个分枝，稀植时往往簇生成丛。叶较狭长，柔软，长 5～30cm，宽 5～8mm，幼芽的叶往往带紫褐色。穗状花序顶生，紧密，长 8～15cm，成熟时稍弯；小穗互生，相互排成 2 列，构成四棱形，含 2～3 朵小花；护颖狭长，外颖脊上有纤毛，先端有芒。颖果细长呈卵形，先端钝，基部尖，腹沟浅，红褐色或暗褐色。千粒重 30～37g，较小麦种子稍轻。

2. 对环境的要求

黑麦喜温耐寒，在温带和寒带都生长良好，适应黄河滩区的气候条件。幼苗遇 -6℃ 低湿不会冻死，冬性品种能耐受 -30℃ 严寒，在黄河滩区东段纬度高的地段适应性更好。黑麦需水较多，但又耐旱，并有较好的抗涝性。在年降水量 300~1 000mm 地区均能适应。对黄河滩的土壤要求不严，褐土、潮土等土壤都能种植，但在黏重和碱性较强的土壤生长不良

早春生长较快，其生长速度高于黑麦草。黄河滩区 9 月下旬播种，10 月初分蘖，翌年 3 月上旬返青，4 月上旬拔节，中旬孕穗，5 月初抽穗，中旬开花，6 月下旬结实成熟。

3. 选地、整地及施肥

在黄河滩区，黑麦最好的前作是苜蓿、大豆、玉米和瓜类。黑麦繁茂性好，病虫害少，在良好整地和充分施肥的田块，也可以连作。种植黑麦要求滩区地面平坦，土壤疏松。前作收获后随即耕翻耙地，翻地深度 20cm 以上。豆茬地旋耕后即可播种。滩区多雨地区要作高畦，挖好排水沟。黑麦对肥料反应敏感，需供给充足的氮肥。氮肥不足时生长不良，产量和品质都下降。施肥以基肥为主，每亩施堆肥、厩肥 1 500~2 000kg，翻地前施入。追肥以速效肥料为主，苗期追施硫酸铵（或硝酸铵）20~30kg，每次每亩施硫酸铵 5~8kg，追肥后随即灌溉。

4. 播种

种子要求粒大、饱满、整齐、纯净，发芽率不低于 80%。感染麦角病和黑穗病的黑麦种子，除严加清选外，还要用温水浸种或用药物拌种。播前晒种 2~3d，提高发芽力。春黑麦可以与春小麦或春大麦同时或稍早播种。延迟播种将缩短生育期，降低产量。

冬黑麦在黄河滩区要适期播种，通常要求在播种后能有

60～70d 生长期，在此期限内越早播越好。长江中下游地区，播期为 8～10 月，迟至 11 月中旬也能正常出苗，但产量下降。青刈黑麦可与苕子、金花菜、草木樨等混播或套种，以提高产量和品质。黑麦和其他麦类一样，可用播种机条播或撒播。收草利用的可采取 15cm 行距单条播，播种量为每亩 9～15kg。采种用或行间套种，采用行距 30cm 宽条播，播种量略减少，播后覆土 2～3cm，镇压 1～2 次。

5. 田间管理

黑麦分蘖多，生长快，能抑制杂草生长，所以一般不必中耕除草。行距 30cm 的宽条播田杂草较多，宜在 4～5 叶时中耕除草一次。冬前镇压可促进分蘖，提高越冬率。旺长时，要在越冬前 20～30d 轻刈一次，抑制徒长。肥水不足，生长不良的要及时追肥。滩区西段干旱地区播种和冬小麦一样，越冬前要浇一次封冻水，有利于越冬和返青。黑麦易遭黏虫、蟓虫等害虫为害，要及时防治。

6. 饲草产量

黑麦产量较高，在黄河滩区种植时 1 年可刈割 2～3 次，刈割时留茬 5～8cm，每亩产鲜草 2～2.5t。每亩产籽实 220～250kg，最高可达 300kg。

7. 营养与利用

黑麦叶量大，茎秆柔软，营养丰富（表 5－11），适口性好，是牛、羊、马的优良饲草。

表 5－11　冬牧 70 黑麦的化学成分　　　　　（%）

生育期	水分	占干物质						
		粗蛋白质	粗脂肪	粗纤维	无氮浸出物	粗灰分	钙	磷
拔节期	3.86	15.08	4.43	16.97	59.38	4.14	0.67	0.49

（续表）

生育期	水分	占干物质						
		粗蛋白质	粗脂肪	粗纤维	无氮浸出物	粗灰分	钙	磷
孕穗始期	3.87	17.65	3.91	20.29	48.01	10.14	0.88	0.55
孕穗期	3.25	17.16	3.62	20.67	49.19	9.36	0.84	0.49
孕穗后期	5.34	15.97	3.93	23.41	47.00	9.69	0.81	0.38
抽穗始期	3.89	12.95	3.29	31.36	44.94	7.46	0.51	0.31

注：《中国饲用植物》，陈默君，贾慎修主编，2002

（1）青刈：在拔节至孕穗期刈割，留茬 5～8cm。无论春黑麦还是冬黑麦，均可刈割 2 次，作小家畜的优质青饲料，最终产量仍与一次性刈割的相似。作牛、马等大家畜的饲料，多在孕穗期至开花初期一次性刈割。

（2）青贮：用于青贮的宜在开花盛期刈割。国外黑麦多带籽青贮，以提高青贮品质，多在进入蜡熟期以后刈割。黑麦与豆科牧草混合青贮效果更好。它比大麦和燕麦更能提早和延迟提供青饲料，青饲料利用期长达 120d，是极好的冬季牧草。黑麦草质地柔软，具芳香味，适口性好，可直接饲喂牛、羊、猪和其他畜禽。

（3）饲喂：黑麦籽粒是猪、鸡、牛、马的精饲料，茎叶是牛、羊的优质饲草。近年来黄河滩区的奶牛业发展较快，适宜广泛用黑麦作青饲、青贮或晒干打成草捆备用，并结合苜蓿青干草，提升奶的产量。

第十一节　燕　麦

燕麦也叫铃铛麦和草燕麦，是我国重要的谷类作物，广布于亚、欧、非三洲的温带地区。前苏联栽培最多，其次为美国、加拿大、法国等。在中国，主要分布于东北、华北和西北地区，是内蒙古、青海、甘肃、新疆等各大牧区的主要饲料作物，黑龙江、吉林、宁夏等省区及云贵高原等地也有栽培。燕麦分带稃和裸粒两大类，带稃燕麦为饲用，裸燕麦（A. nuda）也称莜麦，以食用为主。而野燕麦（A. fatua）是一种恶性农田杂草，各地小麦田普遍存在。栽培地区的燕麦又分春燕麦和冬燕麦两种生态类型，饲用以春燕麦为主。

1. 形态特点

燕麦属禾本科燕麦属一年生草本植物。须根系发达，入土1m左右，主要根系集中在 10～30cm 耕层。丛生，茎秆直立，圆形中空，株高 80～120cm。分蘖较多，节部一侧着生有腋芽。叶片宽而平展，长 15～40cm，宽 0.6～1.2cm。无叶耳，叶舌膜质，先端微齿裂。圆锥花序开散，穗轴直立或下垂，由 4～6 节组成，下部各节分枝较多。小穗着生于分枝顶端，每小穗有小花2～3 朵，稃片宽大，斜长卵形，膜质。颖果纺锤形，外稃具短芒或无芒，千粒重 25～45g。

2. 对环境的要求

燕麦喜冷凉湿润气候，种子发芽最低温度 3～4℃，最适温度 15～25℃。不耐高温，遇 36℃ 以上持续高温开花结实受阻。成株期遇 -5～-4℃ 霜冻尚能缓慢生长，低于 -6～-5℃ 则受冻害。生育期需 ≥5℃ 积温 1 300～2 100℃。燕麦需水较多，适宜在年降水量 400～600mm 的地区种植。干旱缺水，天气酷热，是限制其生产和分布的重要因素。一般苗期需水较少，分蘖至孕穗逐渐增多，乳熟以后逐渐减少，结实后期应当干燥。燕麦为长日照作物，延长光照则生育期缩短。一般春燕麦生长期较短，为75～125d；冬燕麦较长，在 250d 以上。但较大麦耐阴，可与豆科牧草混播。燕麦对土壤要求不严，在黏重潮湿的低洼地上表现良好，但以富含腐殖质的黏壤土最为适宜，不宜种在干燥的沙土上。适宜的土壤 pH 值为 5.5~8.0。

3. 选地、整地及施肥

燕麦最忌连作，宜和冬油菜、苕子等轮作。前茬宜选豆类、棉花、玉米、马铃薯和甜菜，尤以豆类最佳。燕麦生长发育较快，适时早收早种，燕麦之后还可复种一茬作物，如大豆、玉米、高粱和块根类作物等。整地要点是深耕和施肥。深耕不仅能保蓄土壤水分，且有消灭杂草、促进根系发育、防倒伏的作用，一般深耕 20cm。燕麦施肥以基肥为主，每亩施堆肥、厩肥 2 000~2 500kg。

4. 播种

春燕麦可在 4 月上旬开始播种，冬燕麦可在 10 月上旬至下旬播种。单播行距 15~30cm。混播行距 30~50cm。播后镇压 1~2 次。每亩播种量 10~15kg，收籽粒的可酌减。

5. 田间管理

燕麦出苗后，根据杂草发生情况，在分蘖前后中耕除草 1 次。由于燕麦生长快，生育期短，所以要及时追肥和灌水。第一次在分蘖期，以氮肥为主，每亩施硫酸铵或硝酸铵 7.5~10.0kg；第二次在孕穗期，每亩施硫酸铵或硝酸铵 5.0kg 左右，并搭配少量的磷、钾肥。追肥之后相应灌水 1 次。注意用 10%蚜虱净防治蚜虫，用粉锈宁防治锈病和白粉病。

6. 产量

籽粒燕麦应在穗上部籽粒达到完熟、穗下部籽粒蜡熟时收获，一般每公顷收籽粒 2 250~3 000kg。青刈燕麦可根据饲养需要于拔节至开花期陆续刈割，燕麦再生力较强，分两次刈割能为畜禽均衡供应青饲料，第一茬于株高 40~50cm 时刈割，留茬 5~6cm；隔 30d 左右齐地刈割第二茬，一般每公顷产鲜草 22 500~30 000kg。2 次刈割和 1 次刈割鲜草产量相似（表 5-12），但草质及蛋白质含量以 2 次刈割为高。调制干草和青贮用的燕麦一般在抽穗至完熟期收获，宜与豆科牧草混播。

表 5 – 12　青刈燕麦刈割时期次数和产量比较

第一次刈割		第二次刈割		全年总产量
时期 （日/月）	产量 （kg/hm²）	时期 （日/月）	产量 （kg/hm²）	
8/12	23 725.5	17/4	4 218.0	27 943.5
8/1	15 184.5	17/4	9 000.0	24 184.5
17/2	10 125.0	17/4	11 361.0	21 486.0
17/3	11 250.0	17/4	6 186.0	17 436.0
17/4	19 125.0	—	—	19 125.0
18/5	25 311.0	—	—	25 311.0

注：《饲料生产学》，南京农学院主编，1980

7. 营养与利用

燕麦籽粒富含蛋白质，一般 12% ~ 18%，高者达 21% 以上。脂肪含量较高，一般 3.9% ~ 4.5%，比大麦和小麦高两倍以上。但有稃燕麦的稃壳占谷粒总重的 20% ~ 35%，粗纤维含量较高、能量少，营养价值低于玉米，宜喂马、牛。燕麦秸秆质地柔软，饲用价值高于稻、麦、谷等秸秆。

青刈燕麦茎秆柔软，叶片肥厚，细嫩多汁，适口性好，蛋白质可消化率高，营养丰富，可鲜喂，亦可调制青贮料或干草。青刈燕麦鲜、干草营养成分如表 5 – 13。

表 5 – 13　燕麦干草和鲜草中可消化营养物质含量　　（%）

饲草种类	蛋白质	脂肪	纤维素	无氮浸出物
干燕麦秆	6.1	1.3	12.4	25.9
干燕麦秆 – 苕子	6.9	1.0	14.6	21.2
鲜燕麦秆	2.0	0.9	5.0	8.8
鲜燕麦秆 – 苕子	2.4	0.5	2.9	6.9

注：《饲料生产学》，南京农学院主编，1980

燕麦青贮料质地柔软，气味芳香，是畜禽冬春缺青期的优质青饲料。用成熟期燕麦调制的全株青贮料饲喂奶牛和肉牛，可节省 50% 的精料，生产成本低，经济效益高。

国外资料报道，利用单播燕麦地放牧，肉牛平均日增重0.5kg，用燕麦与苕子混播地放牧，平均日增重则达 0.8kg。

第十二节　菊苣

菊苣原产于欧洲，又名咖啡萝卜、咖啡草，广泛用作畜禽的饲草、人类的蔬菜以及香料。该草具有适应性强、生长供草期长、营养价值高、适口性好、抗病虫害能力强等高产优质特点。它是目前我国较具发展前途的饲草作物和经济作物新品种，具有广泛的推广利用价值。

1. 形态特点

菊苣属多年生菊科草本植物，可分为大叶直立型、小叶匍匐型和中间型 3 种品种，而作为饲草栽培的一般为大叶直立型菊苣品种。该草株高 170~200cm。茎直立，有棱，中空、多分枝；叶片的边缘有波浪状微缺，叶背有稀疏的茸毛，叶质脆嫩，折断和刈割后有白色乳汁流出。头状花序，花蓝紫色。

2. 对环境的要求

菊苣生长喜温暖湿润性气候，耐寒性能良好，十分适应黄河滩区的气候条件；菊苣对土壤没有十分严格的要求，尤以肥沃的沙质土壤种植生长最为良好；菊苣生长期对水分和肥料条件要求较高，需要有充足的水分和肥料供应，只要水肥供应充足，具有较强的再生能力，但生长期忌田间积水，因此，低洼地、水稻田一般不宜种植；菊苣因其叶片中含有咖啡酸等生物碱，因此，表现出独特的抗虫害性强的特性，在整个生育期无病虫害。

3. 选地、整地及施肥

选择地势开阔向阳，且土层深厚的地带种植。播种前必须深耕，施足底肥，每亩施堆积沤制腐熟好的厩肥 2~3t（猪肥），再加 30kg 的过磷酸钙，并精细整地，作好畦，确保田间灌溉和及时排水。

4. 播种

菊苣在黄河滩区适合夏播或者秋播，以 8 月中下旬播种最为适宜。菊苣既可大田撒播，也可育苗后大田移栽。大田撒播每亩播种量为 0.3~0.4kg，因菊苣种子细小，在播种前必须用细碎土拌种后撒播，播种深度以 1~2cm 为宜。

5. 田间管理

（1）灌溉施肥：菊苣在播种后应保持田间表土湿润，一般 4~5d 即可出苗，待幼苗出齐后，要及时灌溉浇水并追施速效氮肥，根据黄河滩区土肥特点，每亩可施尿素 10~15kg，以促进幼苗快速生长，但此时也要防止因滩区田间积水，影响菊苣的生长。

（2）防除杂草：一般在耕地播种前可用灭生型除草剂先行喷洒，待 7~10d 后再行耕地播种，这样即可有效地控制菊苣苗期的杂草为害。菊苣长大长高后，可竞争性抑制杂草生长，故无杂草为害之忧。

（3）病虫害防治：菊苣在生长期间，一般不需防治病虫害，但为了防止土壤中的真菌等病原微生物为害菊苣刈割后的伤口，可在菊苣刈割利用前喷施多菌灵液进行防治。

6. 饲草产量

当菊苣植株长到 50cm 左右时，即可刈割利用。菊苣在黄河滩区种植时，从 3 月中下旬开始到 11 月中下旬以至 12 月上旬均可连续刈割利用，每次刈割间隔时间为 30d 左右，在黄河滩区全年可刈割 6~8 次，一般一年利用期长达 7~8 个月，且一次播种可连续利用 10 年以上，每亩年产鲜草 10 ~ 15t。在黄河滩区夏秋高温季节里，刈割应尽量在早晚进行，留茬高度以 5 ~ 8cm 为宜。

7. 营养与利用

菊苣不仅产草量高，草质优良，而且富含各种营养物质（表 5 – 14）。全年收获的鲜菊苣粗蛋白质含量平均为 17%，且粗蛋白质中氨基酸成分齐全，9 种氨基酸含量高于素有"牧草之王"之称的紫花苜蓿草粉中氨基酸含量。菊苣茎叶鲜嫩多汁，适口性极好，为各种草食动物所喜食。现蕾至开花期刈割最适宜饲喂牛、羊、鸵鸟等畜禽；盛花期刈割后单独或与其他牧草混合青贮，是冬季和早春饲喂牛羊的良好青贮饲料。

表 5 – 14 菊苣不同生育期营养成分 （%）

生育期	状态	干物质	粗蛋白质	粗脂肪	粗纤维	无氮浸出物	粗灰分	钙	磷
莲座叶丛期	绝干	100.0	26.8	4.9	14.8	35.9	17.6	1.76	0.49
	鲜样	14.2	3.8	0.7	2.1	5.1	2.5	0.25	0.07
初花期	绝干	100.0	17.2	2.6	42.7	28.6	8.9	1.34	0.25
	鲜样	15.7	2.7	0.4	6.7	4.5	1.4	0.21	0.04

注：资料来自张子仪主编的《中国饲料学》

第十三节 苦荬菜

苦荬菜别名苦苣菜、苦麻菜、山莴苣、八月老，是由野生的山莴苣驯化而来，苦荬菜经过多年的人工选择和培育，营养和产量较为理想，现已普及全国，成为最为受欢迎的饲料作物之一。

1. 形态特点

苦荬菜为菊科山莴苣属一年或越年生草本植物。株高 1.5 ~

2.0m，茎直立上部多分枝，全草含白色或黄白色乳汁，味苦。头状花序，瘦果，种子细小，紫黑色，其上有绒毛状白色冠毛。种子小，千粒重1.2~1.6g。

2. 对环境的要求

苦荬菜是一种喜温、耐热、耐寒型作物。需水较多，在年降水量为600~800mm地区种植较为合适。苦荬菜抗旱能力较强，但抗涝性差；苦荬菜为喜光植物，光合效率高，但仍能耐一定的遮阳，在稀疏的林下也能良好地生长；苦荬菜对土壤要求不严，各种土壤均可种植。但在排水良好、富含腐殖质、pH值为5.5~7.5的土壤上种植较为理想。

3. 选地、整地及施肥

苦荬菜是饲用价值较高的饲用作物，选择的土地具备良好的排灌条件和土壤肥力，安排在菜园地、果园地以及鱼塘周围最为适宜。耕翻前施22.5t/hm² 腐熟的有机肥作为基肥，然后深翻耙平。整地要平坦，土块要细碎，土壤水分要适宜。

4. 播种

苦荬菜在黄河滩区可选择直播，也可育苗移栽。育苗移栽比直播要提早播种。利用阳畦和塑料薄膜覆盖苗床育苗。在黄河滩区大都选择春播，3~6月均可播种。如果生产饲草，每亩播种量为0.8~1kg；如果生产种子，播量可减少50%~60%。育苗移栽比直接春季播种产量高，质量也好，每育苗1hm² 可以移栽大田50hm²。苦荬菜可采用条播，行距为30cm左右，种子田应穴播，行距50cm。育苗移栽的，当幼苗长出5~6片叶时，开窗"蹲苗"，使幼苗健壮，提高成活率。栽前浇透水，充分湿润土壤，带土挖苗。行距40~50cm的，株距10~15cm。栽后浇水，封埯，经过5~6d可恢复生长。这比直播延长生育期15~20d，增产率可达30%。

5. 田间管理

苦荬菜寄种播种和早春播种的，常因黄河滩区土壤风蚀或板结，造成缺苗断垄。这就要及时查苗，适时催芽播种或育苗移栽。从苗密处带土移苗，座水补栽，可全部成活，还不延误生长。苗期不耐杂草，出苗后要及时中耕除草 1 次。如果播种过早，尚未出苗但有杂草时，苗前要除草 1 次。要在封垄前完成 3 次中耕除草。苦荬菜在生育期间，如遇到干旱，或生长缓慢、叶色淡黄色时，就要及时浇水和施肥，一般每亩追施尿素 10 ～ 15kg，追肥后充分灌水 1 次，可增产 15％ ～ 20％，饲料的品质也好。

苦荬菜主要害虫是蚜虫，要及早发现，及时消灭，喷洒乐果、敌杀死、速灭杀丁效果都不错。要注意喷药应在 20 ～ 30d、药力消失后才能刈割饲喂。

6. 饲草产量

苦荬菜产量很高，再生性也强，在黄河滩区种植时一年可刈割 3 ～ 4 次，每亩鲜草产量为 6 ～ 7t，在水肥条件较好的情况下，每亩鲜草产量可达 7 ～ 8t，每亩可收种子 20 ～ 30kg。

7. 营养与利用

苦荬菜营养也丰富、脆嫩多汁、适口性好，是家畜的良好饲料（表 5 – 15）。鲜草中干物质的含量为 10.6％ ～ 20.0％，干物质中的总能为 16.57 ～ 19.39MJ/kg，消化能（猪）12.01 ～ 12.89MJ/kg，代谢能为（鸡）7.82 ～ 9.92MJ/kg，粗蛋白含量平均为 20.1％，可消化粗蛋白（猪）为 150g/kg，钙和磷的含量分别为 0.8％ ～ 1.6％ 和 0.3％ ～ 0.4％。在蛋白质组成中，氨基酸种类齐全，3 种限制性必需氨基酸含量分别为：赖氨酸 0.49％，色氨酸 0.25％，蛋氨酸 0.16％，可与紫花苜蓿媲美。苦荬菜是牛羊的好饲草，喂牛时要与青贮料配合饲喂，喂羊时要与氨化秸秆一起饲喂。苦荬菜可单独或与其他禾草混合青贮，制出的青贮料味美、芳香、营养好，适合牛羊全年利用。

表 5 – 15   苦荬菜不同时期的营养成分   （%）

生育期	状态	干物质	粗蛋白质	粗脂肪	粗纤维	无氮浸出物	粗灰分
营养期	绝干	100	21.7	4.7	18.0	37.0	18.6
	鲜样	5	1.1	0.2	0.9	1.9	0.9
抽薹期	绝干	100	18.9	6.6	15.5	43.0	16.0
	鲜样	5	1.0	0.3	0.8	2.1	0.8
现蕾期	绝干	100	21.9	5.3	17.3	37.8	17.7
	鲜样	5	1.1	0.3	0.9	1.8	0.9

注：资料来自张子仪主编的《中国饲料学》

第十四节   串叶松香草

串叶松香草原产加拿大，也叫菊花草、松香草或者法国香槟草，其产量高、质量好，尤其单位面积蛋白质产量居所有牧草和饲料作物之首，深受黄河滩区广大群众的欢迎。

1. 形态特点

串叶松香草是菊科松香草属宿根多年生丛生草本植物，株高 2 ~ 2.5m；根系发达，有宿根和横走的根茎；茎生叶对生，呈交错十字排列；头状花序，聚伞状排列，橘黄色，好似向日葵（图 5 - 2）；瘦果，千粒重 20 ~ 23g。

2. 对环境的要求

串叶松香草为喜温耐寒植物，串叶松香草抗寒又耐热，能忍受 −4 ~ −3℃的低温，能忍受 37℃的高温；该草适宜的年降水量为 600 ~ 800mm，凡是年降水量在 450 ~ 1 000mm 的地方均能种植，抗旱抗涝能力较强；串叶松香草为喜光植物，光照不足时

图5－2　孕蕾期的串叶松香草

生长受到极大地影响；串叶松香草喜中性或微酸性、有机质丰富的土壤，在黏重的土壤以及贫瘠的盐渍化土壤中生长不良。

　　3. 选地、整地及施肥

　　在黄河滩区种植串叶松香草时，要选择肥水充足、向阳、湿润、疏松、排水良好的滩区东端的沙土或沙壤土来种植。播种前要严格进行秋翻，耕深在20cm左右，整地要严格，要彻底清除杂草，地面要平整，土块要细碎。播前每亩基肥施半腐熟的堆肥或厩肥3～4t，同时每亩要加入过磷酸钙50～60kg。如果肥源不足，可先种一茬草木樨、紫云英或苕子等绿肥作物来培肥。

　　4. 播种

　　串叶松香草主要用种子繁殖，也可用根茎繁殖。种子繁殖时，黄河滩区东段应选择在8月中旬播种，黄河滩区西段应选择在9月初播种。如果选择秋播，要尽量提前，以备越冬。串叶松香草一条播时的每亩播种量为0.35～0.50kg，种子田条播时为每亩0.10～0.15kg。育苗移栽的每千克种子可栽植的面积为

0.67~0.80hm²。串叶松香草在肥力好的土壤上种植时，行距为50~60cm，株距为40~50cm；在肥力较差的土壤中种植时，行距为15~20cm，株距为5~6cm。播种宜浅不宜深，以2~3cm为好，播后要及时镇压1~2次。

5. 田间管理

首先要做到间苗定植，当串叶松香草的苗株达到3~4片真叶时，间去过密的植株；当出现6片真叶时要进行第二次间苗，每穴留苗1株。串叶松香草出苗后生长很缓慢，易受到杂草的为害，所以要在出苗后到封垄前进行2~3次较为彻底的中耕除草。串叶松香草对氮肥较为敏感，在生长时期要及时追肥，每次每亩施硫酸铵10~15kg或者尿素5~6kg，另加过磷酸钙40~50kg，追施后要及时灌水。在酸性和碱性较大的土壤上要多施磷肥，每年追施1次。串叶松香草病害主要是根腐病，多发生在高温多雨的季节。其预防的办法是防止新刈茬口受水浸泡，每次刈割2~3d后才能灌水，遇到此病治疗的办法是要及时喷洒多菌灵或退菌特。

6. 饲草产量

串叶松香草产量高，利用期长，在黄河滩一带种植一般可利用10~12年，每年可刈割3~5次，第一年鲜草产量为每亩3t，第二年鲜草产量为每亩8~10t，第三年每亩可达到10~15t。国外有鲜草产量每亩达到30t的纪录，所以生产潜力很大。

7. 营养与利用

串叶松香草不仅产量高，营养也好。其营养价值可以与紫花苜蓿媲美（表5-16）。抽茎期干物质含量为87%，干物质中粗蛋白质含量为20.4%、粗脂肪为2.4%、粗纤维为9.5%、无氮浸出物为39.6%、粗灰分为15.1%。另外，各种氨基酸极为丰富，特别是赖氨酸含量高达1.62%。串叶松香草的鲜草及其青贮料是牛、羊、兔、鱼的好饲料。初喂时不大爱吃，经过驯化后反而很爱吃。与干草搭配喂肉牛效果好，与青贮玉米秸秆搭配喂奶牛效果也不错。喂鱼时拌入糠麸饲喂，效果更好。

表 5 - 16　串叶松香草的营养成分　　　　　　　　　　（%）

生育期	状态	干物质	粗蛋白质	粗脂肪	粗纤维	无氮浸出物	粗灰分
	绝干	100	23.4	2.7	10.9	45.7	17.3
抽茎期	鲜样	22	5.2	0.6	2.4	10	3.8
	风干	87	20.4	2.4	9.5	39.6	15.1

注：资料来自张子仪主编的《中国饲料学》

第十五节　聚合草

聚合草别名俄罗斯饲料菜、紫草根和肥羊草，原产俄罗斯西西伯利亚平原，后引入到世界各地。该草利用期长、高产优质、利用方式多样，堪称黄河滩区一流的饲料作物。

1. 形态特点

聚合草是紫草科聚合草属多年生草本植物。株高 80 ~ 140cm。粗大须根系，根颈发达。花茎直立，上部分枝，在茎秆上具有钩刺。叶片有茎生叶和基生叶两种，基生叶密集成莲座状，发达，茎生叶有或无短柄，向上渐小。聚伞花序，紫色、蓝紫色或紫红色（图 5 - 3）。

2. 对环境的要求

聚合草为喜温耐寒型牧草，适合在黄河滩一带种植。苗期生长对温度要求不高，较低的温度有利于扎根和植株生长。另外，聚合草抗寒力较强，在积雪覆盖的情况下，能承受 - 40℃ 的低温，但耐热性较差，35℃ 以上的持续高温影响生长；聚合草适宜的年降水量为 600 ~ 800mm，低于 500mm 或高于 1 000mm 均不

图 5 - 3　结实期的聚合草

利于它的生长。当温度在 20℃，土壤田间持水量为 70%～80%时，聚合草生长最好。同时，聚合草也抗涝，可在低洼地种植生长，但是不耐淹，长期水淹会使植株死亡；聚合草为喜光性的作物，充足的光照有利于它的生长，日照不足产量很低，茎叶生长脆弱。

3. 选地、整地及施肥

聚合草对黄河滩区土壤要求不严，通常要选择地下水位较低、能灌能排、土层深厚、有机质丰富的中性或微碱性土壤最为适宜，同时，土地必须是水分适中、开阔平坦、连年施肥的好地，聚合草耐碱性强，也可在 pH 值为 8.5、含盐 0.3%、钠离子含量超过 0.01% 的苏打盐碱土地上种植生长。河南省黄河滩区优越的地形、地貌和土壤条件，决定了是全国种植聚合草最佳的种植地段之一。

聚合草还要求有良好的整地质量，耕翻的深度在 20cm 以上。为保证聚合草持续优质高产，要多施肥，施好肥，特别要施好基肥。基肥要以有机肥为主，以腐熟的优质猪鸡粪最为理想，每亩施用量为 3~4t，再结合少量的磷肥配合施用。

4. 种植

聚合草在黄河滩褐土地段的繁殖主要是靠无性繁殖，应选择大种根下地，因为大种根出苗快，幼苗壮。可选择二年生健壮植株作种用，在生产田中每隔 2~3 株挖下 1 株或半株，去掉簇叶，留做种根。种根的栽植时间为春秋两季。栽植密度取决于土壤的肥力，肥力高可稀植，肥力差可密植。一般行株距以 40cm × 40cm 最为适宜。聚合草的栽植方法主要有 3 种：即切根栽植、根颈栽植、分株栽植。切根栽植的主要方法是，选取健壮的种根，分为粗（2.5~3.5cm）、中（1.5~2.5cm）、细（1.0~1.5cm）3 个等级，再分别切成 4~5cm 长、5~6cm 长、6~7cm 长的段（一般种根多的可切的大些，种根少的可小一些），按株行距要求，开沟或刨埯，将种根顶端向上或平放入沟穴中，覆土 4~5cm，轻踩一下即可。土壤贫瘠或干旱时，刨埯后先浇水后放入种根和覆土。一般经过 20~40d 即可出苗。根颈栽植的办法是选择健壮植株，切下根颈栽入土中。根颈栽植时顶芽很快萌发，可比切根栽植早出苗 20~30d。根颈栽植可整栽，也可切成几瓣，分颈栽植。顶部向上，平栽于穴埯中，覆土 2~3cm，土壤墒情要好，干旱时要浇足水。分株栽植的方法是，选择利用年限长、根颈粗大、根部老化、分枝较多的植株，从株丛的一侧下挖 30~40cm，露出母株根部后，从露根的一面垂直切下，移到另地栽植。按照根的大小挖坑，栽入后浇水覆土，一般经过 5~6d 返青生长。分株繁殖虽然费工费时，但效果最为理想。

5. 田间管理

聚合草生长初期生长缓慢，易受杂草的为害，所以在栽植初期和每次刈割以后要及时中耕除草。聚合草耗地力较大，利用多年后必须及时追肥和灌溉。追肥时以氮肥为主，根际深施，施后随即灌 1 次水。每年追肥 1～2 次，灌水 2～3 次。用充分腐熟的畜禽粪尿作追肥效果也不错。施肥时要勤施、多施，并随即浇水。聚合草栽植初期病虫害较少，但随着栽植年限的增加，病虫害日渐多起来，要积极加以防除。青枯病是一种维管束细菌性的病变，主要发生在华北、东北以及长江以南地区。发病时，叶片由内向外枯萎，尤以老叶最为严重，最后烂根死亡。此病大都发生在高湿高热的季节中，大面积发生时 40～50d 内毁灭全田，损失极为严重。目前尚缺乏有效的治愈办法，以预防为主。一方面应选育抗病品种，另一方面与高秆作物间套种及发病季节要及时排灌。聚合草的虫害主要是尺蠖和甲虫类，前者属幼虫为害，大量吞食叶片。后者是成虫为害，将叶片咬成洞孔，严重时叶片仅剩叶脉。要及早发现及早防除，用速灭杀丁、敌敌畏、敌杀死防除效果很好。

6. 饲草产量

聚合草生命力强，在黄河滩区一次种植可利用 10 多年，每年可刈割 4～5 次，鲜草产量每亩可达 6～8t，最高可达每亩 10t。

7. 营养与利用

聚合草为高能量、高蛋白质、富含维生素和矿物质的饲料（表 5－17），据测定，从莲座叶到花期的鲜草中，干物质的含量为 12.9%～20.0%，干物质中的总能为 14.9～18.3MJ/kg、消化能（猪）12.4～13.1MJ/kg、代谢能（鸡）8.7～10.5MJ/kg、干物质中粗蛋白 22.6%～24.8%、可消化粗蛋白（猪）124～170g/kg、钙及磷的含量分别是 1.33%～1.71% 和 0.80%～1.14%。聚合草适宜用作牛、羊和兔等草食家畜的青饲料，喂奶牛可提高产奶量，喂羊可以长膘增肥。由于聚合草含有大量生物碱，若大量饲喂，会引起家畜中毒，一般喂量要控制在日粮干物质的 25% 以内。

表 5 - 17　　聚合草不同生育期营养成分　　（%）

生育期	状态	干物质	粗蛋白质	粗脂肪	粗纤维	无氮浸出物	粗灰分
叶簇期	绝干	100.0	28.1	5.4	13.3	34.2	19.0
	鲜样	8.2	2.3	0.4	1.1	2.8	1.6
莲座期	绝干	100.0	22.2	6.2	9.4	43.0	19.2
	鲜样	13.5	3.0	0.8	1.3	5.8	2.6
开花期	绝干	100.0	23.4	4.8	14.8	39.4	17.6
	鲜样	16.0	3.1	0.7	2.0	5.2	2.4

注：资料来自张子仪主编的《中国饲料学》

第六章　草产品调制技术

第一节　青干草调制技术

（一）干草调制的意义

青草是放牧和舍饲最好的饲草。但在寒冷的季节，牧草的地上部分便枯萎死亡，遗留在地面上的枯草，其营养价值较夏秋青绿牧草下降60%～70%，特别是优良的豆科和禾本科牧草，其营养价值几乎损失殆尽。干草调制是把天然草地或人工种植的牧草和饲料作物进行适时收割，晾晒和贮藏的过程。刚刚收割的青绿牧草称为鲜草，鲜草的含水量大多在50%～85%，鲜草经过一定时间的晾晒或人工干燥，水分达到18%以下时，即成为干草。这些干草在干燥后仍保持一定的青绿颜色，因此也称青干草。优质干草含有家畜所必需的营养物质，是磷、钙、维生素的重要来源，干草中含蛋白质7%～20%，可消化碳水化合物40%～60%，能基本上满足日产奶5kg以下的奶牛营养需要。优质干草所含的蛋白质高于禾谷类籽实饲料。此外，还含有畜禽生产和繁殖所必需的各种氨基酸，在玉米等籽实饲料中加入富含各种氨基酸的干草或干草粉，可以提高籽实饲料中蛋白质的利用率。

我国的草地牧草生产，存在着季节间的不平衡性，表现为暖季（夏、秋）在饲草的产量和品质上明显的超过冷季（冬、春），给畜牧业生产带来严重的不稳定性。由于冷季牧草停止生长，如果单靠放牧采食这些质差量少的枯草，就不能满足家畜的冬季营养需要，因而发生家畜的"冬瘦"现象。因此，设立割草地和充分准备越冬干草，对于减少冬、春家畜掉膘、死亡，发展草原区畜牧业，解决季节饲料不平衡，具有重要意义，同时也是充分利用缺水草地的重要措施。

随着我国畜牧业的发展，人们对牛奶、牛肉、羊肉、兔肉和鹅肉等草食动物畜产品的需求量不断增加，从而大大刺激了我国草食畜禽养殖业的发展。我国畜牧业在近几年有了突飞猛进的发展，以奶牛为例，1980 年全国奶牛存栏数只有 64.1 万头，到 2006 年已增加到 1 300万头。除此之外，还有近 200 万头的肉牛及 3 亿只左右的羊也需要大量越冬饲草。无论是国际市场，还是国内市场，对草产品的需求量都很大，并随着饲料工业的发展和草地畜牧业的发展市场需求还将扩大。

近年国家出台了退耕还林还草的政策，在科学规划、合理利用天然放牧草场的同时，大面积推广人工种草。这些高产的人工草地除少部分用于直接收割鲜草饲喂畜禽外，大部分调制成青干草作为畜禽冬春季的饲草供应来源，因此，调制干草的数量和质量是影响到畜牧业能否稳定发展的关键因素之一。

牧草干草的需求在我国有巨大的发展空间，根据我国现有家畜的饲养量，目前，每年干草的需求量在 7.30×10^7 t，2015 年需求量将达到 1.20×10^4 t。此外，开发牧草的国际市场我国也有较大优势。日本每年需进口牧草 $3.00 \times 10^6 \sim 4.00 \times 10^6$ t，东南亚地区每年需进口牧草 200 余万 t。因此，我国牧草产品的外销具有明显的地缘优势。

（1）我国西北绿洲农业区，包括甘肃的河西走廊，内蒙古、宁夏的河套地区和新疆的绿洲，在保证灌溉的情况下适宜利用自然气候发展干草加工产业和牧草种子产业。考虑到草产品外销的运输成本，可适当开发苜蓿草块、草颗粒等高密度产品。

（2）我国华北、黄河三角洲及东北地区干旱的春秋季节可发挥干草草捆技术的作用。

（二）原料的收获

确定牧草的最适刈割时期，必须考虑两项指标：一是产草量，二是可消化营养物质的含量。而实际上，牧草在整个生育期中的产量和可消化营养物质的变化，是两个发展方向相反的过程。牧草在幼苗及营养生长初期，虽营养成分含量高，但牧草产量低；当牧草产量达到高峰时，营养成分却明显的降低。在牧草的一个生长周期内，只有当产草量和营养成分之积（即综合生物指标）达到最高时，才是最佳收割期。确定牧草适宜刈割期应注意如下原则。

（1）以单位面积内营养物质产量的最高时期或以单位面积的可消化总养分最高时期为标准。

（2）有利于牧草的再生、多年生或越年生（二年生）牧草的安全越冬和返青，并对翌年的产量和寿命无影响。

（3）根据不同的利用目的来确定。如生产蛋白质、维生素含量高的苜蓿干草粉，应在孕蕾期进行刈割。虽然产量稍低一些，但可以从优质草粉的经济效益和商品价值方面予以补偿。若在开花期刈割，虽草粉产量较高，但草粉质量明显下降。

（4）天然割草场，应以草群中主要牧草（优势种）的最适刈割期为准。

1. 适宜收割期

（1）豆科牧草。豆科牧草富含蛋白质（占干物质的16% ~ 22%）及维生素和矿物质，而不同生育期的营养成分变化比禾本科牧草更为明显。例如，开花期刈割比孕蕾期刈割粗蛋白质含量减少 $1/3 ~ 1/2$，胡萝卜素减少 $1/2 ~ 5/6$，特别是干旱炎热以及强烈日光照射下，植物衰老过程加速，纤维素、木质素增加，导致豆科牧草品质迅速下降。不同生育期紫花苜蓿所含营养成分如表6-1。

表6-1 不同生育期苜蓿营养成分的变化

生育期	干物质（%）	占干物质（%）				
		粗蛋白质	粗脂肪	粗纤维	无氮浸出物	灰分
营养生长	18.0	26.1	4.5	17.2	42.2	10.0
花 前	19.9	22.1	3.5	23.6	41.2	9.6
初 花	22.5	20.5	3.1	25.8	41.3	9.3
盛 花	25.3	18.2	3.6	28.5	41.5	8.2
花 后	29.3	12.3	2.4	40.6	37.3	7.5

豆科牧草叶片中的蛋白质含量较茎为多，占整个植株蛋白质含量的60%~80%，因此，叶片的含量直接影响到豆科牧草的营养价值。豆科牧草的茎叶比随生育期而变化，在现蕾期叶片重量要比茎秆重量大，而至终花期则相反（表6-2）。因此，收获越晚，叶片损失越多，品质就越差，从而避免叶量损失也就成了晒制干草过程中需注意的头等问题。

表6-2 紫花苜蓿茎叶重量百分比 （%）

生育期	叶	茎
现蕾期	57.3	42.7
初花期	56.6	43.4
50%开花	53.2	46.8
终花期	33.7	66.7

注：《草地学》，北京农业大学主编，1982

早春收割幼嫩的豆科牧草对其生长是有害的，会大幅度降低当年的产草量，并降低来年苜蓿的返青率。这是由于根中碳水化合物含量低，同时根冠和根部在越冬过程中受损伤且不能得到很好的恢复所造成的。另外，北方地区豆科牧草最后一次的收割需在早霜来临前一个月进行，以保证越冬前其根部能积累足够的养分，保证安全越冬和来年返青。

综上所述，从豆科牧草产量，营养价值和有利于再生等情况综合考虑，豆科牧草的最适收割期应为现蕾盛期至始花期。

（2）禾本科牧草。禾本科牧草在拔节至抽穗以前，叶多茎少，纤维素含量较低，质地柔软，蛋白质含量较高，但到后期茎叶比显著增大，蛋白质含量减少，纤维素含量增加，消化率降低。

对多年生禾本科牧草而言，总的趋势是粗蛋白、粗灰分的含量在抽穗前期较高，开花期开始下降，成熟期最低；而粗纤维的含量，从抽穗至成熟期逐渐增加（表6-3）。从产草量上看，一般产量高峰出现在抽穗期至开花期，也就是说禾本科牧草在开花期内产量最高（表6-4），而在孕穗至抽穗期饲料价值最高。

表6-3 羊草的化学成分含量动态（占风干重百分比）　　（%）

生育期	粗蛋白质	纤维素	无氮浸出物
拔节期	26.24	26.01	23.25
抽穗期	15.42	32.29	30.60
开花期	14.39	35.36	36.68
结实期	7.42	41.33	40.74

《草地培育学》，孙吉雄主编，2000

表6-4 羊草的营养物质总收获量　　（kg/hm²）

生育期	抽穗期	开花期	结实期
产草量	284	581	750

（续表）

生育期	抽穗期	开花期	结实期
粗蛋白质总收获量	44.1	83.6	55.7
粗纤维总收获量	92.6	205.4	310

注：《草地培育学》，孙吉雄主编，2000

根据多年生禾本科牧草的营养动态，同时兼顾产量、再生性以及下一年的生产力等因素，大多数多年生禾本科牧草用于调制干草或青贮时，应在抽穗至开花期刈割。

总的来说，对大多数牧草而言，如果晚于最适收获期10d收获，其总消化养分将会降低20%，蛋白质降低40%。表6－5列举了常见牧草调制干草的适宜收割期。

表6－5　一些调制干草用牧草品种的适宜收割期

牧草品种	适宜收割期
苜蓿	少于1/10花开时或长新花蕾时
红三叶	早期至1/2开花期
白三叶	盛花期
草木樨	开花开始时
胡枝子	盛花期
红豆草	1/2豆荚充分成熟
禾本科草	抽穗至开花期
苏丹草	开始抽穗

2. 刈割高度

牧草的刈割高度直接影响到牧草的产量和品质，还会影响来年牧草的再生速度和返青率。一般来说，对1年只收割1茬的多年生牧草来说，刈割高度可适当低些。实践证明，刈割高度为4～5cm时，当年可获得较高产量，且不会影响越冬和来年再生草的生长；而对1年收割2茬以上的多年生牧草来说，每次的刈割高度都应适当高些，宜保持在6～7cm，以保证再生草的生长和越冬。

对于大面积牧草生产基地，一定要控制好每次收割时的留茬高度，如果留茬过高，枯死的茬枝会混入牧草中，严重影响牧草的品质，降低牧草的等级，直接影响到牧草生产的经济效益。

在气候恶劣，风沙较大或地势不平、伴有石块和鼠丘的地区，牧草的刈割高度可提高到8～10cm，以有效保持水土，防止沙化。

3. 收割方法

（1）人工割草。人工割草在我国农区和半农半牧区，仍然是主要的割草方法。人工割草通常用镰刀或钐刀两种工具。镰刀割草的效率较低，适用于小面积割草场，一般每人每天可刈割250～300kg鲜草。钐刀是一种刀片宽达10～15cm，柄长2.0～2.5m的大镰刀，它是靠人的腰部力量和臂力轮动钐刀，来达到割草目的，并直接集成草垄。利用钐刀割草要比用镰刀效率高得多，一般情况下，每人每天可刈割1 200～1 500kg鲜草。

（2）机械化割草。随着我国草业的发展，机械化收割牧草也已逐渐得到了推广和普及。中国在20世纪20年代开始使用畜力往复式割草机，50年代初期和后期开始生产畜力和拖拉机牵引往复式割草机。随着人工草场的发展，70年代中期开始生产并使用旋转式割草机。

目前国内生产的割草机械有两种，一种是畜力割草机，另一种是机动割草机。畜力割草机随着我国机械化程度的提高其生产使用量逐年减少。机动割草机可分为牵引式和悬挂式两种。①国产牵引式单刀割草机，割幅2.1m，前进速度5km/h，可割草0.8～1hm²/h，留茬平均高度为5.3cm，可用15～30马力拖轮式拖拉机牵引；机引三刀割草机，当前进速度为 5.5km/h 时，可割草 3hm^2/h。②悬挂式的割草机有手扶侧悬挂割草机，割幅 2.1m，割茬高度最低为 5cm，当前进速度为 6.2km/h 时，可割草 0.8~1.2hm^2/h。以上均是往复式割草机。

目前旋转式割草机发展较快，它利用装在回转滚筒或圆盘上的刀片进行割草。滚筒或圆盘成相反方向，旋转速度为 1 800~3 000r/min，工作速度每小时可达 25.8km，工作幅宽 1.5~1.8m。国产旋转条放割草机割幅为 3m，割草高度可控制在 2~12cm，割后自动集成条堆，条堆幅宽 60~70cm，省去了搂草工作。若前进速度为 9km/h，割草 2.7hm^2/h。在风力为 6~7 级时仍能割草。该机机械结构简单，易操作、修理，但切割刀盘在遇到障碍物时不能升降，此外，该机割下的草较碎。目前国外大多使用滚筒式、圆盘式或水平旋转式割草机，这些割草机坚固耐用，工作速度快。这些机具一次通过就能完成刈割、压扁、成条三道工序。

（三）牧草干燥过程中的变化

在青草干燥调制过程中，草中的营养物质还会伴随一系列的生理生化变化以及机械物理方面的损失，一些有益的变化有利干草的保存，一些不利的变化使营养物质被损失掉。结合调制过程中营养物质变化特点，干草的调制应尽可能地向有益方面发展。为了减少青干草的营养物质损失，在牧草刈割后，应该使刚刚收割的新鲜牧草，含水量为 50%~80%，迅速脱水成含水量 15%~18%，最多不能超过 20% 的干草，促进植物细胞死亡，减少营养物质不必要的分解浪费。

1. 牧草干燥过程中水分的散失

牧草刈割以后，起初植物体内的水分散失很快，同时各部位失水的速度基本上是一致的，这一阶段的特点是从植物体内部散发掉游离水。在良好的晴天天气，牧草含水量从 80% ~ 90% 降低到 45% ~ 55%，需要 5 ~ 8h。因此，采用地面干燥法时牧草在地面的干燥时间不应过长。当禾本科牧草含水量减少到 40% ~ 45%，豆科牧草减少到 50% ~ 55% 时，植物体散水的速度越来越慢，这一阶段散失体内的结合水，牧草含水量由 45% ~ 55% 降到 18% ~ 20% 需 24 ~ 48h。

影响牧草干燥速度的因素如下。

（1）外界气候条件：牧草干燥的速度受空气湿度、空气流动速度和空气温度等多方面因素的影响，当空气湿度较小，空气温度较高和空气流动速度较大时，可加速牧草的干燥。

（2）植物保蓄水分能力的大小：植物因其种类不同，保蓄水分的能力也不同。在外界气候条件相同的情况下，植物保蓄水分能力越大，干燥速度越慢。豆科牧草一般比禾本科牧草保蓄水分能力大，所以，它的干燥速度比禾本科慢。例如豆科牧草（苜蓿、三叶草）在现蕾期刈割需要 75h 才能晒干，而在抽穗期刈割的禾本科牧草，仅需 27 ~ 47h 就能晒干。这主要是由于豆科牧草含碳水化合物少，胶体物质（如蛋白质）多，所以持水能力强，即保蓄水分能力大。另外，由于幼龄植物比发育后期植物的纤维含量少，而胶体物质含量高，保蓄水分的能力较大，干燥速度较慢。

（3）植物体各部位散水强度：植物体的各部位，不仅含水量不同，而且它们的散水速度也不一致（表 6 - 6），所以植物体各部位的干燥速度是不均匀的。叶的表面积大，水分从内层细胞向外层移动的距离要比茎秆近，所以叶比茎秆干燥快得多。试验证明，叶片干燥速度比茎（包括叶鞘）快 5 倍左右。当叶片已完全干燥时，茎的水分含量还很高。由于茎秆干燥速度慢，导致整个植物体干燥时间延长，牧草的营养成分因生理生化过程造成的损失增加，叶片和花序等幼嫩部分因脱落而损失。所以应采取合理方法（如茎秆压扁等），尽量使植物体各部分的水分均匀散失，以缩短干燥时间，减少损失。

表6－6　紫花苜蓿各部位水分的散失速度　　　　　（％）

不同部位	鲜草含水量	收割后水分变化情况					
		30h		75h		126h	
		水分	水分下降	水分	水分下降	水分	水分下降
整株	75.7	60.4	20.2	45.9	39.2	29.9	61.4
茎	71.5	59.1	17.3	48.9	31.6	35.6	50.2
叶	73.2	49.5	33.2	39.8	45.2	16.8	77.0
花序	79.2	68.9	13.0	54.3	31.4	32.3	59.2

注：《草地学》，北京农业大学主编，1982

2. 牧草干燥过程中营养物质的变化

在自然条件下晒制干草时，营养物质的变化要先后通过两个复杂的过程：首先是生理—生化过程，即饥饿代谢阶段，其特点是一切变化均在活细胞中进行。其次是生化过程（自体溶解过程），这一阶段的一切变化均在植物体的死细胞中发生。

（1）牧草凋萎期（饥饿代谢）：牧草被刈割以后，植物的细胞并未立即死亡，短时期内同化作用仍在微弱进行。因刈割后的牧草与根分离，营养物质的供应中断，由同化作用转向分解作用，而且只能分解植物体内的营养物质，导致饥饿代谢。水分减少到40%～50%时细胞死亡，呼吸停止。这一时期植物体内总糖含量下降，少量蛋白质被分解成以氨基酸为主的氨化物，部分氨可转化为水溶性氨化物，而且降低了酪氨酸、精氨酸，增加了赖氨酸和色氨酸。

（2）牧草干燥后期（自体溶解阶段）：植物细胞死亡以后，植物体内在酶的参与下进入生化过程，这种在死细胞中进行的物质转化过程称为自体溶解阶段。这一时期碳水化合物几乎不变，但蛋白质的损失和氨基酸的破坏，随这一时期的拖长而加大，特别是牧草水分较高（50%～55%）时。另外，在体内氧化酶的破坏和阳光的漂白作用下，一些色素因氧化而被破坏，胡萝卜素损失达50%以上，

牧草干燥后期或贮藏的过程中，由于酶的作用产生醛类（如丁烯醛、戊烷醛等）和酸类（如乙醇酸），使干草具有一种特殊的芳香气味，这是干草品质优劣的一项重要指标。

为了避免或减轻植物体内养分因呼吸和氧化作用的破坏而受到严重损失，应该采取有效措施，使水分迅速降低到17%以下，并尽可能减少阳光的直接暴晒。

3. 干草调制过程中养分的损失

（1）机械作用引起的损失。调制干草过程中（主要指晒制干草），由于植物各部分干燥速度（尤其是豆科牧草）不一致，因此，在搂草、翻草、搬运、堆垛等一系列作业中，叶片、嫩茎、花序等细嫩部分易折断、脱落而损失。一般禾本科牧草损失2%～5%，豆科牧草损失最大，15%～35%。如苜蓿损失叶片占全重的12%时，其蛋白质的损失约占总蛋白质含量的40%，因叶片中所含的蛋白远远超过茎的含量。

机械作用造成损失的多少与植物种类、刈割时期及干燥技术有关。为减少机械损失，应适时刈割，在牧草细嫩部不易脱落时及时集成各种草垄或小草堆进行干燥。干燥的干草进行压捆，应在早晨或傍晚进行。国外有些牧草加工企业则在牧草水分降到45%左右时就打捆或直接放进干燥棚内，进行人工通风干燥，这样可大大减少营养物质的损失。

（2）阳光的照射与漂白作用的损失。晒制干草时主要是利用阳光和风力使青草水分降至足以安全贮藏的程度。阳光直接照射会使植物体内所含胡萝卜素、叶绿素遭到破坏，维生素C几乎全部损失。叶绿素、胡萝卜素破坏的结果，使叶色变浅，且光

照愈强，暴晒时间愈长，漂白作用造成的损失愈大。据测定，干草暴露田间 1 昼夜，胡萝卜素损失 75%，若放置 1 周，96% 的胡萝卜素即遭破坏。为了减少阳光对胡萝卜素及维生素 C 等营养物质的破坏，应尽量减少暴晒时间。即在牧草水分达 40% ~ 50% 时拢成小堆，这样不仅减少机械损失，也减少了阳光漂白作用。

（3）雨淋损失。晒制干草时，最忌淋雨。雨淋会增大牧草的湿度，延长干燥时间，从而由于呼吸作用的消耗而造成营养物质的损失（表 6 - 7）。淋雨对干草造成的破坏作用，主要发生在干草水分下降到 50% 以下，细胞死亡以后，这时原生质的渗透性提高，植物体内酶的活动将各种复杂的养分水解成较简单的可溶性养分，它们能自由地通过死亡的原生质薄膜而流失，而且这些营养物质的损失主要发生在叶片上，因叶片上的易溶性营养物质接近叶表面。值得一提的是，由于淋湿作用引起的营养物质的损失，远较机械损失大得多。

此外，当未干或已干燥的牧草，由于下雨或露水的浸湿，使氧化作用加强，胡萝卜素的损失加重。例如，刈割后的三叶草，受露水浸湿时，胡萝卜素含量减少 11%；当水分含量为 41% 的青干草受潮时，干燥过程被延缓，比未浸湿的干草，其胡萝卜素含量减少 76.6%。

表 6 - 7　毛野豌豆晒干过程遇雨淋后养分变化（占鲜重百分比）(%)

处理	色泽	水分	粗蛋白	粗脂肪	粗纤维	无氮浸出物	灰分
淋过 1 次大雨	黄褐	13.40	15.99	1.19	35.11	29.54	5.03
未淋过雨	青绿	13.52	22.52	1.91	27.93	27.34	6.85

（4）微生物作用引起的损失。微生物从空气中与灰尘一起落在植物体表面，但只有在细胞死亡之后才能繁殖起来。死亡的

植物体是微生物发育的良好培养基。

微生物在干草上繁殖需要一定的条件，比如干草的含水量、气温与大气湿度。细菌活动的最低需水量约为植物体含水量的25%以上（范围25%～40%）；气温要求在25～30℃左右（最低0℃，最高50℃），而当空气相对湿度在85%以上时，即可能导致干草发霉。这种情况多在连雨时发生。

发霉的干草品质降低，水溶性糖和淀粉含量显著下降。发霉严重时，脂肪含量下降，含氮物质总量也显著下降，蛋白质被分解成一些非蛋白质化合物，如氨、硫化氢、吲哚（有剧毒）等气体和一些有机酸，因此，发霉的干草不能饲喂家畜，因其易使家畜患肠胃病或流产等，尤其对马危害更大。

（5）牧草干燥时营养物质消化率及可消化营养物质含量的变化。饲料品质的高低不单是营养物质的多少，更主要的是饲料可消化率的高低。晒制成的干草的营养物质的消化率，均低于原来的青绿牧草。

首先，牧草干燥时，纤维素的消化率下降。这可能是因为果胶类物质中的部分胶体转变为不溶解状态，并沉积到纤维质细胞壁上，使细胞壁加厚。

其次，牧草干燥时易溶性碳水化合物与含氮物质的损失，在总损失量中占较大比重，影响干草中营养物质的消化率。草堆、草垛中干草发热时，有机物质消化率下降较多。如红三叶草，气温为35℃时，一天内营养物质的消化率变化不大；当升为45～50℃时，蛋白质消化率降低14%；在压制成的干草捆中，如温度升到53℃，蛋白质的消化率降低约18%。

人工干燥时，几秒钟或几分钟内就可迅速干燥完毕。在干燥过程中，开始阶段使用800～1 000℃的温度；第二阶段使用80～100℃，则牧草的消化率变化不大。

可见牧草在干燥过程中，晒制干草过程中营养物质的损失较

大，总的营养物质要损失 20% ~ 30%，可消化蛋白质损失在
30% 左右，维生素损失 50% 以上。

在牧草干燥过程中的总损失量里，以机械作用造成的损失为
最大，可达 15% ~ 20%，尤其是豆科干草叶片脱落造成的损失；
其次是呼吸作用消耗造成的损失，为 10% ~ 15%；由于酶的作
用造成的损失为 5% ~ 10%；由于雨露等淋洗溶解作用造成的损
失则为 5% 左右。

总之，优质的干草应该是适时刈割、含叶量丰富、色绿而具
有干草特有的芳香味，不混杂有毒有害物质，含水分在 17% 以
下，这样才能抑制植物体内酶和微生物的活动，使干草能够长期
贮存而不变质。

（四）干草的调制技术

干草调制的原理，通过干燥使刈割后的新鲜饲草水分迅速降
低，使其处于生理干燥状态，细胞呼吸和酶的作用逐渐减弱直至
停止，饲草的养分分解很少。饲草的这种干燥状态防止了其他有
害微生物对其所含养分的分解而产生霉败变质，达到长期保存饲
草的目的。

干草调制过程一般可分为两个阶段。第一阶段，从饲草收割
到水分降至 40% 左右。这个阶段的特点是细胞尚未死亡，呼吸
作用继续进行，此时养分的变化是分解作用大于同化作用。为了
减少此阶段的养分损失，必须尽快使水分降至 40% 以下，促使
细胞及早萎亡，这个阶段养分的损失量一般为 5% ~ 10%。第二
阶段，饲草水分从 40% 降至 17% 以下。这个阶段的特点是饲草
细胞的生理作用停止，多数细胞已经死亡，呼吸作用停止，但仍
有一些酶参与一些微弱的生化活动，养分受细胞内酶的作用而被
分解。此时，微生物已处于生理干燥状态，繁殖活动也已趋于
停止。

调制干草主要有自然干燥法和人工干燥法两种，收割后的饲草应尽快地调制成干草，干燥过程越短越好，以免营养物质损失太多。不同的干燥方法，对保持鲜草所含养分有着很大的影响。

1. 自然干燥法

自然干燥法是指利用阳光和风等自然资源蒸发水分调制青干草的技术，它的特点是简便易行、成本低，无须特殊设备。目前国内外多数的青干草调制仍采用此法。

（1）地面干燥法：牧草刈割后就地干燥 4～6h，使其含水量降至 40%～50% 时，用搂草机搂成草垄继续干燥。当牧草含水量降到 35%～40%，牧草叶片尚未脱时，用集草器集成草堆，经 2～3d 可达完全干燥。豆科牧草在叶子含水分 26%～28% 时，叶片开始脱落；禾本科牧草在叶片含水量为 22%～23%，即牧草全株的总含水量在 35%～40% 以下时，叶片开始脱落。为了保存营养价值高的叶片，搂草和集草作业应在叶片尚未脱落以前，即牧草含水量不低于 40% 时进行。

牧草在草堆中干燥，不仅可以防止雨淋和露水打湿，而且可以减少日光的光化学作用造成的营养物质损失，增加干草的绿色及芳香气味。试验证明，搂草作业时，侧向搂草机的干燥效果优于横向搂草机。例如，干燥时期相同，使用侧向搂草机搂成的草垄中，牧草在堆成中型草堆前，含水分为 17.5%，全部干燥期间，干物质损失 3.64%，胡萝卜素的损失为 60.4%；而使用横向搂草机，则分别为 29%、6.73% 和 62.1%。

（2）草架干燥法：在连阴多雨地区，不宜采用地面晒制法，宜采用草架上晒制的方法。草架的形式很多，有独木架、角锥架、棚架、长架等。在凉棚、仓库等地搭建若干草架，将饲草一层一层放置于草架上，直至饲草晾干，在架上晾晒的青草，要堆放成圆锥形成屋脊形，要堆得蓬松些，厚度不超过 70～80cm，离地面应有 20～30cm，堆中应留通道，以利空气流通，外层要平整保持一定倾斜度，以便排水。由于草架中部空虚，空气便于流通，有利于牧草水分散失，大大提高牧草干燥速度，减少营养物质的损失。采用该方法，养分尤其是胡萝卜素比晒制法损失少得多。架上干燥法在北欧最为盛行，据试验证明，一般比地面晒制的养分损失减少5%～10%。

（3）发酵干燥法：发酵干燥法是介于调制青干草和青贮料之间的一种特殊干燥法。将含水约为50%的牧草经分层夯实压紧堆积，每层可撒上约为饲草重量0.5%～1%的食盐，以防发酵过度，使牧草本身细胞的呼吸热和细菌、霉菌活动产生的发酵热在牧草堆中积蓄，草堆温度可上升到70～80℃，借助通风手段将饲草中的水分蒸发使之干燥。这种方法牧草的养分损失较多，多属于阴雨天等无法一下子完成青干草调制时不得已而为之。

2. 人工干燥法

利用各种干燥设备，在很短的时间内将刚收割的饲草迅速干燥，使水分达到贮存要求的青干草调制方法。在自然条件下晒制干草，营养物质的损失相当大，大量资料表明，干物质的损失占鲜草的1/5～1/4，热能损失占2/5，蛋白质损失约占1/3。如果采用人工快速干燥法，则营养物质的损失可降低到最低限度，只占鲜草总量的5%～10%。所以这种方法的特点是干草质量优、不受气候影响，但设备要求高，投资较大。

（1）常温通风干燥法：常温通风干燥是利用高速风力，将半干青草所含水分迅速风干，它可以看成是晒制干草的一个补充过程。利用电风扇、吹风机对草堆或草垛进行不加温干燥。适用于牧草收获时昼夜相对湿度低于75%而温度高于15℃的地方使用，在特别潮湿的地方鼓风机中的空气可适当加热，以提高干燥速度。

此法必须先将青草在自然条件下风干到水分下降到40%～

50%，然后在草库内完成通风干燥过程。通风干燥的干草，比地面晒制的干草含叶多，颜色绿，胡萝卜素高出3~4倍。

（2）低温烘干法：低温烘干法采用加热的空气，将青草水分烘干。将刚收割的饲草置于较密闭的干燥间内，垛成草垛或搁置于漏缝草架上，从底部吹入干热空气，上部用排风扇吸出潮湿的空气，经过一定时间后，即可调制成青干草。适合于多雨潮湿的地区或季节。

（3）高温快速干燥法：是将鲜草切短，通过高温气流，使牧草迅速干燥。干燥时间的长短，决定于烘干机的种类和型号，从几小时到几分钟，甚至数秒钟，牧草的含水量从80%~85%下降到15%以下。接着将干草粉碎制成干草粉或经粉碎压制成颗粒饲料。有的烘干机入口温度为75~260℃，出口温度为25~160℃，也有的入口420~1 160℃，出口60~260℃。最高入口温度可达1 000℃，出口温度下降20%~30%。虽然烘干机中热空气的温度很高，但牧草的温度很少超过30~35℃。人工干燥法使牧草的养分损失很少，但是烘烤过程中，蛋白质和氨基酸受到一定的破坏，而且高温可破坏青草中的维生素C。胡萝卜素的破坏不超过10%。

3. 物理化学干燥法

运用物理和化学的方法来加快干燥以降低牧草干燥过程中营养价值的损失。目前应用较多的物理方法是用压裂草茎干燥法，化学方法是用添加干燥剂进行干燥的方法。

（1）压裂草茎干燥法：牧草干燥时间的长短，实际上取决于茎干燥时间的长短。如豆科牧草及一些杂类草当叶片含水量降低到15%~20%时，茎的水分仍为35%~40%，所以加快茎的干燥速度，就能加快牧草的整个干燥过程。

使用牧草压扁机将牧草茎秆压裂，破坏茎的角质层以及维管束，并使之暴露于空气中，茎内水分散失的速度就可大大加快，基本能跟上叶片的干燥速度。这样既缩短了干燥期，又使牧草各部分干燥均匀。许多试验证明，好的天气条件下，如牧草茎秆压裂，干燥时间可缩短 1/3 ~ 1/2。这种方法最适于豆科牧草，可以减少叶片脱落，减少日光漂晒时间，养分损失减少，干草质量显著提高，能调制成含胡萝卜素多的绿色芳香干草。牧草刈割后压裂，虽可造成养分的流失，但与加速干燥所减少的营养物质损失相比，还是利多弊少。

目前国内外常用的茎秆压扁机有两类，即圆筒型和波齿型。圆筒型压扁机装有捡拾装置，压扁机将草茎纵向压裂；而波齿型压扁机有一定间隔将草茎压裂。一般认为：圆筒型压扁机压裂的牧草，干燥速度较快，但在挤压过程中往往会造成鲜草汁液的外溢，破坏茎叶形状，因此要合理调整圆筒间的压力，以减少损失。现代化的干草生产常将牧草的收割、茎秆压扁和铺成草垄等作业，由机器连续一次完成。牧草在草垄中晒干后（3 ~ 5d），便由干草捡拾压捆机将干草压成草捆。

（2）化学添加剂干燥法：牧草收获后，水分要从植物体向外散失，水分散失主要是通过维管束系统和细胞间隙到气孔，此过程比较容易。当细胞间隙的自由水消失完毕后，水分从细胞内进入细胞间隙时，细胞壁的阻力较大，水汽通量少，干燥速度慢，通常叶片表皮的角质层是疏水亲油的蜡质层，在一定程度上阻止了牧草水分的散失，而干燥剂可使植物表皮的物理化学结构发生变化，使气孔开张，改变表皮的蜡质疏水性，从而增加了水分的散失。使用干燥剂可加速牧草脱水，加快牧草干燥过程，而且能够提高干草营养物质消化率，改善牧草品质。目前应用较多的有碳酸钾、氢氧化钾、碳酸氢钠、碳酸钙、磷酸二氢钾、长链脂肪酸甲基酯等物质。在干燥剂中，以 K_2CO_3 的效果最好，其浓度以 2% ~ 2.8% 为宜，用量以 7 ~ 10kg/hm^2 最佳。

另外，国外还有采用红外线干燥法、微波干燥法、冷冻干燥法等来制作干草。需要说明的是，虽然用于调制干草的干燥方法有很多，各种干燥方法也不是彼此独立，互不联系的，应从节省成本、获得最佳效益等角度考虑，在牧草干燥的过程中因地制宜地选择合适的干燥方法。

（五）干草的品质鉴定

青干草的品质极大地影响家畜的采食量及其生产性能。一般认为青干草的品质应根据消化率及营养成分含量来评定，其中粗蛋白质、胡萝卜素、粗纤维及酸性洗涤纤维与中性洗涤纤维是青干草品质的重要指标。近年来，采用近红外光谱分析法（NIRS），检验干草品质迅速、准确，对青干草的销售有较大的影响。但生产实践中，常以外观特征来评定青干草的饲用价值。品质鉴定采用感官鉴定和干草中各种物质含量来确定其优劣。

干草品质鉴定分为化学分析与感官判断两种。化学分析也就是实验室鉴定，包括水分、干物质、粗蛋白质、粗脂肪、粗纤维、无氮浸出物、粗灰分及维生素、矿物质含量的测定，各种营养物质消化率的测定以及有毒有害物质的测定。生产中常用感官判断，它主要依据下列五个方面粗略地对干草品质作出鉴定。

感官鉴定

（1）颜色气味：干草的颜色是反映品质优劣最明显的标志。优质干草呈绿色，绿色越深，其营养物质损失就越小，所含可溶性营养物质、胡萝卜素及其他维生素越多，品质越好。适时刈割的干草都具有浓厚的芳香气味，这种香味能刺激家畜的食欲，增加适口性，如果干草有霉味或焦灼的气味，说明其品质不佳。

①鲜绿色。表示青草刈割适时，调制过程未遭雨淋和阳光暴晒，贮藏过程未遇高温发酵，较好地保存了青草中的成分，属优良干草。

②淡绿色。表示干草的晒制和保藏基本合理，未遭雨淋发霉，营养物质无重大损失，属良好干草。

③黄褐色。表示青草刈割过晚，或晒制过程遭雨淋或贮藏期内经过高温发酵，营养成分虽受到重大损失，但尚未失去饲用价值，属次等干草。

④暗褐色。表示干草的调制与贮藏不合理，不仅受到雨淋，且发霉变质，不宜再作饲用。

（2）叶片含量：干草叶片的营养价值较高，所含的矿物质、蛋白质比茎秆中多 1~1.5 倍，胡萝卜素多 10~15 倍，纤维素少 1~2 倍，消化率高 40%，因此，干草中的叶量多，品质就好。鉴定时取一束干草，看叶量的多少，禾本科牧草的叶片不易脱落，优质豆科牧草干草中叶量应占干草总重量的 50% 以上。

（3）牧草形态：适时刈割调制是影响干草品质的重要因素，初花期或以前刈割时，干草中含有花蕾，未结实花序的枝条也较多，叶量丰富，茎秆质地柔软，适口性好，品质佳。若刈割过迟，干草中叶量少，带有成熟或未成熟种子的枝条的数目多，茎秆坚硬，适口性、消化率都下降，品质变劣。

（4）植物学组成：植物种类不同，营养价值差异较大，按植物学组成，牧草一般可分为豆科草、禾本科草、其他可食草、不可食草和有毒有害草共 5 类。

天然草地刈割晒制的干草，豆科比例大者为优等草；禾本科和其他可食草比例大者，为中等草；不可食草比例大者为劣等草；有毒有害植株超过 10% 者，则不可供作饲料。人工栽培的单播草地，只要混入杂草不多，就不必进行植物学组成分析。

（5）含水量：干草的含水量应为 15%~17%，含水量 20%

以上时，不利于贮藏。

（6）病虫害情况：由病虫侵害过的牧草调制成的干草，其营养价值较低，且不利于家畜健康。鉴定时抓一把干草，检查叶片、穗上是否有病斑出现，是否带有黑色粉末等，如果发现带有病症，则不能饲喂家畜。

（7）总评：凡含水量在 17% 以下，毒草及有害草不超过 1%，混杂物及不可食草在一定范围之内，不经任何处理即可贮藏或者直接喂养家畜，可定为合格干草（或等级干草）。含水量高于 17%，有相当数量的不可食草和混合物，需经适当处理或加工调制后，才能用于喂养家畜或贮藏者，属可疑干草（或等外干草）。严重变质、发霉，有毒有害植物超过 1% 以上，或泥沙杂质过多，不适于用作饲料或贮藏者，属不合格干草。

鉴定干草的品质，各国都有各自的标准，并根据标准分为若干等级，作为干草调制、销售中评定和检验的依据。我国目前尚无统一标准，现将内蒙古自治区的干草等级介绍如下。

一级：枝叶鲜绿或深绿色，叶及花序损失不到 5%，含水量 15%～17%，有浓郁的干草芳香气味。但再生草调制的干草，香味较淡。

二级：绿色，叶及花序损失不到 10%，有香味，含水量 15%～17%。

三级：叶色发暗，叶及花序损失不到 15%，含水量 15%～17%，有干草香味。

四级：茎叶发黄或发白，部分有褐色斑点，叶及花序损失大于 15%，含水量 15%～17%，香味较淡。

五级：发霉，有臭味，不能饲喂家畜。

近年来美国修订了干草等级划分的标准，由粗蛋白、酸性洗涤纤维、中性洗涤纤维、可消化干物质、干物质采食量等指标为依据划分干草的等级（表 6-8）。

表6-8　美国豆科牧草、豆科与禾本科混播牧草和禾本科牧草市场干草等级划分

等级	牧草种类及生育期	粗蛋白（%）	酸性洗涤纤维（%）	中性洗涤纤维（%）	可消化干物质（%）	干物质采食量（g/kg）
特等	豆科牧草开花前	>19	30	<39	>65	>143
一等	豆科牧草初花期，20%禾本科牧草营养期	17~19	31~35	40~46	62~65	134~143
二等	豆科牧草中花期，30%禾本科牧草抽穗初期	14~16	36~40	47~53	58~61	128~133
三等	豆科牧草盛花期，40%禾本科牧草抽穗期	11~13	40~42	53~60	56~57	116~127
四等	豆科牧草盛花期，50%禾本科牧草抽穗期	8~10	43~45	61~65	53~55	106~112
五等	禾本科牧草抽穗期或受雨淋	<8	>46	>65	<53	<105

（六）干草贮藏的技术

干草贮藏是牧草生产中的重要环节，可保证一年四季或丰年歉年干草的均衡供应，保持干草较高的营养价值，减少微生物对干草的分解作用。贮藏管理不当，不仅干草的营养物质要遭到重大损失，甚至发生草垛漏水霉烂、发热，引起火灾等严重事故。

干草水分含量的多少对干草贮藏成功与否有直接影响，因此，在牧草贮藏前应对牧草的含水量进行判断。生产上大多采用感官判断法来确定干草的含水量。

1. 干草水分含量的判断

当调制的干草水分达到15%~18%时，即可进行贮藏。为了长期安全的贮存干草，在堆垛前，应使用最简便的方法判断干草所含的水分，以确定是否适于堆藏。其方法如下。

（1）含水分15%～16%的干草：紧握发出沙沙声和破裂声（但叶片丰富的低矮牧草不能发出沙沙声），将草束搓拧或折曲时草茎易折断，拧成的草辫松手后几乎全部迅速散开，叶片干而卷。禾本科草茎节干燥，呈深棕色或褐色。

（2）含水分17%～18%的干草：握紧或搓揉时无干裂声，只有沙沙声。松手后干草束散开缓慢且不完全。叶卷曲，当弯折茎的上部时，放手后仍保持不断。这样的干草可以堆藏。

（3）含水分19%～20%的干草：紧握草束时，不发出清楚的声音，容易拧成紧实而柔韧的草辫，搓拧或弯曲时保持不断。不适于堆垛贮藏。

（4）含水分23%～25%的干草：搓揉没有沙沙声，搓揉成草束时不易散开。手插入干草有凉的感觉。这样的干草不能堆垛保藏，有条件时，可堆放在干草棚或草库中通风干燥。

2. 干草贮藏过程中的变化

当干草含水量达到要求时，即可进行贮藏。在干草贮藏10h后，草堆发酵开始，温度逐渐上升。草堆内温度升高主要是微生物活动造成的。干草贮藏后温度升高是普遍现象，即使调制良好的干草，贮藏后温度也会上升，常常可达44～55℃。适当的发酵，能使草堆自行紧实，增加干草香味，提高干草的饲用价值。

不够贮藏条件的干草，贮藏后温度逐渐上升，如果温度超过适当界限，干草中的营养物质就会大量消耗，消化率降低。干草中最有益的干草发酵菌40℃时最活跃，温度上升到75℃时被杀死。干草贮藏后的发酵作用，将有机物分解为 CO_2 和 H_2O。草垛中这样积存的水分会由细菌再次引起发酵作用，水分愈多，发酵作用愈盛。初次发酵作用使温度上升到56℃，再次发酵作用使温度上升到90℃，这时一切细菌都会被消灭或停止活动。细菌停止活动后，氧化作用继续进行，温度增高更快，温度上升到130℃时干草焦化，颜色发褐；上升到150℃时，如有空气接触，会引起自燃而起火。如草堆中空气耗尽，则干草碳化，丧失饲用价值。

草垛中温度过高的现象往往出现在干草贮藏初期，在贮藏一周后，如发现草垛温度过高，应拆开草垛散温，使干草重新干燥。

草垛中温度增高引起的营养物质损失，主要是糖类分解为CO_2和H_2O，其次是蛋白质分解为氨化物。温度越高，蛋白质的损失越大，可消化蛋白质也越少。随着草垛温度的升高，干草颜色变得越深，牧草的消化率越低。研究表明，干草贮藏时含水量为15%时，其堆藏后干物质的损失为3%；贮藏时含水量为25%时，堆贮后干物质损失为5%。

3. 散干草的堆藏

（1）露天堆垛贮藏。当调制的干草水分含量达15%～18%时即可进行堆藏，垛址应选择地势平坦干燥、排水良好的地方，同时要求离畜舍不宜太远。垛底应用石块、木头、秸秆等垫起铺平，高出地面40～50cm，四周有排水沟。垛的形式一般采用圆形和长方形两种，无论哪种形式，其外形均应由下向上逐渐扩大，顶部又逐渐收缩成圆形，形成下狭、中大、上圆的形状。垛的大小可根据需要而定。

长方形草垛：干草数量多，又较粗大宜采用长方形草垛，这种垛形暴露面积少，养分损失相应地较轻。草垛方向，应与当地冬季主风方向平行，一般垛底宽3.5～4.5m，垛肩宽4.0～5.0m，顶高6～6.5m，长度视贮草量而定，但不宜少于8.0m。堆垛的方法，应从两边开始往里一层一层地堆积，分层踩实，务使中间部分稍稍隆起，堆至肩高时，使全堆取平，然后往里收缩，最后堆积成45度倾斜的屋脊形草顶，使雨水顺利下流，不致渗入草垛内。封顶时可用麦秸或杂草覆盖顶部，最后用草绳或泥土封压，以防大风吹刮。

圆形垛：干草数量不多，细小的草类宜采用圆垛。和长方形草垛相比，圆垛暴露面积大，遭受雨雪阳光侵袭面也大，养分损失较多。但在干草含水量较高的情况下，圆垛由于蒸发面积大，发生霉烂的危险性也较少。圆垛的大小一般底部直径 3.0 ~ 4.5m，肩部直径 3.5 ~ 5.5m，顶高 5.0 ~ 6.5m，堆垛时从四周开始，把边缘先堆齐，然后往中间填充，务使中间高出四周，并注意逐层压实踩紧，垛成后，再把四周乱草耙平梳齐便于雨水下流。

（2）草棚堆垛。气候潮湿或有条件的地方可建造简易干草棚，以防雨雪、潮湿和阳光直射。这种棚舍只需建一个防雨雪的顶棚，以及防潮的底垫即可。存放干草时，应使棚顶与干草保持一定距离，以便通风散热。

散干草的堆藏虽经济节约，但易受雨淋、日晒、风吹等不良条件的影响，使干草褪色，不仅损失营养成分，还会造成干草霉烂变质。试验表明，干草露天堆藏，营养物质的损失最多达 20% ~ 30%，胡萝卜素损失 50% 以上。长方形垛贮藏一年后，周围变质损失的干草，在草垛侧面厚度为 10cm，垛顶为 25cm，基部为 50cm，其中以侧面所受损失为最小，因此应适当增加草垛高度以减少干草堆藏中的损失。

干草的堆藏可由人工操作完成，也可由悬挂式干草堆垛机或干草液压堆垛机完成。

4. 干草捆的贮藏

干草捆体积小，密度大，便于贮藏，一般露天堆垛，顶部加防护层或贮藏于干草棚中。草垛的大小一般为宽 5 ~ 5.5m，长 20m，高 18 ~ 20 层干草捆。底层草捆应和干草捆的宽面相互挤紧，窄面向上，整齐铺平，不留通风道或任何空隙。其余各层堆平（窄面在侧，宽面在上下）。为了使草捆位置稳固，上层草捆之间的接缝应和下层草捆之间的接缝错开。从第2层草捆开始，可在每层中设置 25～30cm 宽的通风道，在双数层开纵向通风道，在单数层开横向通风道，通风道的数目可根据草捆的水分含量确定。干草一直堆到8层草捆高，第9层为"遮檐层"，此层的边缘突出于8层之外，作为遮檐，第10层以后成阶梯状堆置，每一层的干草纵面比下一层缩进 2/3 或 1/3 捆长，这样可堆成带檐的双斜面垛顶，垛顶共需堆置 9～10 层草捆。垛顶用草帘或其他遮雨物覆盖。干草捆除露天堆垛贮藏外，还可以贮藏在专用的仓库或干草棚内，简单的干草棚只设支柱和顶棚，四周无墙，成本低。干草棚贮藏可减少营养物质的损失，干草棚内贮藏的干草，营养物质损失 1%～2%，胡萝卜素损失 18%～19%。

5. 半干草的贮藏

在湿润地区、雨季或调制叶片易脱落的豆科牧草时，为了适时刈割牧草加工优质干草，可在半干时进行贮藏。这样可缩短牧草的干燥期，避免低水分牧草在打捆时叶片脱落。在半干牧草贮藏时要加入防腐剂，以抑制微生物的繁殖，预防牧草发霉变质。贮藏半干草选用的防腐剂应对家畜无毒，具有轻微的挥发性，且在干草中分布均匀。

（1）氨水处理：氨和铵类化合物能减少高水分干草贮藏过程中的微生物活动。氨已被成功地用于高水分干草的贮藏过程。牧草适时刈割后，在田间短期晾晒，当含水量为 35%～40% 时即可打捆，并加入 25% 的氨水，然后堆垛用塑料膜覆盖密封。氨水用量是干草重的 1%～3%，处理时间根据温度不同而异，一般在 25℃ 时，至少处理 21d，氨具有较强的杀菌作用和挥发性，对半干草的防腐效果较好。用氨水处理半干豆科牧草后，可减少营养物质损失，与通风干燥相比，粗蛋白含量提高 8%～10%，胡萝卜素提高 30%，干草的消化率提高 10%。用 3% 的无水氨处理含水量 40% 的多年生黑麦草，贮藏 20 周后其体外消化率为 65.1%，而未处理者为 56.1%。

（2）尿素处理：尿素通过脲酶作用在半干草贮藏过程中提供氨，其操作要比氨容易得多。高水分干草上存在足够的脲酶，使尿素迅速分解为氨。添加尿素与对照（无任何添加）相比草捆中减少了一半真菌，降低了草捆的温度，提高了牧草的适口性和消化率。禾本科牧草中添加尿素，贮藏 8 周后，与对照相比，消化率从 49.5% 上升到 58.3%，贮藏 16 周后干物质损失率减少6.6%，用尿素处理高含水量紫花苜蓿（25%~30%）干草，四个月后无霉菌发生，草捆温度降低，消化率均较对照要高，木质素、纤维素含量均较对照要低。用尿素处理紫花苜蓿时，尿素使用量是 40kg/t 紫花苜蓿干草。

（3）有机酸处理：有机酸能有效防止高水分（25%~30%）干草的发霉和变质，并减少贮藏过程中营养物质的损失。丙酸、醋酸等有机酸具有阻止高水分干草表面霉菌的活动和降低草捆温度的效应。对于含水量为 20%~25% 的小方捆来说，有机酸的用量应为 0.5%~1.0%，含水量为 25%~30% 的小方捆，使用量不低于 1.5%。研究表明，打捆前含水量为 30% 的紫花苜蓿半干草，每 100kg 喷 0.5kg 丙酸处理，与含水量为 25% 的未进行任何处理的相比，粗蛋白含量高出 20%~25%，并且获得了较好的色泽、气味（芳香）和适口性。

（4）微生物防腐剂处理：专门用于紫花苜蓿半干草的微生物防腐剂。这种防腐剂使用的微生物是从天然抵抗发热和霉菌的高水分苜蓿干草上分离出来的短小芽孢杆菌菌株。它应用于苜蓿干草，在空气存在的条件下，能够有效地与干草捆中的其他腐败微生物进行竞争，从而抑制其他腐败细菌的活动。

（七）干草的饲喂技术

青干草是冬、春季草食家畜的主要饲料。良好的干草所含营养物质能满足牲畜的维持营养需要并略有增重，但在生产中，极少以干草作为单一饲料，一般用部分秸秆或青贮料代替青干草，再补充部分精饲料，以降低饲料成本。为了提高干草饲喂效果和利用率，在饲喂前最好选择色泽青绿、香味浓郁、没有霉变和雨淋的干草。干草在饲喂前最好进行处理，比如用于牛，可以将干草铡成 3~5cm 的短草；用于羊，应铡短到 2~3cm；用于猪，则需要粉碎过筛。

干草捆在使用前要经过解捆、铡短、粉碎处理，草块在使用前需要用水浸泡，使其松散，便于饲喂。使用牧草、牧草粉或草块喂家畜时，一定要注意营养搭配，特别是要注意矿物质的平衡才能收到效果。比如，苜蓿干草的钙含量为 1.4%~2.0%，磷含量为 0.24%；羊草的钙含量为 0.37%，磷含量为 0.18%；披碱草含钙 0.3%，含磷 0.1%，野干草含钙 0.61%，含磷 0.20% 等，这些都说明牧草中的矿物质不平衡。有的钙含量高，磷含量低。有的钙和磷都满足不了动物生长发育的需要。因此，只喂干草，不进行矿物质平衡，将不利于动物正常生长和取得好的生产效益。

为避免粪便污染和浪费，干草通常放在草架上让牲畜自由采食。干草对不同的动物用量也不尽相同。建议用量如下。

（1）奶牛：日产奶 20kg，每日饲喂 9kg 上等青干草和 6kg 精饲料，或者 8kg 次等青干草和 9.5kg 精饲料。

（2）架子牛：250kg 体重，日增重 0.6kg 以上，每日饲喂 5kg 上等青干草和 1kg 精饲料，或者 4kg 次等青干草和 2kg 精饲料。

（3）肥育牛：400kg 体重，日增重 1kg 以上，每日饲喂 8kg

上等青干草和 2.5kg 精饲料，或者 6kg 次等青干草和 4kg 精饲料。

（4）绵羊：产羔后补饲，每日饲喂 0.9kg 上等青干草和 0.5kg 精饲料，或者 0.7kg 次等青干草和 0.7kg 精饲料。

第二节　草品加工调制技术

首先，目前不论国内还是国际市场对草产品的需求都十分旺盛。先看国内，2000 年我国年产配合饲料达 $5.50 \times 10^7 t$，2010 年达到年产配合饲料 $1.00 \times 10^8 t$ 的目标，在其中添加 5% 的优质干草粉做成猪禽的配合饲料，就需干草粉 $2.75 \times 10^6 t$，更不用说奶牛、肉牛、肉羊业及多种草食畜、禽、鱼对草产品的巨大需求。国内仅商品草的年需求量至少为 $1.00 \times 10^7 t$，而目前国内可做商品草的草产品的年产量仅在 $2.00 \times 10^6 t$ 左右，缺口很大。再看国外市场，据有关部门预测，草产品需求量将从目前的 $1.00 \times 10^7 t$ 达到 $2.00 \times 10^7 t$，而且主要集中在亚洲市场，如日本、韩国和东南亚，这些国家和地区以往大多从美国、加拿大和澳大利亚这些牧草生产大国进口草产品，由于运距远，运费高，加上这些国家劳动力昂贵，导致草产品成本较高，我国凭借对亚洲市场的地理优势及廉价劳动力，可望在亚洲草产品市场占有更多的份额。

其次，饲草料生产作为草产业的重要组成部分，从产业的角度看，就应有产品、有市场、有经济效益。牧草通过加工形成的各种草产品，大多具有一定的形态、形状或规格，适于作为商品进入流通领域。农民种植牧草生产出的初级草产品要想实现市场上的销售，尤其是出口销售，必须要经过草产品加工这个环节。从发达国家牧草产业化发展的历程看，从原料草到商品草过程的草产品加工，是整个产业链条的中心环节，是牧草从千家万户分散生产走向社会化生产，从农业产品转为商品的重要步骤。因此，草产品加工为牧草的商品化创造了条件。

草产品加工可以实现专业化、规模化、社会化生产，符合产业化对生产过程的组织经营要求，从而形成了草产品加工业这一独立产业，草产品加工是前连牧草种植业，后接畜禽养殖业的中间链条，它与前期和后期活动高度依赖，因此，在草产业的发展过程中发挥着重要作用。

再次，我国农村劳动力总数有 4 亿多，其中 1/4 常年闲置，无业可就。随着我国（特别是西部省区）退耕还草生态建设规划的逐步落实，牧草的种植面积将大幅增加，草产品加工业将吸纳众多的农村非熟练劳动力，从而增加农民的就业机会。

牧草经过加工可以增值，创造显著的经济效益，以常见的苜蓿草产品为例，在生产条件中等地区，每亩干草产量为 470kg，在生产条件较好的灌区或降雨量 550mm 以上的地区，每亩干草产量在 800 ~ 1 000kg，产地售价按 0.8 元/kg 计，每亩干草产值在 640 ~ 800 元，比粮食产值高出 80 ~ 200 元，若深加工成商品草产品出口，则产值更高。由此看出草产品加工可使牧草这种初级产品得到加工业的反哺，而不致被廉价调出，从而增加农民收入，提高他们投身草业的积极性。随着牧草生产向集约化、精准化方向发展，草产品加工业在草业中的地位将日益重要。

（一） 草捆加工技术

青干草经压捆后，体积大为缩小，同时也体现出一些其他优点。

（1）草捆密度大，运输贮藏更经济。经压缩打捆的干草一般可节省一半的劳力，而且在集草装卸过程中叶片、嫩枝等细碎部分不会损失。体积的压缩使得干草捆的贮藏和运输更经济。

（2）干草捆减少了外界条件的不良影响。高密度草捆缩小了青干草与日光、空气、风雨等外界环境的接触面积，从而减少营养物质特别是胡萝卜素的损失。贮藏的干草捆不易发生火灾，贮藏更安全。

（3）干草捆可以缩短晾晒时间。青干草含水量较高时，即可打捆堆垛，从而缩短了晾晒时间。但是，青干草含水量较高时，草垛中间应设置通风道，以利于继续风干。一般禾本科牧草含水量25%以下，豆科牧草在20%以下即可打捆贮藏。

（4）草捆可以减少饲喂的损失。草捆取用方便，可以减少饲喂的损失。同时，压捆干草便于家畜自由采食，并能提高采食量。

（5）草捆有利于机械化操作和商品化生产。机械化作业压制草捆提高了生产效率，有利于牧草产品的经营管理和商品化。

青干草压制成草捆后要进行草捆堆垛，草捆垛的大小一般为长20m，宽5~6m，高18~20层干草捆，每层布设25~30cm^{2}通风道，其数目根据青干草的含水量和草捆垛的大小而定。

1. 打捆

打捆就是为便于运输和贮藏，把干燥到一定程度的散干草打成干草捆的过程。

为了保证干草的质量，在压捆时必须掌握好其含水量。一般认为，比贮藏干草的含水量略高一些，就可压捆。在较潮湿地区适于打捆的牧草含水量为30%~35%；干旱地区为25%~30%。每个草捆的密度、重量由压捆时牧草的含水量来决定（表6-9）。

表6-9 压捆时牧草的含水量与草捆密度、重量的关系

压捆时牧草 含水量（%）	草捆密度 （kg/m³）	35cm×45cm×85cm 草捆重量（kg）
25	215	30
30	150	20
35	105	15

根据打捆机的种类不同，打成的草捆分为小方草捆、大方草捆和圆柱形草捆三种。

（1）小方草捆的加工。用压缩草捆的方式收获加工干草，可以减少牧草最富营养的草叶损失，因为压捆可省去制备散干草时集堆、集垛等作业环节，而这些作业会造成大量落叶损失。压缩草捆比散干草密度高，且有固定的形状，运输、贮藏均可节省空间。一般草捆比散干草可节约一半的贮存空间。压缩草捆加工主要有田间捡拾行走作业和固定作业两种方式。田间行走作业多用于大面积天然草地及人工草地的干草收获，固定作业常用于分散小地块干草的集中打捆及已收获农作物秸秆和散干草的常年打捆。草捆的形状主要有方形和圆形两种，每种草捆又有大小不同的规格。在各种形状及规格的草捆中，以小方草捆的生产最为广泛。

小方草捆是由小方捆捡拾压捆机（即常规打捆机）将田间晾晒好的含水率在 17% ~22% 的牧草捡拾压缩成的长方体草捆，打成的草捆密度一般在 120 ~260kg/m³，草捆重量在 10~40kg，草捆截面尺寸（30×45）~（40×50）（cm²），草捆长度 0.5~1.2m，这样的形状、重量和尺寸非常适于人工搬运、饲喂，在运输、贮藏及机械化处理等方面均具有优越性。以小方草捆的形式收获加工干草，无论对于天然草地，还是人工草地都是最常见的。小方草捆是最主要的草产品之一，它既可在产区自用，也常作为商品出售，还可以深加工成高密度方草捆，干草粉、草颗粒等进行出口或供应国内市场。

加工小方草捆的主要设备是小方草捆捡拾压捆机，这种机具在田间行走中可一次完成对干草的捡拾、压缩和捆绑作业，形成的草捆可铺放在地面也可由附设的草捆抛掷器抛入后面拖车运走。对于打捆机一般要求捡拾能力强，能将晒干搂好的草条最大限度捡拾起来，打成的草捆要有一定的密度且形状规则。为保证机具高效作业，对待捡拾草条要有一定要求，充分准备好的草条可以减少田间损失及打捆时间，比较厚密的草条，可减少打捆机的田间行走，从而提高机具的生产率，但由于打捆机田间行走速度相对较快，草条也不能太厚密，否则会堵塞捡拾器。好的草条还应当蓬松，以利于空气流通；另外，草条宽度不能比捡拾器宽。草条应宽度均匀，从而使喂入均匀，有利于形成密度一致和形状规则的草捆；草条还应清洁无杂物，最好是经搂草机搂好的草条，因搂草机工作过程中可抖落牧草上的泥土、杂质，形成有利干燥且整洁的草条，满足捡拾压捆机的工作需求。

加工小方草捆的技术关键是牧草打捆时的含水率。合适的含水率能更多地保存营养并使草捆成形良好且坚固。这样的草捆在堆垛、贮存时工作效率高，在整个贮藏期间能保持较高密度，搬运、饲喂也比松散草捆得力。当牧草晒得太干时打捆，容易在捡拾打捆过程中造成大量落叶损失，使干草质量下降，形成的草捆密度低，形状差，还易松散，同时捡拾效率低；牧草湿度太高时打捆，需要机具操作者训练有素，富有经验，因为湿草通过压缩室非常困难，会增加压缩活塞及机具其他部件的负荷，此外，打好的湿草捆在贮存期间会变干、收缩导致松散和变形，或者发热和霉烂，降低牧草质量甚至导致家畜生病。合适的打捆时牧草含水率要综合考虑牧草种类、成熟期、天气状况以及期望的草捆贮存期限等因素来决定。

通常干草在含水率为 17% ~ 22% 开始打捆，打出的草捆密度可在 200kg/m³ 左右，这样的草捆不需在田间干燥，可以立即装车运走，在贮存期间会逐渐干燥到安全含水率 15% 以下。有时为了减少落叶损失，可在含水率较高（22% ~ 25%）的条件下开始捡拾打捆，在这种情况下，要求操作者将草捆密度控制在 130kg/m³ 以下，且打好的草捆在天气状况允许的情况下应留在田间使其继续干燥，这种低密度草捆的后续干燥速度较快，待草捆含水率降至安全标准，再运回堆垛贮存，为了减少捡拾压捆时干草的落叶损失，捡拾压捆作业最好在早晨和傍晚空气湿度较大时进行。但是清晨露水较多及空气湿度太高时都不宜进行捡拾打捆，否则会造成草捆发霉。

加工好的干草捆如果贮藏条件不好或水分含量较高（高于15% ~ 17%），就会大大降低其营养价值。在条件较好的草棚或草仓中贮存，干草捆的干物质损失不会超过1%。干草捆一般有后续干燥作用，在通风良好又能防风雨的贮藏条件下，干草捆存放30d左右，含水率可达到12% ~ 14%的安全存放水平。打好的草捆只有达到安全含水率时，才能堆垛贮藏。

草捆最好的贮藏方法是将它们堆放在草棚中，堆放位置应选择在较高的地方，同时靠近农牧场，而且应采取防火、防鼠等措施。露天堆放时，要尽量减少风和降雨对干草的损害，可采用帆布、聚乙烯塑料布等临时遮盖物或在草捆垛上面覆盖一层麦秸或劣质干草，达到遮风避雨的效果。堆垛时草捆垛中间部分应高出一些，而且草捆垛顶部朝主导风向的一侧，应稍带坡度。

草捆堆垛的最简单形状为长方形，当加工的草捆较少时，最好将草垛堆成正方形，这样可减少贮藏期间损耗。堆垛时，草捆不要接触地面，应在草垛底部铺放一层厚20 ~ 30cm的秸秆或干树枝。堆放在底层的草捆，应选择压得最实，形状规则的草捆，堆放第一层时草捆不要彼此靠得过紧，以便于以后各层草捆堆放。堆放时草捆应像砌砖墙那样相互咬合，即每一捆草都应压住下面一层草捆彼此间的接缝处。捆扎较好的草捆应排放在外层，尤其是草垛的四角，而捆得较松的草捆一般摆在草垛中间。每一层草捆的堆放都应从草垛的一角开始，沿外侧摆放，最后再堆放草垛中间部分。

（2）大圆草捆的加工。大圆草捆是由大圆捆打捆机将田间晾晒好的牧草捡拾并自动打成的大圆柱形草捆。以大圆草捆的形式收获加工干草，相对于小方草捆可减少劳动量，一般大圆草捆从收获到饲喂的人工劳动量仅为小方草捆的 1/3 ~ 1/2，因此，大圆草捆更适合劳动力缺乏地区使用，尤其对于牧草种植者自产自用饲喂本场家畜更实用。

典型的大圆草捆密度为 100 ~ 180kg/m³，是小方草捆密度的70% ~ 80%，适当调整和维护良好的大圆捆打捆机，也可打出坚实、紧密的大圆草捆，其密度可与小方草捆相当。大多数圆草捆直径 1.5 ~ 2.1m（国产机型打出的大圆草捆直径为 1.6 ~ 1.8m），长度 1.2 ~ 2.1m，重量在 400 ~ 1 500kg（草捆重量依不同的机具、打捆物料及含水率而变），这样的形状、尺寸和重量，限制了大圆草捆的室内贮藏及长距离运输，因此，大圆草捆常在室外露天贮存并多数在产地自用，一般不做商品草出售。但也有一些牧草种植经营者为了更好地保存营养，而将大圆草捆贮存在草仓或草棚内，也有些地区将大圆草捆在产地与饲喂地之间进行运输或销售。

许多作物都可以打成大圆草捆，如各类禾本科、豆科牧草及农作物秸秆，但对于干草的打捆还是禾本科干草更适宜，这是因为大圆捆机在捡拾及成形过程中会造成豆科干草大量落叶损失，而对禾本科干草造成的损失相对较小。

加工大圆草捆的设备主要是大圆捆机，该机在田间行走过程中完成捡拾打捆作业。大圆捆机按工作原理分为内卷式和外卷式两种。内卷式大圆捆机可形成内外一致、比较紧密的草捆，这种草捆成形后贮放相当时间不易变形，但成捆后继续干燥较慢，因此，打捆时牧草含水率应低些，以防草捆发热霉变。而外卷式大圆捆机可形成心部疏松、外层紧密的草捆，这种草捆透气性好，后续干燥作用强，故可在牧草含水率稍高的情况下开始打捆，目前国产大圆捆机都属外卷式。大圆捆机较小方捆捡拾压捆机结构简单，维护操作较容易，捆绳需要量较少且对捆绳质量要求不高。

为保证大圆干草捆的质量，制作大圆草捆前牧草刈割晾晒要做到适时收割，尽快干燥，即牧草应在营养丰富、产量高的生长阶段进行刈割，割后牧草应创造条件使其尽快干燥，为此，豆科牧草最好在割的同时进行压扁，并且适当翻晒，而对于禾本科牧草最好在含水率30%左右搂成草条继续干燥。大圆捆机所需高质量的草条的准备工作，原则上同小方捆机所需草条。

大圆草捆打捆时牧草的含水率也是影响草捆质量的关键，由于大圆草捆多在露天及开放式草棚下存放，且大圆草捆密度一般较小方草捆低些，打捆后会较快干燥，因此，为避免含水率太低时打捆会造成过多的落叶损失，况且晾晒太干的牧草也不易形成有效抵御气候的草捆，有时还会散开，故大圆草捆可在较高的含水率时打捆。但牧草打捆时含水率也不能太高，否则会使草捆发霉、腐败。大圆草捆打捆的适宜含水率依牧草种类、天气状况和贮存方式而定，通常适宜的含水率为20%～25%。

大圆草捆常露天存放，圆形有助于抵御雨水侵蚀及风吹。大圆草捆打捆后几天内，草捆外层可形成一防护壳阻止雨雪降入，因雨水会沿打捆物料的茎秆从圆捆表面流到地面而不易渗入。当草捆成形良好并较紧密的情况下，这层防护壳厚度不超过7～15cm。为了减少底部腐烂，即使露天存放，大圆草捆最好从田间移到排水良好且离饲喂点较近的地方贮存。露天存放的损失依牧草种类、打捆湿度、草捆密度、贮存期长短及贮存期间的降雨量而变化，其范围在10%～50%或更多，良好的管理可将损失控制在10%～15%。

2. 二次打捆

二次打捆是在远距离运输草捆时，为了减少草捆体积，降低运输成本，把初次打成的小方草捆压实压紧的过程。方法是把两个或两个以上的低密度（小方草捆）草捆压缩成一个高密度紧实草捆。高密度草捆的重量为 40～50kg，草捆大小约为 30cm×40cm×70cm。二次压捆需要二次压捆机。二次打捆时要求干草捆的水分含量 14%～17%，如果含水量过高，压缩后水分难以蒸发容易造成草捆的变质。大部分二次打捆机在完成压缩作业后，便直接给草捆打上纤维包装膜，至此一个完整的干草产品即制作完成，可直接贮存和销售了。

（二）草粉加工技术

畜牧业发达的国家草粉加工起步早、产量高，现已进入大规模工业化生产阶段；我国的草粉生产也已进入了规模化发展阶段，取得了很大的成绩。草粉拥有其他饲料无法取代的优点，在现代化畜牧生产中有着十分重要的意义。

1. 草粉的优点

干草体积大，运输、贮存和饲喂均不方便，且易损失。若加工成草粉，可大大减少浪费。除此之外，它还具有以下优点。

（1）与青干草相比，草粉不但可以减少咀嚼耗能；而且在家畜体内消化过程中可减少能量的额外消耗，提高饲草消化率。

（2）草粉是一些畜禽日粮的重要组成成分，优良豆科牧草，如紫花苜蓿、红豆草草粉是畜禽日粮中经济实惠的植物性蛋白质和维生素资源。苜蓿草粉蛋白质、氨基酸含量远远超过谷物籽实。

（3）由于草粉比青干草体积小，与空气接触面小，不易氧化，因而利用草粉可使家畜获得更多的营养物质。例如，同样保存 8 个月的苜蓿干草和草粉，干草粗蛋白质损失 43%，而草粉仅损失 14%～20%。从干草到干草粉仅增加一道工序——粉碎，而每 100kg 干草粉比同样重量的干草至少少损失粗蛋白质 4kg，可见草粉是一种保存养分的良好途径。

2. 草粉加工技术

目前我国加工草粉多采用先调制青干草，再用青干草加工草粉的办法，而发达国家多用干燥粉碎联合机组，从青草收割、切短、烘干到粉碎成草粉一次完成。

（1）原料。生产中用量最多的是豆科牧草和禾本科牧草。为获得优质草粉和草粒，一般豆科牧草第一次刈割应在孕蕾期，禾本科不迟于抽穗期。禾本科牧草虽然在营养成分含量上比不上豆科牧草，但饲用价值还是很高的，富含能量，特别有价值的是调制干草过程中不会因压力作用而破碎或掉叶。天气不好时进行干草调制，干草干燥均匀，不易霉烂。豆科牧草富含蛋白质、维生素、矿物质等，但在调制干草时，干燥不均匀，叶柄、花序及叶易干，受压易碎，容易掉落，浪费大。另外，由于豆科牧草的植株含水量大，在天气不好时调制干草，容易霉烂。

据报道，全世界草粉中，由苜蓿和苜蓿干草加工而成的约占95%，可见苜蓿是草粉最主要的原料。

（2）加工。

①用青干草加工：选用优质青干草调制草粉，首先要除去干草中的毒草、尘砂及发霉变质部分；然后看其干燥程度，如有返潮草，应稍加晾晒干燥后粉碎。豆科干草，注意将茎秆和叶片调和均匀。牧草干燥后立即用锤式粉碎机粉碎，粉碎后过 1.6～3.2mm 筛孔的筛底制成干草粉。根据不同家畜的要求可选用不同孔径的筛，如反刍动物需要草屑长度 1～3mm，家禽和仔猪需要草屑长度 1～2mm，成年猪需 2～3mm。

②鲜草直接加工：国外多采用直接加工法，鲜草经过 1 000℃左右高温烘干机，数秒钟后鲜草含水量降到 12% 左右，紧接着进入粉碎装置，直接加工为所需草粉。既省去了干草调制与贮存工序，又能获得优质草粉，只是草粉成本高于前者。

3. 草粉的贮存方法

草粉属季节性生产，而大量利用却是全年连续的，因而就需要贮存。草粉质量的好坏与贮存直接相关。贮存有两种方式：一是原品贮存，二是产品贮存。原品贮存指直接贮存草粉。贮存方法有二：袋装和散装。在运输或短期贮存时多用袋装，麻袋、塑料袋均可。长时间散装贮存多用密闭塔或其他密闭容器。草粉贮存中最容易损失的养分就是胡萝卜素，一般散存 5 个月，胡萝卜素损失 50% ~ 60%。产品贮存是将草粉加工成块状、颗粒状或配合饲料，因为加工成形过程可以添加一些稳定剂或保护剂，再经加压之后，可以减小养分散失。

在散装时，可喷洒 0.55% ~ 1.0% 的动植物油，防止飞扬损耗。为了防止氧化变质，可采用抗氧化剂处理；常用的稳定剂有乙氧基奎和吉鲁丁，用量占草粉重量的 0.02%，可以减少养分损失。草粉贮存的关键在于避光通风，保持干燥。

4. 草粉的种类和级别标准

按草粉的原料和调制方法，可将草粉分为两类。

（1）特种草粉（叶粉）：它是豆科牧草的幼枝嫩叶，用人工干燥的方法制得的草粉。其中蛋白质、维生素和钙的含量比一般草粉高出 50%，胡萝卜素的含量不小于 150mg/kg，所以常称作蛋白质 - 维生素草粉。主要用作蛋白质和维生素补充剂，对幼畜、家禽、病畜和繁殖母畜有重要的作用。

（2）一般草粉：用自然干燥法调制成的青绿干草粉碎后制得的草粉，通常称为一般草粉。这种草粉在牧草品种、营养成分和饲用价值方面存在着很大差异，但仍然是家畜日粮中不可缺少的重要组分。

1989 年国家标准规定以粗蛋白质、粗纤维、粗灰分为质量控制指标，按含量分为三级，见表 6 - 10。

表 6-10　饲料用苜蓿草粉的分级标准

	一级	二级	三级
粗蛋白质	≥18.0	≥16.0	≥14.0
粗纤维	<25.0	<27.5	<30.0
粗灰分	<12.5	<12.5	<12.5

注：《中国农业标准汇编》饲料卷，中国标准出版社第一编辑室编，2001

草粉的感官鉴定是根据水分含量、颜色、气味判断的，好草粉在含水 8%~12% 时，手感干燥，颜色为青绿色或淡绿色，贮存一段时间，会散发出明显的芳香气味。

5. 苜蓿草粉的饲用价值

（1）苜蓿的经济价值：苜蓿是加工草粉的主要牧草，在世界上分布较广，美国栽培面积将近 2 亿亩，占总牧草面积的 44%。我国种植苜蓿已有两千多年的历史，长期以来，不但在各地筛选和繁育了大量优良的地方品种，这些品种产量高、质量好、适应性强，而且在苜蓿加工利用方面也取得了较大的发展。

在甘肃干旱条件下，每亩苜蓿可产草粉 400~600kg，在水地和降水较多的陇东、陇南地区每亩产量可达 600~1 000kg，可获得消化能 4 300~10 460MJ，相当于 200~500kg 小麦产籽实和同样数量秸秆可消化能的总和；可获得的可消化蛋白质 50~120kg，相当于 1 000kg 小麦和同样数量秸秆的可消化蛋白质含量。由此可见单位面积营养物质产量，苜蓿是小麦的 2 倍以上。种植苜蓿可获得的直接经济效益和通过养畜而得到的间接经济效益均远远高于粮食作物。

（2）苜蓿草粉的饲喂价值：在反刍家畜日粮中，苜蓿草粉占 50%，即可维持家畜中上等膘情和正常生长发育及繁殖。在鸡的日粮中，苜蓿草粉占 3%~5%，可保证矿物质及维生素的需要，促进体内的酸碱平衡。

我国农村有用苜蓿鲜草或苜蓿草粉喂猪的传统，虽然消化率因生长阶段和调制方法不同有一定差异，但一般情况下，有机物质、粗蛋白质、粗纤维和无氮浸出物的消化率分别为 55%～70%、65%～85%、30%～60% 和 65%～85%。

家兔对苜蓿草粉的消化利用率最高。用占日粮 54% 的苜蓿草粉饲喂，日增重可达 25～40g，即使无精料的情况下，也能保证家兔健康生长发育和繁殖。

（三）草颗粒加工技术

草颗粒的好处如下。

（1）饲草的生长和利用受季节影响很大。冬季饲草枯黄，含营养素少，家畜缺草吃；暖季饲草生长旺盛，营养丰富，草多家畜吃不了。因此，为了扬长避短充分利用暖季饲草，经刈割、晒制、粉碎、加工成草颗粒保存起来，可以冬季饲喂畜禽。

（2）饲料转化率高。冬季用草颗粒补喂家畜家禽，可用较少的饲草获得较多的肉、蛋、乳。

（3）体积小。草颗粒饲料只有原料干草体积的 1/4 左右，便于贮存和运输，粉尘少有益于人畜健康；饲喂方便，可以简化饲养手续，为实现集约化、机械化畜牧业生产创造条件。

（4）增加适口性，改善饲草品质。如草木樨具有香豆素的特殊气味，家畜多少有点不喜食，但制成草颗粒后，则成适口性强、营养价值高的饲草。

（5）扩大饲料来源。如锦鸡儿、优若藜、羊柴等，其枝条粗硬，经粉碎后加工成草颗粒，就成了家畜所喜食的饲草。其他如农作物的副产品、秕壳、秸秆以及各种树叶等加工成草颗粒皆可用于饲喂家畜家禽。

草颗粒的加工技术中最关键的技术是调节原料的含水量。首先必须测出原料的含水量，然后拌水至加工要求的含水量。据测定，用豆科饲草做草颗粒，最佳含水量为 14%～16%；禾本科饲草为 13% ~ 15%。

草颗粒的加工，通常用颗粒饲料轧粒机。草粉在轧粒过程中受到搅拌和挤压的作用，在正常情况下，从筛孔刚出来的颗粒温度达 80℃左右，从高温冷却至室温，含水量一般要降低 3% ~ 5%，故冷却后的草颗粒的含水量不超过 11% ~ 13%。由于含水量甚低，适于长期贮存而不会发霉变质。草颗粒可大可小，直径为 0.64 ~ 1.27cm，长度 0.64 ~ 2.54cm。颗粒的密度约为 700 kg/m³（而草粉密度为 300kg/m³）。

草颗粒在压制过程中，可加入抗氧化剂，防止胡萝卜素的损失，如把草粉和草颗粒放在纸袋中，贮藏 9 个月后，草粉中胡萝卜素损失 65%，蛋白质损失 1.6% ~ 15.7%，而草颗粒分别损失 6.6% 和 0.35%。

在生产上应用最多的是苜蓿颗粒，占 90% 以上，以其他牧草为原料的草颗粒较少。

（四）草块加工技术

草块是由切碎或粉碎干草经压块机压制成的立方块状饲料。同草捆相比，由于草块不需捆扎，故装卸、贮藏、分发饲料时的开支减少，又因草块密度及堆积容重较高，贮存空间比草捆少 1/3，同时草块的饲喂损失比草捆低 10%，因此，相对于草捆在运输、贮存、饲喂等方面更具优越性；与草颗粒相比，压块前由于不需将干草弄得很细碎，从而节约粉碎能耗，而且使干草保持一定的纤维长度，更适合反刍家畜的生理需要。用干草块喂养家畜更方便、卫生，还可以很方便地同青贮料或精料混合起来为家畜提供全价日粮，草块生产还可以使牧草收获、贮存和饲喂所有过程全部实现机械化。用优质牧草制成的草块，如苜蓿草块，极具商业价值，在草产业发达国家，如美国，生产的草块大多作为商品出售。

牧草压块分为田间压块和固定压块两种加工方式。

1. 田间压块

采用自走式或牵引式压块机，机具在田间作业过程中，可一次完成干草捡拾、切碎、成块的全部工作。田间压块方式适用于天气状况极有利于牧草田间干燥的地区，即在这些地区，割倒牧草能在短时间内自然干燥到适宜压块的含水率，而且田间压块主要用于纯苜蓿草地或者苜蓿占 90% 以上的草地的牧草收获压块。

田间压块的工艺流程是，割倒晾晒好的含水率为 10%～12% 的草条，由田间压块机的捡拾器捡起的同时，经喷水嘴喷水（喷水的作用是激活牧草植株的天然黏着性，有助于草块成型），然后送到捡拾器后的一个搅龙处。搅龙将牧草集中中央依次送入两套相同的喂入辊中，两套喂入辊压实并将牧草传送到切碎器，切碎器切碎并混合牧草以使捡拾时喷上的水均匀分布。搅龙室内的大直径搅龙和螺杆将切碎牧草均匀移到所有环模孔处，当物料离开飞转的搅龙时，沉重的压轮将牧草挤入并通过环模孔。牧草的自然黏着力、压轮的高压以及牧草通过模孔时产生的热量共同完成了草块的定型。绕在环模外的可调弯板使断开草块长度在 5～7cm。压好的草块由钢板滑槽引向位于环模下方的输送器，之后输送器将草块运到升运器，由升运器将草块卸入牵引的拖车中。

2. 固定压块

采用固定式压块机，在场地或车间用已收集好的干草进行压块作业。固定压块机的通用性远比田间压块机高，它既可在牧草生长季节用晾晒或干燥好的干草随时进行压块生产，也可用贮存干草在任何季节进行压块作业，而不必像田间压块机只能在牧草生长季节进行压块生产。以固定压块机为核心的固定压块工厂，能进行广泛的、宽范围的压块生产，自然晒制干草、人工干燥牧草、各类草捆甚至松散草垛都可以在固定压块加工厂压缩成草块，尤其是固定压块可以将秸秆类农业废弃物与其他物料配合在一起压成块状饲料，从而合理利用各种资源。

用固定式压块机进行规模化压块生产较先进的工艺流程是先将原料干草（主要是干草捆），运至粉碎区，然后叉举器将草捆放于混合台上，在这里由人工割去捆绳，之后草捆被送入桶式粉碎机，粉碎的干草进入计量箱，再加入膨润土和水（目的是提高成块性），然后碎干草与膨润土及水在混合器中充分混合并卸入压块机，压好的草块先运至冷却器并在其中停留约1h，从冷却器出来，草块还要经过金属探测器，在这里夹有金属污染物的草块将被弹出，合格草块由输送带送至草块堆垛机上，均匀堆贮。采用上述工艺，设备、厂房投资大，生产率高，适于产业化生产。

固定压块机是压块厂的核心机具，它的工作原理与田间压块机相同，也是靠压模和压轮的挤压作用形成草块，固定压块常设有计量、喷水及混合等辅助设备，有时还备有烘干机，用于烘干直接收割切碎的牧草以及在潮湿天气压块。配备的粉碎机用于将散草或草捆粉碎，然后进行压块。

目前国产压块机多为固定式压块机，与饲草切碎机配合使用，先将散干草切碎再喂入压块机进行压块。

草块的产品质量，可以通过控制草段的切碎长度来实现。若要得到短纤维、较紧密的草块，则可将牧草切碎些；若要得到长纤维、松散些的草块，则牧草的切段可长些。

生产压块饲料时，草块的密度、强度及营养价值高低，在很大程度上取决于所压制原料的含水率和温度，当压制含水率为12%以下的切碎牧草时，大部分草块会散碎。有试验表明，压制含水率为13%～17%的混合物料时，当压块时温度为40℃左右，制成的饲料块强度最大。一般用于压块的原料含水率应为10%～12%。因此，在压块前需向干物料喷水以达到压块适宜的含水率。压块时的加水量可在 2% ~8% 。一些国产小型压块机，不用加水，原料干进干出，成块效果也不错。还有当原料温度高于 60℃，则饲料块强度会迅速降低，因此用人工干燥碎草压块时，碎干草从烘干机中出来后，压块前应冷却一下。为了提高成块性，压块时常加入廉价的膨润土作为黏结剂，加入量大约在 3% 。

制成的草块可以堆贮或装袋贮存，一般压出草块经冷却后含水率可降至 14% 以下，能够安全存放。

（五）牧草提取深加工技术

牧草深加工技术涉及当代的高新技术，其发展前景难以估量。专家测算目前我国蛋白质饲料缺口在 2.00×10^7t 以上，就解决我国人、畜所需蛋白质的短缺问题，叶蛋白技术开发十分重要。牧草天然色素的提取，膳食纤维素的加工以及牧草保健食品的开发都是关系到人类的食品卫生，将直接关系到人们的身心健康，势必引起人们的高度关注，并将为 21 世纪企业家开辟经济发展的新途径。

目前，牧草提取深加工技术主要是苜蓿叶蛋白的提取，苜蓿叶蛋白中营养物质含量极为丰富，其粗蛋白含量高（40% ~65%），所含必需氨基酸比较完善，赖氨酸含量丰富，叶蛋白的消化率为 62% ~72%，能量代谢率为 69% ~90%，粗蛋白质的生物价为 73% ~79%。每千克叶蛋白浓缩物中代谢能为 2 800 ~3 200kcal，有效磷为 0.31%，胡萝卜素为 500 ~1 200mg，叶黄素为 1 000 ~1 800mg，碳水化合物为 5% ~10%，矿物质为 3% ~7%，纤维素小于 5%，以及含有脂溶性维生素 E 和维生素 K 等。据 Byers（1971）研究表明，各种不同植物的叶蛋白的氨基酸组成和配比极为相似，但叶蛋白中比较缺乏硫氨基酸。

叶蛋白是单胃畜禽和鱼类的优质蛋白质饲料来源。将 7% ~

9% 的浓缩叶蛋白配入猪饲料中，可节省 25% ~30% 的大豆类饲料；在雏鸡日粮中添加 2.5% ~6% 的苜蓿叶蛋白，对增加其体重有良好效果。适宜提取叶蛋白的牧草很多，有禾本科牧草、豆科牧草等。目前国内外多用苜蓿和黑麦草进行叶蛋白的加工。牧草的叶蛋白提取率一般为鲜重的 3% ~5%。其提取过程如下。

1. 粉碎榨汁

用锤式打浆机或粉碎机将牧草粉碎打浆，然后用压榨机榨汁。

2. 凝集

通常用加热、加酸、加碱或发酵的方法进行凝集。

（1）加热法：采用蒸汽加热，当牧草汁液快速升温至 70 ~80℃ 时，几分钟内叶蛋白即可凝固。加热处理可使叶蛋白的酶解作用停止，从而减少营养物质的损失。缺点是易引起蛋白质热变性，降低叶蛋白的吸水性、溶解性及乳化性。

（2）加碱、加酸法：用氢氧化钠或氨水将牧草汁液的 pH 值调至 8 ~8.6，然后立即加热凝固。或者用盐酸将牧草汁液的 pH 值调至 4 ~6.4，再利用等电点原理分离出叶蛋白。

（3）发酵法：将牧草汁液在缺氧条件下发酵 48h 左右，利用乳酸杆菌产生的乳酸使叶蛋白凝固沉淀。经发酵凝固的叶蛋白不仅有质地较柔软，溶解性好的特点，而且具有破坏植物中的有害物质如皂角苷等的能力。但由于发酵时间较长，叶蛋白的酶解作用延长，因而会造成一定的营养损失。故要及时接种乳酸菌，以缩短发酵时间。

3. 叶蛋白的分离与干燥

凝固的叶蛋白多呈凝乳状，可用沉淀、过滤或离心等方法将叶蛋白分离出来。干燥可用多功能蒸发器、喷雾干燥机等进行。如是自然干燥，可在叶蛋白中加入浓度为 7% ~8% 的食盐，以防其腐败变质。

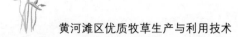

4. 叶蛋白加工的副产品的利用

新鲜牧草榨汁后的剩余物占牧草干重的 75%～85%，它的有机物和蛋白质的消化率低于同类牧草的干草，而粗纤维的消化率差异不大，可直接饲喂，也可青贮或制成颗粒饲料后饲喂反刍家畜。榨出的牧草汁液提取叶蛋白后，剩余的废液一般占鲜重的 40%～50%，可用作动物饲料或生产醇类产品等。

第七章　青贮饲料调制技术

青贮饲料是指以天然新鲜青绿植物性饲料为原料，在厌氧条件下，经过以乳酸菌为主的微生物发酵后调制成的饲料。青贮饲料已在世界范围内推广应用，具有气味酸香、柔软多汁、颜色黄绿、适口性好等优点，在畜牧业生产中具有重要作用。它能够长期保存青绿多汁饲料的特性，扩大饲料资源，保证家畜均衡供应青绿多汁饲料。

第一节　青贮的意义

青贮是调制和保存青饲料的有效方法，是发展畜牧业的重要保障。青贮的规模可大可小，既适合于大型牧场，也适合于中小型养殖场和养殖户。其意义及优越性主要表现为以下几点。

（一）青贮能有效地保存青饲料的营养成分

青绿饲料在密封厌氧条件下保存，由于不受日晒、雨淋的影响，也不受机械损失影响；贮藏过程中，氧化分解作用微弱，养分损失少，一般不超过 10%，而一般青绿植物在成熟晒干后，营养价值降低约 30% ~ 50%。另外，青贮能有效保存青绿植物中的蛋白质和维生素（胡萝卜素），例如，每千克青贮甘薯藤干物质中含有胡萝卜素可达 94.7mg，而在自然晒制的干藤中，每千克干物质中只含 2.5mg。

同样的玉米秸，青贮比风干玉米秸粗蛋白质含量高一倍，粗脂肪含量高 4 倍，而粗纤维含量低 7.5%（表 7 - 1）。

黄河滩区优质牧草生产与利用技术

表7-1　玉米秸青贮和风干后营养物质成分比较

种类	成分				
	粗蛋白质	粗脂肪	粗纤维	无氮浸出物	粗灰分
风干玉米秸	3.94	0.90	37.60	48.09	9.46
玉米青贮饲料	8.19	4.60	30.13	47.30	9.74

《粗饲料调制技术》，陈自胜等，1999

（二）　青贮饲料适口性好，消化率高

青贮饲料能保持原料青绿时的鲜嫩汁液，一般干草水分含量只有14%～17%，而青贮饲料的水分含量可达60%～70%，既可以保持原有的品质，又可以产生能吸引动物采食的酸香气味，适口性较好，消化吸收率可达60%。

（三）　青贮可以扩大饲料来源

动物不愿采食或不能采食的杂草、野菜、树叶等青绿植物，经过青贮发酵，可转变成动物喜食的饲料。例如，向日葵、菊芋、蒿草、玉米秸等，有的青绿植物在新鲜时有臭味，有的新鲜植物质地粗硬，一般动物不喜食或利用率很低，如果把它们调制成青贮饲料，不但可以改变口味，而且可使其质地有所软化，增加可食部分的数量。有些农副产品如甘薯、萝卜叶、甜菜叶等收获期很集中，收获量很大，短时间内用不完，又不能直接存放，或因天气条件限制不易晒干，若及时调制成青贮饲料，则可充分发挥此类饲料的作用。

（四）　青贮是保存饲料经济而安全的方法

青贮饲料比贮存干草需要的空间小，且不受风吹、日晒和雨淋等不利气候条件的影响，也不怕鼠灾和火灾的发生。在阴雨季节或天气不好，难于调制干草时，只要按照青贮规程的要求进行

操作，仍可以调制良好的青贮饲料。青贮饲料在青贮方法正确，原料优良，青贮窖位置适合，不漏气、不漏水，管理严格的情况下，青贮饲料可贮存 20～30 年，其优良的品质保持不变。

（五）青贮可以消灭害虫及杂草

很多为害农作物的害虫，多寄生在收割后的秸秆上越冬，如果把这些秸秆铡碎青贮，则由于青贮饲料里缺氧且酸度较高，就可将许多害虫的幼虫杀死。还有许多杂草的种子，经青贮后可失去发芽的能力，如将杂草青贮，不仅给动物提供了饲料，也对减少杂草的滋生起到一定的作用。

（六）青贮饲料能在任何季节为动物采食

我国西北、东北、华北地区，气候寒冷，生长期短，青绿饲料生产受限制，整个冬春季节都缺乏青绿饲料，调制青贮饲料可以把夏、秋多余的青绿饲料保存起来，供冬春利用，解决了冬春家畜缺乏青绿饲料的问题。在奶牛饲养业中，青贮饲料已成为维持和创造高产水平不可缺少的重要饲料之一。家畜饲喂青贮饲料，如同一年四季都可采食到青绿多汁饲料，从而使家畜常年保持高水平的营养状况和生产水平，尤其在缺乏青绿饲料的冬春季节。

第二节　青贮原料

可作为青贮原料的饲用植物种类很多，理想的青贮原料应具有以下特点：富含乳酸菌可发酵的碳水化合物；含有适当的水分；具有较低的缓冲能；适宜的物理结构，以便青贮时易于压实。实际上，很多饲用植物不完全具备上述条件，调制青贮时，必须采用诸如田间晾晒凋萎或加水、适度切短或使用添加剂等技术措施使其改善。

青贮饲料的原料来源极广，一般禾本科作物、豆科作物、块根、块茎、藤叶、饲料作物及栽培牧草、野生、水生等无毒的青绿植物、树叶及一些农副产物均可作为青贮原料。目前用得最多的是专门种植用于青贮的玉米（带谷穗），其次是摘穗后的玉米秸、高粱秸以及红薯藤。

（一）农作物及副产物

1. 禾本科作物副产物

（1）玉米。在玉米籽实蜡熟时期收获，每亩可产670kg左右的青贮料，它含有大量的淀粉和糖，是青贮的最好的原料之一，也是不易青贮和不能青贮植物的最佳混配原料。有的地区，不等籽实完全成熟，趁穗轴以上部分鲜绿时割下来利用，不影响粮食产量。有条件的地区还可以种植专用的青贮玉米品种，在籽实乳熟后期蜡熟前期收割，作为整株青贮原料，营养成分含量更高。

（2）高粱。也是良好的青贮原料之一，籽实接近成熟时，将叶子摘掉利用，青饲高粱抽穗时收割。近些年培育的蜜汁高粱，以其较高的可溶性糖类，成为部分地区除青贮玉米外大面积种植的青贮原料。

2. 豆科作物副产物

如青绿的大豆（或青贮大豆）及杂豆的茎叶等，它们与豆科牧草一样，糖分低，蛋白含量高，不宜单一品种地青贮，但如与富含糖分的碳水化合物植物混合青贮，或外加淀粉、糖类等，也可以产生很好的青贮产品。

3. 其他作物副产品

（1）向日葵。向日葵籽实成熟时，上部茎叶及花盘仍保持青绿，可以切碎制成良好的青贮饲料，葵花盘也可以打浆青贮。

（2）叶菜根茎类。如甜菜、马铃薯、各种蔬菜的茎叶，瓜类作物的藤蔓及尚未成熟或不宜食用的蔬菜、果实等。这些植物中在青贮性能的程度上，占主要地位的是直根类茎叶，如胡萝卜、萝卜及甜菜等。马铃薯茎叶含糖量仅 1%，不易青贮；瓜类作物的藤蔓与青贮性能好的植物混合青贮，或添加乳酸菌培养物等外加添加剂。

（二）野生及栽培植物饲料

1. 野生及栽培牧草

只要不含有毒有害物质，野生青草和杂草都是很好的青贮原料，一般在开花前或形成花穗前期收割为宜，比较重要的有碱草、苜蓿、三叶草、黑麦草、无芒雀麦、苏丹草、苦荬菜、籽粒苋等。以上这些有的可以单独青贮，有的需要与青贮性能好的其他植物混合青贮或外加青贮添加剂。

2. 树叶

树叶一般粗纤维含量较少，蛋白质含量高，一般春夏季修剪树木时的幼嫩枝叶可以作为青贮料，秋末凋谢的树叶可以与其他原料混合青贮，如杨、柳、榆、葡萄、苹果、梨等的叶子和嫩枝。但由于收集比较困难，一般较少使用。

3. 水生青饲料

如细绿萍等。由于其水分含量高，最高的可达 95%，实践中往往以鲜喂或冻贮为主，罕有作为青贮原料的。

（三）工业加工副产物

如甜菜渣、淀粉渣、白酒糟、啤酒渣、饴糖渣等可以单独青贮，也可以与其他青绿饲料混合青贮。

第三节　青贮的原理

青贮饲料按照青贮原料的水分和添加物处理，可分为一般青贮和特种青贮，一般青贮指的是常规青贮中的高水分青贮，而特种青贮主要包括高水分青贮和添加剂青贮。下面主要介绍一下一般青贮的原理。

一般青贮的方法是我国最普遍采用的方法，它的实质就是在厌氧条件下，利用乳酸菌发酵产生乳酸，使其积累到足以使青贮物中的 pH 值下降到 3.8 ~ 4.2 时，则青贮料中所有微生物活动都处于被抑制状态，从而达到保存青饲料营养价值的目的。因此，青贮的成败，主要决定于乳酸发酵的程度。

（一）青贮时各种微生物及其作用

刚刈割的青饲料中，带有各种细菌、霉菌、酵母等微生物，其中腐败菌最多，乳酸菌很少（表 7 - 2）。如不及时对新鲜饲草加以处理，腐败菌会迅速繁殖增加，使鲜草腐败变质，失去饲用价值。

表 7 - 2　每克新鲜青饲料上微生物的数量

饲料种类	腐败菌 （×10⁶）	乳酸菌 （×10³）	酵母菌 （×10³）	酪酸菌 （×10³）
草地青草	12.0	8.0	5.0	1.0
野豌豆燕麦混播	11.9	1 173.0	189.0	6.0
三叶草	8.0	10.0	5.0	1.0
甜菜茎叶	30.0	10.0	10.0	1.0
玉米	42.0	170.0	500.0	1.0

注：引自王成章主编《饲料生产学》，1998

由表 7 - 2 看出，新鲜青饲料上腐败菌的数量，远远超过乳酸菌的数量。青饲料如不及时青贮，在田间堆放 2 ~ 3d 后，腐败菌大量繁殖，每克青饲料中往往达到数亿以上。因此，为促使青贮过程中有益乳酸菌的正常繁殖活动，必须了解各种微生物的活动规律和对环境的要求（表 7 - 3），以便采取措施，抑制各种不利于青贮的微生物活动，消除一切妨碍乳酸形成的条件，创造有益于青贮的乳酸菌活动的最适宜环境，加速乳酸的形成和积累。

青贮就是通过改变微生物赖以生存的环境，使对青贮有益的微生物得以生长、繁殖，有害微生物的生长、繁殖得以抑制，致死亡，在尽量减少青贮料营养损失的前提下达到长期保存饲草的目的。

1. 乳酸菌

乳酸菌是促使青饲料发酵主要的有益微生物，属于革兰氏阳性、厌氧的无芽孢微生物，能使糖分发酵产生乳酸。乳酸菌种类多、分布广、形态不一，根据其发酵过程中的产物不同，可分为同质和异质发酵乳酸菌。同质发酵的乳酸菌发酵后只产生乳酸；异质发酵的乳酸菌，除产生乳酸外，还产生大量的乙醇、醋酸、甘油和二氧化碳等。在青贮中发挥主要作用的是乳酸链球菌和德氏乳酸杆菌，它们均为同质发酵的乳酸菌。乳酸链球菌属兼性厌氧菌，在有氧或无氧条件下均能生长繁殖，耐酸能力较低，在青贮饲料中酸量达 0.5% ~ 0.8%、pH 值 4.2 时即停止活动。乳酸杆菌为厌氧菌，只在厌氧条件下生长和繁殖，耐酸力强，青贮饲料中酸量达 1.5% ~ 2.4%、pH 值为 3 时才停止活动。各类乳酸菌在含有适量的水分和碳水化合物、缺氧环境条件下，生长繁殖快，可使单糖和双糖很快分解生成大量乳酸。

$$C_6H_{12}O_6 \rightarrow 2CH_3CHOHCOOH$$

$$C_{12}H_{22}O_{11} + H_2O \rightarrow 4CH_3CHOHCOOH$$

上述反应中，每摩尔六碳糖含能 2 832.6kJ，生成乳酸仍含能 2 748kJ，仅减少 83.7kJ，损失不到 3%。

表 7 - 3 几种微生物要求的条件

微生物种类	氧气	温度（℃）	pH 值
乳酸链球菌	±	25～35	4.2～8.6
乳酸杆菌	-	15～25	3.0～8.6
枯草菌	+	—	—
马铃薯菌	+	—	7.5～8.5
变形菌	+	—	6.2～6.8
酵母菌	+	—	4.4～7.8
酪酸菌	-	35～40	4.7～8.3
醋酸菌	+	15～35	3.5～6.5
霉菌	+	—	—

注：引自王成章主编《饲料生产学》，1998

五碳糖经乳酸发酵，在形成乳酸的同时，还产生其他酸类，如丙酸、琥珀酸等。

$$C_5H_{10}O_5 \rightarrow CH_3CHOHCOOH + CH_3COOH$$

根据乳酸菌对温度要求不同，可分为好冷性乳酸菌和好热性乳酸菌 2 类。好冷性乳酸菌在 25～35℃ 温度条件下繁殖最快，正常青贮时，主要是好冷性乳酸菌活动。好热性乳酸菌发酵结果，可使温度达到 52～54℃，如超过这个温度，则意味着还有其他好气性腐败菌等微生物参与发酵。如果青贮原料水分过低，压得不紧，好气性微生物大量参与发酵活动，温度可达 55～60℃，最高可达 70℃，高温青贮养分损失大，青贮饲料品质差，应当避免。

乳酸的大量形成，一方面为乳酸菌本身生长繁殖创造了条件，另一方面产生的乳酸使其他微生物如腐败菌、酪酸菌等死亡。乳酸积累的结果使酸度增强，乳酸菌自身也受抑制而停止活

动。在良好的青贮饲料中，乳酸含量一般约占青饲料重的1% ~
2%，pH值下降到4.2以下时，只有少量的乳酸菌存在。

2. 酪酸菌（丁酸菌）

它是一种厌氧、不耐酸的有害细菌，主要有丁酸梭菌、蚀果
胶梭菌、巴氏固氮梭菌等。它在pH值为4.7以下时不能繁殖，
原料上本来不多，只在温度较高时才能繁殖。酪酸菌活动的结
果，使葡萄糖和乳酸分解产生具有挥发性臭味的丁酸，丁酸是具
有难闻气味的挥发性有机酸，青贮料中含有万分之几时，就会影
响青贮料的品质。酪酸菌也能将蛋白质分解为挥发性脂肪酸，使
原料发臭变黏，营养物质受损，降低青贮料品质，严重影响家畜
健康。

$$C_6H_{12}O_6 \rightarrow CH_3CH_2CH_2COOH + 2H_2 \uparrow + 2CO_2 \uparrow$$

$$2CH_3CHOHCOOH \rightarrow CH_3CH_2CH_2COOH + 2H_2 \uparrow + 2CO_2 \uparrow$$

当青贮饲料中丁酸含量达到万分之几时，即影响青贮料的品
质。在青贮原料幼嫩、碳水化合物含量不足、含水量过高、装压
过紧时，均易促使酪酸菌活动和大量繁殖。

3. 腐败菌

凡能强烈分解蛋白质的细菌统称为腐败菌。此类细菌很多，
有嗜高温的，也有嗜中温或低温的；有好氧的如枯草杆菌、马铃
薯杆菌，有厌氧的如腐败梭菌和兼性厌氧菌如普通变形杆菌。它
们能使蛋白质、脂肪、碳水化合物等分解产生氨、硫化氢、二氧
化碳、甲烷和氢气等，使青贮原料变臭变苦，养分损失大，不能
饲喂家畜，导致青贮失败。不过腐败菌只在青贮料装压不紧、残
存空气较多或密封不好时才大量繁殖；在正常青贮条件下，当乳
酸逐渐形成、pH值下降、氧气耗尽后，腐败细菌活动即被迅速
抑制，致使腐败菌死亡。

4. 酵母菌

酵母菌是好气性菌，喜潮湿，不耐酸。在青饲料切碎尚未装

贮完毕之前，酵母菌只在青贮原料表层繁殖，分解可溶性糖，产生乙醇及其他芳香类物质。待封窖后，空气越来越少，其作用随即减弱。在正常青贮条件下，青贮料装压较紧，原料间残存氧气少，酵母菌活动时间短，在青贮中一般只生活 4~5d，所产生的少量乙醇等芳香物质，使青贮具有特殊气味。

5. 醋酸菌

属好气性菌，在青贮初期有空气存在的条件下，可大量繁殖。酵母或乳酸发酵产生的乙醇，再经醋酸发酵产生醋酸，醋酸产生的结果可抑制各种有害不耐酸的微生物如腐败菌、霉菌、酪酸菌的活动与繁殖。但在不正常情况下，青贮窖内氧气残存过多，醋酸产生过多，因醋酸有刺鼻气味，影响家畜的适口性并使饲料品质降低。

6. 霉菌

它是导致青贮变质的主要好气性微生物，它们不仅可以通过一般的呼吸途径来分解糖和乳酸，还可以分解和代谢纤维素和其他细胞壁成分。此外，一些霉菌还产生对动物和人有害的物质（真菌毒素），如黄曲霉毒素、棒曲霉毒素和玉米烯酮。通常仅存在于青贮饲料的表层或边缘等易接触空气的部分。正常青贮情况下，霉菌仅生存于青贮初期，酸性环境和厌氧条件下，足以抑制霉菌的生长。霉菌破坏有机物质，分解蛋白质产生氨，使青贮料发霉变质并产生酸败味，降低其品质，甚至失去饲用价值。

（二）青贮发酵过程

青贮原料从收割、切碎、封埋到启窖，大体经过好气性菌活动阶段、乳酸发酵阶段和青贮稳定阶段 3 个阶段。

1. 好气性菌活动阶段

新鲜青贮原料在切碎下窖后，植物细胞并未立即死亡，在 1~3d 仍进行呼吸，分解有机质，直至窖内氧气耗尽呈厌氧状态时，才停止呼吸。在此期间，附着在原料上的好气性微生物如酵母菌、霉菌、腐败菌和醋酸菌等，利用植物中可溶性碳水化合物等养分，进行生长繁殖，其中，腐败菌、霉菌等繁殖最为强烈，它使青贮料中蛋白质等营养物质破坏，形成大量吲哚和气体以及少量醋酸等。植物细胞的继续呼吸，好气性微生物的活动和各种酶的作用，使青贮窖内残留的氧气很快被耗尽，形成了微氧甚至无氧环境，并产生二氧化碳、水和部分醇类，还有醋酸、乳酸和琥珀酸等有机酸。同时，植物呼吸作用和微生物的活动还放出热量。所以在此阶段形成的厌氧、微酸性和较温暖的环境为乳酸菌的活动繁殖创造了适宜的条件。如果窖内残氧量过多，植物呼吸时间过长，好气性微生物活动旺盛，会使窖温升高，有时高达60℃左右，从而妨碍乳酸菌与其他微生物的竞争能力，使青贮饲料营养成分遭到破坏，降低其消化率和利用率。因此，青贮技术关键是尽可能缩短第一阶段时间，通过及时青贮和切短、压紧、密封好来减少呼吸作用和好气性有害微生物繁殖，以减少养分损失，提高青贮饲料质量。

2. 乳酸菌发酵阶段

青贮饲料经切碎装入青贮窖后，经过 3 天左右的呼吸作用，将氧耗尽，窖内变为厌氧状态，窖内的乳酸菌迅速繁殖，形成大量乳酸，乳酸菌利用原料中的糖及水溶性碳水化合物产生乳酸，窖内酸度增大，pH 值下降，促使腐败菌、酪酸菌等活动受到抑制而停止，甚至绝迹。当 pH 值下降到 4.2 以下时，各种有害微生物都不能生存，就连乳酸链球菌的活动也受到抑制，只有乳酸杆菌存在。当 pH 值为 3 时，乳酸杆菌也停止活动，乳酸发酵即基本结束。

在此阶段和乳酸菌竞争的厌氧性微生物是酪酸菌。如果青贮原料中糖分过少，形成乳酸量不足；或者虽然有足够的含糖量，但原料含水量太多；或者窖温偏高，都可能导致酪酸菌发酵，降低品质。

3. 稳定阶段

在此阶段青贮饲料内各种微生物停止活动，只有少量乳酸菌存在，营养物质不会再损失。在一般情况下，糖分含量较高的玉米、高粱等青贮后 20~30d 就可以进入稳定阶段，豆科牧草需 3个月以上，若密封条件良好，青贮饲料可长久保存下去。

第四节　青贮饲料的调制方法

饲料青贮是一项突击性工作，事先要把青贮窖、青贮切碎机或铡草机和运输车辆进行检修，并组织足够人力，以便在尽可能短的时间完成。青贮的操作要点，概括起来要做到"六随三要"，即随割、随运、随切、随装、随踩、随封，连续进行，一次完成；原料要切短、装填要踩实、窖顶要封严。

（一）原料的适时刈割

优良品质的青贮原料是调制优良青贮料的物质基础。青贮饲料的营养价值，除了与原料的种类和品种有关外，还与收割时期有关。一般早期收割其营养价值较高，但收割较早单位面积营养物质收获量较低，同时易引起青贮饲料发酵品质的降低。收割较晚会导致青贮饲料中粗纤维含量过高，易引起可消化营养物质含量和采食量的下降。因此，适期刈割，不但可以在单位面积上获得最大营养物质产量，而且水分和可溶性碳水化合物含量适当，有利于乳酸发酵，易于制成优质青贮料。一般刈割宁早勿迟，随收随贮。

整株玉米青贮应在蜡熟期，即在干物质含量为 25%~35%时收割最好，可采用"黑色测定法"。当玉米的颗粒达到成熟时，靠近籽粒尖的几层细胞变黑而形成黑层。检查方法是在果穗中部剥下几粒，然后纵向切开或切下尖部寻找靠近尖部的黑层，如果黑层存在，就可刈割作整株玉米青贮。

收过穗后的玉米秸青贮，宜在玉米果穗成熟、玉米茎叶仅有下部1~2片叶枯黄时，立即收割玉米秸青贮；或玉米成熟时削尖后青贮，但削尖时果穗上部要保留一张叶片。

一般来说，豆科牧草宜在现蕾期至开花初期进行刈割，禾本科牧草在孕穗至抽穗期刈割，甘薯藤、马铃薯茎叶在收薯前1~2d或霜前刈割。原料刈割后应立即运至青贮地点切短青贮。

利用农作物茎叶作青贮原料，应尽量争取提前收割作物，但也要考虑作物的收成情况。各种树的嫩枝叶可在落叶前收获青贮，萝卜、白菜和大头菜等块根作物可在收获的同时青贮；绿肥饲料在现蕾期或始花期收割；甜菜叶可在封冻前青贮。对适时收割的青贮原料，应尽量减少暴晒，避免堆积发热，以保证原料的青绿和新鲜。

植物青贮原料的适时收割，是个比较复杂的问题，需要从实际出发，因地制宜地确定最佳方案。

（二）切碎

青贮原料的切碎，目的有两个，一是便于青贮时压实以排出原料空隙中的空气；二是使原料中的含糖汁液渗出，湿润原料表面，有利于乳酸菌的迅速繁殖和发酵，提高青贮料的品质。

少量青贮原料的切短可用人工铡草机，大规模青贮可用青贮料切碎机。大型青贮料切碎机每小时可切5~6t，最高可切割8~12t。小型切草机每小时可切250~800kg。若条件具备，使用青贮玉米联合收获机，在田内通过机器一次完成割、切作业，然后送回装入青贮窖内，功效将大大提高。

原料的切碎程度按饲喂家畜的种类和原料的不同质地来确定，一般切成2~5cm长度。这只是一个大致的范围，另外，原料的切碎程度也要考虑饲喂家畜的种类和原料的不同质地。含水量多，质地细软的原料可以切得长一些，含水量少且质地较粗的原料可以切得短一些，凋萎的半干饲草和空心茎的饲草要比含水分高的饲草切得更短一些。对牛、羊来说，细茎植物如禾本科牧草、豆科牧草、草地青草、红薯藤、幼嫩玉米苗、叶菜类等，切成 3~5cm 长即可。对粗茎植物或粗硬的细茎植物如玉米、向日葵等，切成 2~3cm 较为适宜。叶菜类和幼嫩植物，亦可不切短青贮。对猪、禽来说，各种青贮原料，均应切得越短越好。

（三）装填压紧

青贮原料的装填，一是要快速，二是要压实。一旦开始装填，速度就要快，以避免原料在装满和密封之前腐败。一般小型容器当天完成，大型的青贮建筑物也应在两天内装满、压实。

装窖前，先将青贮窖或青贮塔打扫干净，窖底部可填一层 10~15cm 厚的切短的干秸秆或软草，以便吸收青贮液汁。若为土窖或四壁密封不好的窖，可铺塑料薄膜。切碎的原料在青贮容器中要装匀和压实，装填青贮料时应逐层装入，每层装 15~20cm 厚，立即踩实，然后再继续装填。装填时应特别注意四角与靠壁的地方不能留有空隙，以减少空气。长方形窖或地面青贮时，可用拖拉机进行碾压，小型窖亦可用人力踏实。但青贮料也不能过度压实，以免引起梭状芽孢杆菌的大量繁殖。因此，青贮料紧实程度是青贮成败的关键之一，青贮紧实度适当，发酵完成后饲料下沉不超过深度的 10%。

（四）密封

原料装填压实之后，应尽快密封和覆盖。其目的是隔绝空气与原料接触，并防止雨水进入。青贮容器密封不好，进入空气或水分，有利于腐败菌、霉菌等繁殖，使青贮料变坏。方法是：填满窖后，可先在上面盖一层切短秸秆或软草（厚 20 ~ 30cm）或铺塑料薄膜，然后再用土覆盖拍实，厚 30 ~ 50cm，并做成馒头形状，有利于排水。青贮窖密封后，为防止雨水渗入窖内，距离四周约 1m 处应挖排水沟。密封后，尚需经常检查，发现裂缝和空隙时用湿土抹好，以保证高度密封。

青贮饲料的切碎、踏实和密封，三者是相互联系、相互制约、缺一不可的。真正做到这三点，即使原料不太好，也可调制成较好的青贮饲料。因此说，切碎、踏实、密封，对青贮能否获得成功至关重要，必须从严掌握，切实做到。

第五节　青贮过程中营养物质的变化和损失

青贮过程中由于各种微生物和植物本身酶系统的作用使青贮饲料发生一系列生物化学变化，也必然会带来物质损失。

（一）青贮过程中营养物质的变化

1. 碳水化合物

在青贮的饲料中，只要有氧存在，且 pH 值不发生急剧变化，植物呼吸酶就有活性，青贮作物中的水溶性碳水化合物就会被氧化为二氧化碳和水。在正常青贮时，原料中水溶性碳水化合物，如葡萄糖和果糖，大部分转化为乳酸、乙酸、琥珀酸以及醇类等，其中主要为乳酸，同时放出较少的热量。碳水化合物转化为乳酸的过程是氧化分解过程，不产生二氧化碳，所以能量损失较少。青贮饲料中的乙酸，主要是乙醇通过微生物的作用生成的，产生的时间比乳酸早，一旦酸度升高，厌氧状态形成后，乙酸菌等活动受到抑制，乙酸的生成量也就减少。当乙酸浓度高时，成游离状态；浓度低时，与盐基结合成乙酸盐。梭状芽孢杆

231

菌把碳水化合物、蛋白质和氨基酸分解生成丁酸、胺、氨和二氧化碳等。梭状芽孢杆菌是厌氧菌，但是它不耐酸，喜较高温度，所以，当 pH 值下降至 4.4 以下，温度又较低时，一般不生成丁酸。此外，部分多糖也能被微生物转化为有机酸，但纤维素仍保持不变。

2. 蛋白质

正在生长的饲料作物，总氮中有 75% ~ 90% 的氮以蛋白氮的形式存在。收获后，植物蛋白酶会迅速将蛋白质水解为氨基酸，在 12 ~ 24h 内，总氮中有 20% ~ 25% 被转化为非蛋白氮。青贮饲料中蛋白质的变化，与 pH 值的高低有密切关系，当 pH 值小于 4.2 时，蛋白质因植物细胞酶的作用，部分蛋白质分解为氨基酸，且较稳定，并不造成损失。但当 pH 值大于 4.2 时，由于腐败菌的活动，氨基酸便分解成氨、胺等非蛋白氮，使蛋白质受到损失。

3. 色素和维生素

青贮期间最明显的变化是饲料的颜色。由于有机酸对叶绿素的作用，使其成为脱镁叶绿素，从而导致青贮料变为黄绿色。青贮料颜色的变化，通常在装贮后 3 ~ 7d 内发生。窖壁和表面青贮料常呈黑褐色。青贮温度过高时，青贮料也呈黑色，不能利用。

胡萝卜素（维生素 A 前体物）的破坏与温度和氧化的程度有关。温度和氧化程度均高时，胡萝卜素损失较多。但贮存较好的青贮料，胡萝卜素的损失一般低于 30%。

（二）青贮过程中养分的损失

国内的研究表明，青贮过程中营养物质的损失量为 10% ~ 15%，如果青贮技术掌握得好，损失可控制在 10% 以下，甚至控制在 5% 左右。青贮过程中造成营养物质的损失概括起来有田间损失、发酵损失、渗出液损失和氧化损失 4 个方面。

1. 田间损失

牧草在田间的损失可分为机械损失、生化损失和淋雨损失 3 种。

在牧草刈割、搂草和搬运等一系列作业中，叶片、嫩茎和花序等细嫩部分易被折断、脱落而损失。一般禾本科牧草损失 2% ~5%，豆科牧草损失最大，为 15% ~35%。如苜蓿损失叶片占全重的 12% 时，其蛋白质的损失约占总蛋白质含量的 40%，因叶片中所含的蛋白质远远高于茎的含量。机械作用造成的损失的多少与植物种类、刈割时期有关。生化损失主要是由于植株收获后本身的呼吸及其他酶反应引起的。另外，降水量的增加可导致干物质损失量升高。

刈割和青贮在同一天进行时，养分的损失极微，即使萎蔫期超过了 24h，损失的养分也不足干物质的 1% 或 2%。但当萎蔫期超过 48h，则养分的损失较大，损失程度取决于当地的气候状况。据报道，在田间萎蔫 5d 后，干物质的损失达 6%。受萎蔫期影响的主要养分是水溶性碳水化合物和易被水解为氨基酸的蛋白质。

2. 氧化损失

养分的氧化损失是由于植物和微生物的酶在有氧条件下对基质如糖的作用生成 CO_2 和水而引起的。青贮初期好气阶段残余呼吸所造成的损失和原料装填过程中空气渗入量有关。在迅速填满并密封的青贮窖内，植物组织中的存氧无关紧要，它引起的干物质损失仅 1% 左右。持续暴露在有氧环境中的青贮作物，例如青贮窖边角和上层的青贮物，会形成不可食用的堆肥样干物质，在其形成过程中已有 75% 以上的干物质损失掉。

3. 发酵损失

在青贮过程中发生了许多化学变化，特别是可溶性碳水化合物和蛋白质变化较大，但总干物质和能量损失却并未因乳酸菌的活动而有大的提高。一般认为，干物质的损失不会超过 5%，而总能的损失则更少，这是因为形成了诸如乙醇之类的高能化合物。当干物质损失在 33% 以下时，乳酸菌发酵糖和有机酸所造成的能量损失几乎是零。在梭菌发酵中，由于产生了气体 CO_2、H_2 和 NH_3，养分的损失高于乳酸发酵。

4. 渗出液损失

许多青贮窖可自由排水，这些液体或青贮渗出液带走了一部分可溶性养分。对于含水量 85% 的牧草，青贮渗出液的干物质损失可达 10%，但将作物萎蔫至含水量 70% 左右时，产生的渗出液极少。

（三）青贮饲料的营养价值

由于青贮饲料在青贮过程中化学变化复杂，它的化学成分和营养价值与青贮原料相比，有许多方面是有区别的。

1. 化学成分

青贮料干物质中各种化学成分与原料有很大差别。从表 7 - 4 可以看出，从常规概略养分分析看，新鲜的黑麦草与其青贮料没有明显差别，但从其组成的化学成分看，青贮料与其原料相比，则差别很大。青贮料中粗蛋白质主要由非蛋白氮组成。而无氮浸出物中，青贮料中糖分极少，乳酸与醋酸则相当多。虽然这些非蛋白氮（主要是游离氨基酸）与脂肪酸使青贮料在养分性质上比青饲料发生了一些改变，但对动物营养价值还是比较高的。

表7-4　黑麦草与它的青贮料的化学成分比较（占 DM 百分比）

名称	黑麦草青草		黑麦草青贮	
	化学成分（%）	消化率（%）	化学成分（%）	消化率（%）
有机物质	89.8	77	88.3	75
粗蛋白质	18.7	78	18.7	76
粗脂肪	3.5	64	4.8	72
粗纤维	23.6	78	25.7	78
无氮浸出物	44.1	78	39.1	72
蛋白氮	2.66	—	0.91	—
非蛋白氮	0.34	—	2.08	—
挥发氮	0	—	0.21	—
糖类	9.5	—	2.0	—
聚果糖类	5.6	—	0.1	—
半纤维素	15.9	—	13.7	—
纤维素	24.9	—	26.8	—
木质素	8.3	—	6.2	—
乳酸	0	—	8.7	—
醋酸	0	—	1.8	—
pH 值	6.3	—	3.9	—

2. 营养物质的消化利用

从常规分析成分的消化率看，各种有机物质的消化率在原料和青贮料之间非常相近，两者无明显差别，因此，它们的能量价值也是近似的。据测定，青草与其青贮料的代谢能分别为10.46MJ/kg 和10.42MJ/kg，两者非常相近。由此可根据青贮原料当时的营养价值来考虑青贮料。多年生黑麦草青贮前后营养价值见表7-5。

黄河滩区优质牧草生产与利用技术

表7-5　多年生黑麦草青贮前后营养价值的比较

	黑麦草	乳酸青贮	半干青贮
pH 值	6.1	3.9	4.2
DM（g/kg）	175	186	316
乳酸（g/kgDM）	—	102	59
水溶性糖（g/kgDM）	140	10	47
DM 消化率	0.784	0.794	0.752
GE（MJ/kgDM）	18.5	—	18.7
ME（MJ/kgDM）	11.6	—	11.4

注：引自赵义斌译《动物营养学》，1992

　　青贮料同其原料相比，蛋白质的消化率相近，但是它们被用于增加动物体内氮素的沉积效率则往往低于原料。其主要原因是由大量青贮料组成的饲粮，在反刍动物瘤胃中往往产生相当大量的氨，这些氨被吸收后，相当一部分以尿素形式从尿中排出。因此，为了提高青贮料对氮素的作用，可以按照反刍动物应用尿素等非蛋白氮的方法，在饲粮中增加玉米等谷实类富含碳水化合物的比例，可获得较好的效果。如果由半干青贮或甲醛保存的青贮料来组成饲粮，则可见氮素沉积的水平提高。常见青贮料的营养价值见表7-6。

表7-6　常见青贮饲料的营养价值（干物质基础）

饲料	干物质（%）	产奶净能（MJ/kg）	奶牛能量单位（NND）	粗蛋白（%）	粗纤维（%）	钙（%）	磷（%）
青贮玉米	29.2	5.02	1.60	5.5	31.5	0.31	0.27
青贮苜蓿	33.7	4.82	1.53	15.7	38.4	1.48	0.30
青贮甘薯藤	33.1	4.48	1.43	6.0	18.4	1.39	0.45
青贮甜菜叶	37.5	5.78	1.84	12.3	19.4	1.04	0.26
青贮胡萝卜	23.6	5.90	1.88	8.9	18.6	1.06	0.13

236

3. 动物对青贮的随意采食量

许多试验指出，动物对青贮料的随意采食量中干物质含量比其原料和同源干草都要低些。其原因可能受如下一些因素影响。

（1）青贮料酸度：青贮料中的游离酸的浓度过高会抑制家畜对青贮料的随意采食量。用碳酸氢钠部分中和后，可能提高青贮料的采食量。游离酸对采食量的影响可能有 2 个原因：一是在瘤胃中酸度增加，二是体液酸碱平衡的紧张所致。

（2）酪酸菌发酵：有试验证明，动物对青贮料的采食量与其中含有的醋酸、总挥发性脂肪酸含量及氨的浓度呈显著的负相关，而这些往往与酪酸发酵相联系。对不良的青贮，家畜采食往往较少。

（3）青贮料中干物质含量：一般青贮料品质良好、且含干物质较多者家畜的随意采食量较多，可以接近采食干草的干物质量。因此，调制良好的半干青贮料效果良好。半干青贮料中发酵程度低，酪酸发酵也少，故适口性增加。

第六节　青贮设备设施

青贮的设备设施包括青贮容器和青贮机械设备两大部分。

（一）青贮容器

同干草贮藏相比，青贮饲料调制时最关键的就是需要密封良好的青贮容器，可根据生产需要而采用各种各样的类型。

1. 青贮容器的类型

青贮过程中用于保存青贮饲料的容器称为青贮容器。青贮容器的种类繁多，大体上可分为实验室青贮容器和生产用青贮容器两大类。

（1）实验室青贮容器。在早期的实验室青贮过程中，使用最广泛的青贮容器是大试管，其容量通常在 50～250g。在试管口装上橡皮塞（带有水银阀或者是灌有水的简易玻璃或者塑料阀）作为封闭装置，这种密封装置可以允许气体逸出并阻止空气的进入。

目前实验室最常用的是聚乙烯袋和塑料罐。

实验室青贮用聚乙烯袋的厚度一般为 8～10mm，具有良好的机械强度和气密性。聚乙烯袋的规格一般为 20cm×40cm 或者是 40cm×80cm。也可根据实际需要用聚乙烯薄膜自行制作。青贮袋装入适量青贮原料后用抽真空机抽净袋内空气密封保存即可。

实验室青贮塑料罐的容器一般为 100ml、250ml、500ml 或 1L，将青贮原料装罐后压实，排出空气，盖紧内、外瓶盖，用绝缘胶带密封罐口保存。

（2）生产用青贮容器。青贮的容器种类很多，生产实践中常用的主要有青贮塔、青贮窖、青贮壕和塑料袋青贮等几种。

①青贮窖。青贮窖是我国农村应用最普遍的青贮容器。有圆形窖和长方形两种。圆形窖做成上大下小，便于压紧，长形青贮窖窖底应有一定坡度，以利于取用完的部分雨水流出。圆形窖占地面积小，圆筒形的容积比同等尺寸的长方形窖要大，装填原料多。但圆形窖开窖使用时，需将窖顶泥土全部揭开，窖口大，不易管理；取料时需逐层取用，若用量小，冬季表面易结冰，夏季易霉变。长方形青贮窖的四角必须做成圆弧形，便于青贮料下沉，排出残留气体。青贮窖优点是建窖成本低，作业也比较方便，既可人工作业，也可以机械化作业，技术要求不高、易成功；另外，青贮窖可大可小，能适应不同生产规模，比较适合我国农村现有的生产水平。青贮窖的缺点是贮存损失较大（尤以土窖为甚），窖的使用寿命较短。

青贮窖有地上式、地下式及半地下式 3 种。地下式青贮窖适于地下水位较低、土质较好的地区，地上式或半地下式青贮窖适于地下水位较高或土质较差的地区。在建造青贮窖时，应特别注意窖壁的坚固度，严防开裂、倒塌。在条件允许的情况下可建成永久性窖，用砖、石、水泥建造，窖壁用水泥挂面，以减少青贮饲料水分被窖壁吸收。窖底只用砖铺地面，不抹水泥，以便使多余水分渗漏。如果暂时没有条件建造砖、石结构的永久窖，使用土窖青贮时，四周要铺垫塑料薄膜。第二年再使用时，要清除上年残留的饲料及泥土，铲去窖壁旧土层，以防杂菌感染。对于降水频繁的地区，除密封窖顶外，有条件的还应考虑再建一个顶棚，以便遮阳挡雨。浙江省农业科学院畜牧兽医研究所针对南方高温、多雨、潮湿的气候特点，对青贮窖进行了适当的改进，主要是在青贮窖上加盖了一个顶棚，使青贮质量得到明显的提高，青贮窖顶层的霉变层下降了 66.8%，成品率达到 97.5%，收到了较好的效果。

青贮窖容积，一般圆形窖直径 2m，深 3m，直径与窖深之比以 1:（1.5~2.0）为宜。长方形窖的宽深之比为 1:（1.5~2.0），长度根据家畜头数和饲料多少而定。

②青贮塔。青贮塔是经过专业技术设计和施工的，由混凝土、钢铁或木头建造成的圆柱形建筑，长久耐用，青贮效果好，便于机械化装料与卸料。青贮塔的高度应不小于其直径的 2 倍，不大于直径的 3.5 倍，一般塔高 12~14m，直径 3.5~6.0m。在塔身一侧每隔 2m 高开一个 0.6m×0.6m 的窗口，装时关闭，取空时敞开。原料由机械吹入塔顶落下，塔内有专人踩实。提取青贮饲料可以从塔顶或塔底用旋转机械进行。由于暴露在空气中的面积少，青贮塔青贮是目前保存青贮草料最有效的方法之一。青贮塔的优点是构造坚固，经久耐用，占地小，贮存损失小，青贮饲料质量高，养分损失少，适合于各种环境条件下的青贮制作，但单位容积造价高，适用于机械化水平较高、饲养规模较大、经济条件较好的饲养场。

近年来，国外采用气密（限氧）的青贮塔，由镀锌钢板乃至钢筋混凝土构成，内边有玻璃层，密封性能好可用于制作低水分青贮、湿玉米青贮或一般青贮，塔内装填青贮原料后，用气泵将塔内空气抽尽，使塔内呈缺氧状态，从而抑制植物细胞的呼吸和好氧性菌类发酵，使养分最大限度地得以保存，其干物质的损失仅为5%，是当前世界上保存青贮饲料最好的一种设备，国外已有定型的产品出售。

③青贮壕。青贮壕是指大型的壕沟式青贮设备。此类建筑最好选择在地方宽敞、地势高燥或有斜坡的地方，开口在低处，以便夏季排出雨水。青贮壕的宽度、长度和深度可根据当地的实际和饲养家畜头数加以确定。一般深3.5～7m，宽4.5～6m，长度可达30m以上，必须用砖、石、水泥建筑成永久窖。青贮壕是三面砌墙，地势低的一端敞开，以便车辆运取青贮饲料。

青贮壕的优点是便于大规模机械化作业，通常拖拉机牵引着拖车从壕的一端驶入，边前进边卸料，从另一端驶出。拖拉机（以及青贮拖车）驶过青贮壕，既卸了料又能将先前的料压实。此外，青贮壕的结构也便于推土机挖壕，从而使挖壕的效率大大提高。缺点是密封面积大，贮存损失率高，在天气恶劣时取用不方便。

④圆筒塑料袋。近年来，塑料袋青贮得到了越来越多的应用，塑料薄膜有两种：一种是聚乙烯，一种是聚氯乙烯，作青贮袋一定要用聚乙烯而不能用聚氯乙烯，因为聚氯乙烯有毒。塑料袋的厚度应在8～10μm，太厚不经济，太薄易破损。青贮袋青贮应注意：一是要填满压实，要分层装、分层压实，以免残留空气太多；二是袋口要扎紧，绝不能漏气，有的还将袋内空气抽出；三是要管理好，经常检查塑料袋是否漏气，如发现漏气，要立即补好。袋的大小，如不移动可做得大些，如要移动，以装满

青贮料后 2 人能抬动为宜。

2. 青贮容器的要求

青贮容器除了成品容器如青贮缸、塑料袋等外，其他的都需要经一定的土建工程进行建造，建筑青贮容器有以下几点要求。

（1）选址：一般要在地势较高、地下水位较低、土质坚实、离畜舍较近、制作和取用青贮饲料方便的地方。

（2）防止漏气：青贮建筑物要坚固耐用，不透气，这是调制优质青贮料的首要条件。无论用哪种材料建造青贮容器，都必须做到严密不透气。可用石灰、水泥等防水材料填充和涂抹青贮窖、壕壁的缝隙，如能在壁内衬一层塑料薄膜则更好。

（3）防止漏水：青贮容器不要靠近水塘、粪池，以免污水渗入使青贮料腐败。地下或半地下式青贮容器的底面，必须高出地下水位，而且要在青贮容器的四周 1m 处挖排水沟，以防地面水流入。

（4）防冻：地上式青贮容器，必须能很好地防止青贮饲料冻结。

（二）青贮机械设备

饲草收割后，为获得优质的青贮饲料，在青贮调制过程中，必须具有适宜的青贮设施，以及与之相配套的青贮机械。比如说饲草在青贮时一般切成 2～5cm，这些操作的劳动量和劳动强度较大，仅靠手工作业不适应大规模生产的要求，必须使用机械操作。制作青贮饲料主要的机械设备有：饲草收割机、机械运输、切碎机与装料和卸料设备等。

1. 青饲料收获机械

青饲料和青绿作物都是在茎叶繁茂、生物量最大、单位面积营养物质产量最高时收获。当前比较适用的机械是青饲料联合收割机，在一次作业中可以完成收割、捡拾、切碎、装载等多项工作。由于机械化程度高、进度快、效率高，是较理想的收获机械。

青饲料联合收获机按动力来源分牵引式、悬挂式和自走式三种。牵引式靠地轮或拖拉机动力输出轴驱动，悬挂式一般都由拖拉机动力输出轴驱动，自走式的动力靠发动机提供。按机械构造不同，青饲料收获机可分为以下几种。

（1）滚筒式青饲料收获机。收获物被捡拾器拾起后，由横向搅龙输送到喂入口，喂入口与上下喂入辊接触，通过中间导辊进入挤压辊之间，被滚筒上的切刀切碎。经过抛送装置，将青饲料输送到运输车上。这类收获机与普通谷物联合收获机类似。

（2）刀盘式青饲料收获机。这类收获机的割台、捡拾器、喂入、输送和挤压机构与滚筒式收获机相同，其主要区别在于切碎部分，切刀数减少时，对抛送没有太大影响。

（3）甩刀式青饲料收获机。甩刀式青饲料收获机由切碎器、排料筒、导向槽、割茬调节机构及传动机构等组成。切碎器是一个绕水平轴旋转的转子，转子用销轴连接了 3～4 排呈螺旋线排列的凹形甩刀。此类机械又称连枷式青饲料收获机，当关闭抛送筒时，可使碎草撒在地面作绿肥，也可铺放草条。

（4）风机式青饲料收获机。主要区别在于用装切刀的叶轮代替装切刀的刀盘。叶轮上的切刀专用于切碎，风叶产生抛送气流。

2. 青饲料切碎机械

切草机是指将各种牧草切成碎段的机械，主要是利用动定刀速度和摩擦力之间存在的巨大差异产生的相互作用力，将牧草饲料铡切成整齐的草段。按机型大小可分为小型、中型和大型切草机。小型切草机适用于广大农户和小规模饲养户，用于铡碎干草、秸秆或青饲料。中型切草机也可以切碎干秸秆和青饲料，故又称秸秆青贮饲料切碎机。大型切草机常用于规模较大的饲养场，主要用于切碎青贮原料，故又称青贮饲料切碎机。切草机是农牧场、农户饲养草食家畜必备的机具。秸秆、青贮料或青饲料的加工利用，切碎是第一道工序，也是提高粗饲料利用率的基本方法。切草机按切割部分型式可分为滚刀（滚筒）式和轮刀（圆盘）式等几种。大中型切碎机为了便于抛送青贮饲料，一般都为圆盘式，而小型切碎机以滚筒式为多。

（1）滚刀式切碎机。滚刀式切碎机由输送链、压草辊、上下喂入辊、切碎器、抛送叶片（常安装在切碎滚筒上，故抛不高、不远）、传动机构及机架等组成。滚刀式切碎机工作时，滚筒回转，其动刀片刃线运动的轨迹呈圆柱形或近似圆柱形。上下喂入辊相对回转，将牧草饲料压紧和卷入，送至定刀上，由动定刀构成的切割幅切碎，碎段落入排出槽排出，或由抛送器抛送至指定地点。有的滚刀式切碎机在喂入辊前设链板原料输送器，使牧草饲料喂入均匀连续、省力安全。滚刀式切碎机的结构优点是滚筒与喂入辊、输送链的轴平行，所以传动较简单、结构紧凑。

（2）轮刀式切碎机。轮刀式切碎机工作时，圆盘回转，圆盘上的动刀片刃线的运动轨迹是一个垂直于回转轴的平面圆。作业时，链式输送器主动链轮同压草辊相对回转，将输送槽上的牧草饲料不断喂向喂入辊间，喂入辊将牧草饲料夹紧送进，回转着的动刀片将夹持在定刀上的牧草饲料切断，碎段落入蜗壳形的切碎器外壳中，被抛送叶板抛向抛送管排出。轮刀式切碎机的优点是可在圆盘上方便的安装抛送装置，并将碎段送到 12～16m 的高度卸出。

3. 拉伸膜裹包青贮机械

新鲜牧草整株或揉碎（切碎）后，用打捆机进行高密度压实打捆，然后通过裹包机用青贮饲料拉伸膜裹包起来。青贮专用拉伸膜是一种很薄的、具有自黏性、专为裹包草捆研制的塑料拉伸回缩膜。

4. 袋式灌装青贮机械

袋式灌装青贮是应用专用设备将切碎的青饲料以较高密度、快速水平压入专用拉伸膜袋中，利用拉伸膜袋的厌气、遮光功能，为乳酸菌提供发酵环境，进行青贮。

第七节　特殊青贮技术

青贮原料因植物种类不同，本身含可溶性碳水化合物和水分不同，青贮难易程度也不同。采用普通青贮方法难以青贮的饲料，必须进行适当处理，或添加某些添加物，这种青贮方法叫特种青贮法。特种青贮法主要包括低水分青贮、添加剂青贮及混合青贮等。

（一）低水分青贮

低水分青贮也称半干青贮。青贮原料中的微生物不仅受空气和酸度的影响，也受植物细胞质的渗透压的影响。低水分青贮料制作的基本原理是：青饲料刈割后，经风干水分含量达 45% ~ 50%，植物细胞的渗透压达 $55 \times 10^5 \sim 60 \times 10^5$ Pa。在这种情况下，腐败菌、酪酸菌以至乳酸菌的生命活动接近于生理干燥状态，生长繁殖受到限制。因此，在青贮过程中，青贮原料中糖分的多少，最终的 pH 值的高低已不起主要作用，微生物发酵微弱，有机酸形成数量少，碳水化合物保存良好，蛋白质不被分解。虽然霉菌在风干植物体上仍可大量繁殖，但在切短压实和青贮厌氧条件下，其活动也很快停止。

近十几年来，低水分青贮法在国外非常盛行，我国也开始生产上采用。它具有干草和青贮料两者的优点。调制干草常因脱叶、氧化、日晒等使养分损失 15% ~30%，胡萝卜素损失 90%；而低水分青贮料只损失养分 10% ~15%。低水分青贮料含水量低，干物质含量比一般青贮料多一倍，具有较多的营养物质；低水分青贮饲料味呈微酸性，有果香味，不含酪酸，适口性好，pH 值达 4.8 ~5.2，有机酸含量约 5.5%；优良低水分青贮料呈湿润状态，深绿色，结构完好。任何一种牧草或饲料作物，不论其含糖量多少，均可低水分青贮，难以青贮的豆科牧草如苜蓿、豌豆等尤其适合调制成低水分青贮料，从而为扩大豆科牧草或作物的加工调制范围开辟了新途径。

根据低水分青贮的基本原理和特点，这种青贮必须在高度厌氧的条件下进行，最好用真空泵把空气抽尽；另外，制作时青贮原料应迅速风干，要求在刈割后 24 ~30h 内，豆科牧草含水量应达 50%，禾本科牧草达 45%。原料必须短于一般青贮，装填必须更紧实，才能造成厌氧环境以提高青贮品质。因在低水分青贮中，原料糖分的多少及乳酸的累积已无关紧要，因此，这种青贮方法可以扩大青贮原料的范围，用一般方法不易青贮的原料，如豆科青草，可以用此法进行青贮。

（二）添加剂青贮

对于不易青贮或难以青贮的原料，或者需要提高青贮饲料营养价值的原料，可以进行外加青贮添加剂的青贮。添加剂青贮的基本原理是通过外加的物质促进乳酸发酵、抑制不良发酵、控制好气性变质和改善青贮饲料的品质。除在原料装填过程中加入适当的添加剂外，其余操作过程与常规青贮相同。

根据青贮添加剂的作用效果，可将其分为三大类，一是发酵促进剂，如添加各种可溶性碳水化合物、接种乳酸菌、加酶制剂等青贮，可迅速产生大量乳酸，使 pH 值很快达到 3.8 ~4.2；二是防腐添加剂，如添加各种酸类和抑菌剂，可防止腐败菌和酪酸菌的生长；三是营养添加剂，目的是提高青贮饲料的营养物质，如添加尿素、氨化物等，可增加粗蛋白质含量。

1. 发酵促进剂

（1）乳酸菌制剂。添加乳酸菌制剂是人工扩大青贮原料中乳酸菌群体的方法。原料表面附着的乳酸菌数量少时，添加乳酸菌制剂可以保证初期发酵所需的乳酸菌数量，使早期进入乳酸发酵优势。近年来，随着乳酸菌制剂生产水平的提高，选择优良菌种或菌株，通过先进的保存技术将乳酸菌活性长期保持在较高水平。目前主要使用的菌种有植物乳杆菌、肠道球菌、戊糖片球菌及干酪乳杆菌。值得注意的是，菌种选择应是那些盛产乳酸，而少产乙酸和乙醇的同质型乳酸菌。一般每吨青贮料中加乳酸菌培养物 0.5L 或乳酸菌制剂 450g，每克青贮原料中加乳酸杆菌 10 万个左右。因乳酸菌添加效果不仅与原料中的可溶性糖含量有关，而且也受原料缓冲能力、干物质含量和细胞壁成分的影响，所以乳酸菌添加量也要考虑乳酸菌制剂种类及上述影响因素。对于猫尾草、鸭茅和意大利黑麦草等禾本科牧草，乳酸菌添加剂在各种水分条件下均有效，最适宜的水分范围为轻度到中等含水量；苜蓿等豆科牧草的适应范围则比较窄，一般在含水量中等以下的萎蔫原料中利用，不能在高水分原料中利用。

调制青贮的专用乳酸菌添加剂应具备以下特点：① 生长旺盛，在与其他微生物的竞争中占主导地位；②具有同型发酵途径，以便使六碳糖产生最多的乳酸；③具有耐酸性，尽快使 pH 值降至 4.0 以下；④能使葡萄糖、果糖、蔗糖和果聚糖发酵，能使戊酸发酵则更好；⑤生长繁殖温度范围广；⑥在低水分条件下也能生长繁殖。

（2）酶制剂。添加的酶制剂主要是多种细胞壁分解酶，大部分商品酶制剂是包含多种酶活性的粗制剂，主要是分解原料细胞壁的纤维素和半纤维素，产生被乳酸菌可利用的可溶性糖类。酶制剂常按青贮原料质量的 0.01% ~ 0.25% 添加，不仅能保持青饲料特性，而且可以减少养分的损失，提高青贮料的营养价值。豆科牧草苜蓿、红三叶添加 0.25% 黑曲霉制剂青贮，与普通青贮料相比，纤维素减少 10.0% ~ 14.4%，半纤维素减少 22.8% ~ 44.0%，果胶减少 29.1% ~ 36.4%。如酶制剂添加量增加到 0.5%，则含糖量可提高达 2.48%，蛋白质提高 26.7% ~ 29.2%。

目前，酶制剂和乳酸菌一起作为生物添加剂引起关注。酶制剂的研究开发也取得了很大的进展，酶活性高的纤维素分解酶产品已经上市。作为青贮添加剂的纤维素分解酶应具备以下条件：① 添加之后能使青贮早期产生足够的糖分；② 在 pH 值为 4.0 ~ 6.5 范围内起作用；③ 在较宽温度范围内具有较高活性；④ 对低水分原料也有作用；⑤ 在任何生育期收割的原料都能起作用；⑥ 能提高青贮饲料的营养价值和消化性；⑦ 不存在蛋白质分解酶；⑧ 有能与其他青贮添加剂相媲美的价格水准，同时能长期保存。

（3）糖类和富含糖分的饲料。对于含糖量不高（负青贮糖差）的饲料原料，添加糖类及富含糖分的饲料，可提供乳酸菌发酵所需的糖分，促进乳酸发酵，保证青贮成功。这类添加剂除了糖蜜以外，还有葡萄糖、糖蜜饲料、玉米粉、红薯丝等。糖蜜是制糖工业的副产品，其加入量禾本科一般为 4%，豆科为 6%。另外，其他糖类和富含糖分的饲料的添加量为每 100kg 青贮原料应添加玉米粉或大麦粉或糠麸 2 ~ 4kg，亦可添加熟马铃薯 5 ~ 10kg 混合青贮。豆科牧草与禾本科牧草混合青贮也可取得良好的效果，两者混合青贮的比例以 1∶1.3 为宜。

2. 防腐添加剂

这是一类具有抑菌防腐和改善饲料风味，提高饲料营养价值和减少有害细菌活动等多种作用的添加剂。主要包括一些酸类和甲醛等。难以青贮的饲料，加一定量的酸或缓冲液，可使其 pH 值迅速降至 3.0～3.5，腐败菌和霉菌的活动受到限制，达到长期保存的目的。加酸青贮常用如下的有无机酸和有机酸。

（1）无机酸。对青贮较难的原料可以加盐酸、硫酸、磷酸等无机酸。盐酸和硫酸腐蚀性较强，对窖壁和用具有腐蚀作用，使用时应小心。用法是 1 份硫酸（或盐酸）加 5 份水，配成稀酸，100kg 青贮原料中加 5～6kg 稀酸。青贮原料加酸后很快下沉，即停止呼吸作用，杀死细菌，降低 pH 值，使青贮料质地变软。

国外常用的无机酸混合液有 30% HCl 92 份和 40% H_2SO_4 8 份配制而成，使用时 4 倍稀释，青贮时每 100kg 原料加稀释液 5～6kg，或 8%～10% HCl 70 份、8%～10% H_2SO_4 30 份混合制成，青贮时按原料质量的 5%～6% 添加。

强酸易溶解钙盐，对家畜骨骼发育有影响，应注意家畜日粮中钙的补充。使用磷酸价格高，腐蚀性强，能补充磷，但饲喂家畜时应补钙，使其钙磷平衡。

由于酸的稀释有危险和对青贮设备有腐蚀，对家畜和环境不利，目前应用不多。

（2）有机酸。添加在青贮料中的有机酸有甲酸（蚁酸）和丙酸等。甲酸是有机酸中降低 pH 值作用最强的一种，能抑制梭状芽孢杆菌、芽孢杆菌和某些革兰阴性菌的生长繁殖，同时青贮饲料不容易引起二次发酵（杂菌的再次发酵），是国外近年来推广采用的一种青贮添加剂。其作用主要是通过添加甲酸快速降低青贮料的 pH 值，抑制原料呼吸作用和不良细菌的活动，使营养物质的分解限制在最低水平，从而保证饲料品质。不论是易青贮的禾本科牧草还是不易青贮的豆科牧草，以及含水量高达80%～85%的青绿饲料，添加甲酸均可取得理想的效果。浓度为85%

的甲酸，禾本科牧草添加量为湿重的 0.3%，豆科牧草为 0.5%，混播牧草为 0.4%。通常苜蓿的缓冲能较高，需要较高的甲酸添加量，有人建议苜蓿适宜添加水平为每吨 5～6L。甲酸添加量不足时，pH 值不能达到理想水平，从而不能抑制不良微生物的生长。由于干物质含量不同的原因，中等水分（65%～75%）原料的添加量要比高水分（75% 以上）原料多，其添加量应增加 0.2% 左右。此外，对早期刈割的牧草，因其蛋白质含量和缓冲能较高，为了达到理想的 pH 值，有必要增加 0.1% 的添加量。但甲酸作为青贮添加剂，也有一些缺陷。甲酸对乳酸菌也有一定程度的抑制作用，对青贮质量有一定影响。另外，甲酸易挥发，对皮肤、眼睛及青贮容器有一定的腐蚀性，因此，操作时必须特别小心。

丙酸是防霉剂和抗真菌剂，能够抑制青贮中的好气性菌，作为好气性破坏抑制剂很有效，但作为发酵剂不如甲酸，其用量为青贮原料的 0.5%～1.0%。添加丙酸可控制青贮的发酵，减少氨氮的形成，降低青贮原料的温度，促进乳酸菌生长。

除了单一酸青贮外，还可添加混合酸青贮，其效果更好。比如在青贮原料中添加原料重量 0.5% 的甲酸、丙酸混合物（甲酸和丙酸的比例为 3∶7），比不添加的青贮料营养价值显著提高。

加酸制成的青贮料，颜色鲜绿，具香味，品质好，蛋白质分解损失仅 0.3%～0.5%，而在一般青贮料中则达 1%～2%。苜蓿和红三叶加酸青贮可使粗纤维减少 5.2%～6.4%，且减少的这部分纤维水解变成低级糖，可被动物吸收利用。而一般青贮的粗纤维仅减少 1% 左右。另外，加酸青贮时胡萝卜素、维生素 C 等损失少。

（3）甲醛。甲醛能抑制青贮过程中各种微生物的活动。40% 的甲醛水溶液俗称福尔马林，常用于消毒和防腐。在青贮饲料中添加 0.15% ~ 0.30% 的福尔马林，能有效抑制细菌，防止腐败，防止饲料中的蛋白质被细菌消耗，保存饲料的营养。另外，用甲醛处理青贮料还有一个作用，就是甲醛可与饲料中的蛋白质结合，形成不易溶解的络合物，可防止瘤胃微生物对蛋白质的分解，这些络合物下行到真胃和小肠时，即被蛋白酶消化，从而增加家畜对蛋白质的吸收量。但甲醛异味大，影响适口性。

3. 营养性添加剂

营养性添加剂主要用于改善青贮饲料的营养价值，而对青贮发酵一般不起作用。目前应用最广的是尿素。青贮原料中添加尿素，通过青贮微生物的作用，形成菌体蛋白，以提高青贮饲料中的蛋白质含量。尿素的添加量为原料重量的 0.5%，青贮后每千克青贮饲料中增加可消化蛋白质 8 ~ 11g。

添加尿素后的青贮原料可使 pH 值、乳酸含量和乙酸含量以及粗蛋白质含量、真蛋白含量、游离氨基酸含量提高。氨的增多增加了青贮缓冲能力，导致 pH 值略微上升，但仍低于 4.2，尿素还可以抑制开窖后的二次发酵。饲喂尿素青贮料可以提高干物质的采食量。但在含糖分少的原料中添加尿素，易使青贮料品质变坏。

第八节　青贮的关键技术与品质鉴定

（一）青贮失败的原因

青贮原料的水分含量、糖分含量及密封程度是影响青贮成败的关键。即使同一原料，收割时期不同，其成分含量也已发生改变，如果不作适当调整，墨守成规，均会导致青贮的失败。青贮失败的原因及表现主要有以下几点。

1. 酸败青贮饲料

这种青贮饲料的酸味不足，具有明显的腐败臭味，有刺鼻感，多呈深绿色，含水量高，用手触摸时感觉较滑。酸败青贮饲料适口性差，营养价值很低，家畜若采食过多会引起腹泻。造成这种劣质青贮饲料的主要原因是：青贮饲料收获期不当，偏早或赶上阴雨天气，致使青绿饲料含水量过高，青贮前又未进行晾晒，或在青贮过程中和青贮后有雨水进入所造成。

2. 焦化青贮饲料

这种青贮饲料具有焦味或霉味，呈褐色或深褐色。水分含量少，适口性差，营养价值低。造成焦化青贮饲料的原因是青贮原料过于成熟，收割过晚。原料切得过长，不易压实或者装窖不及时，延误时间过长，封顶过晚，致使青贮原料因氧化受热过度而变差。

（二）制作优质青贮饲料的关键

在制作青贮饲料时，要使乳酸菌快速生长和繁殖，必须为其创造良好的条件。有利于乳酸菌生长繁殖的条件是：创造厌氧环境、青贮原料应具有一定的含糖量以及适宜的含水量等。

1. 创造厌氧环境

乳酸菌属于厌氧性菌，最适宜在缺氧环境中生长繁殖，为了给乳酸菌创造良好的厌氧生长繁殖条件，须做到原料切短，装实压紧，青贮窖密封良好。

青贮原料切短的目的是为了便于装填紧实，取用方便，家畜便于采食，且减少浪费。同时原料切短或粉碎后，青贮时易使植物细胞渗出液汁，湿润表面，糖分流出附在原料表层，有利于乳酸菌的繁殖。切短程度应视原料性质和畜禽需要来定，对牛羊来说，细茎植物如禾本科牧草、豆科牧草、草地青草、甘薯藤、幼嫩玉米苗等，切成 3～4cm 长即可；对粗茎植物或粗硬的植物如玉米、向日葵等，切成 2～3cm 较为适宜。叶菜类和幼嫩植物，也可不切短青贮。对猪禽来说，各种青贮原料均应切得越短越好，细碎或打浆青贮更佳。

原料切短后青贮，易装填紧实，使窖内空气排出；否则，窖内空气过多，好气菌大量繁殖，氧化作用强烈，温度升高（可达 60℃），使青贮料糖分分解，维生素破坏，蛋白质消化率降低。一般原料装填紧实适当的青贮，发酵温度在 30℃ 左右，最高不超过 38℃ 。

青贮的装料过程越快越好，这样可以缩短原料在空气中暴露的时间，减少由于植物细胞呼吸作用造成的损失，也可避免好气性菌大量繁殖。窖装满压紧后立即覆盖，造成厌氧环境，促使乳酸菌的快速繁殖和乳酸的积累，保证青贮饲料的品质。

2. 青贮原料应有适当的含糖量

乳酸菌要产生足够数量的乳酸，必须有足够数量的可溶性糖分。若原料中可溶性糖分很少，即使其他条件都具备，也不能制成优质青贮料。青贮原料中的蛋白质及碱性元素会中和一部分乳酸，只有当青贮原料中 pH 值为 4.2 时，才可抑制微生物活动。因此，乳酸菌形成乳酸，使 pH 值达 4.2 时所需要的原料含糖量是十分重要的条件，通常把它叫作最低需要含糖量。原料中实际含糖量大于最低需要含糖量，即为正青贮糖差；相反，原料实际含糖量小于最低需要含糖量时，即为负青贮糖差。凡是青贮原料为正青贮糖差就容易青贮，且正数愈大愈易青贮；凡是原料为负青贮糖差就难于青贮，且差值愈大，则愈不易青贮。

最低需要含糖量是根据饲料的缓冲度计算，即：

饲料最低需要含糖量（%）= 饲料缓冲度 ×1.7

饲料缓冲度是中和每 100g 全干饲料中的碱性元素，并使 pH 值降低到 4.2 时所需的乳酸克数。因青贮发酵消耗的葡萄糖只有

60%变为乳酸，所以得 100/60 = 1.7 的系数，也即形成 1g 乳酸需葡萄糖 1.7g。

例如，玉米每 100g 干物质需 2.91g 乳酸，才能克服其中碱性元素和蛋白质等的缓冲作用，使其 pH 值降低到 4.2，因此 2.91 是玉米的缓冲度，最低需要含糖量为 2.91% × 1.7 = 4.95%。玉米的实际含糖量是 26.80%，青贮糖差为 21.85%。

紫花苜蓿的缓冲度是 5.58%，最低需要含糖量为 5.58% × 1.7 = 9.50%，因紫花苜蓿中的实际含糖量只有 3.72%，所以青贮糖差为 –5.78%。豆科牧草青贮时，由于原料中含糖量低，乳酸菌不能正常大量繁殖，产乳酸量少，pH 值不能降到 4.2 以下，会使腐败菌、酪酸菌等大量繁殖，导致青贮料腐败发臭，品质降低。因此要调制优良的青贮料，青贮原料中必须含有适当的糖量。一些青贮原料干物质中含糖量见表 7 – 7。

表 7 – 7　一些青贮原料中干物质中含糖量

易于青贮原料			不易青贮原料		
饲料	青贮后 pH 值	含糖量（%）	饲料	青贮后 pH 值	含糖量（%）
玉米植株	3.5	26.8	紫花苜蓿	6.0	3.72
高粱植株	4.2	20.6	草木樨	6.6	4.50
菊芋植株	4.1	19.1	箭筈豌豆	5.8	3.62
向日葵植株	3.9	10.9	马铃薯茎叶	5.4	8.53
胡萝卜茎叶	4.2	16.8	黄瓜蔓	5.5	6.76
饲用甘蓝	3.9	24.9	西瓜蔓	6.5	7.38
芜菁	3.8	15.3	南瓜蔓	7.8	7.03

注：引自王成章主编《饲料生产学》，1998

一般说来，禾本科饲料作物和牧草含糖量高，容易青贮；豆科饲料作物和牧草含糖量低，不易青贮。易于青贮的原料有玉米、高粱、禾本科牧草、甘薯藤、南瓜、菊芋、向日葵、芜菁、甘蓝等。不易青贮的原料有苜蓿、三叶草、草木樨、大豆、豌豆、紫云英、马铃薯茎叶等，只有与其他易于青贮的原料混贮或添加富含碳水化合物的饲料，或加酸青贮才能成功。

3. 青贮原料应有适宜的含水量

青贮原料中含有适量水分，是保证乳酸菌正常活动的重要条件。水分含量过高或过低，均会影响青贮发酵过程和青贮饲料的品质。如水分过低，青贮时难以踩紧压实，窖内留有较多空气，造成好气性菌大量繁殖，使饲料发霉腐败。水分过多时，青贮过程中养分损失较多，易压实结块，降低了糖的相对浓度，利于酪酸菌的活动，使青贮原料发臭发黏，影响青贮饲料的品质。同时植物细胞液汁被挤后流失，使养分损失。

判断青贮原料水分含量的简单办法是：将切碎的原料紧握手中，然后手自然松开，若仍保持球状，手有湿印，其水分含量在68%～75%；若草球慢慢膨胀，手上无湿印，其水分在60%～67%，适于豆科牧草的青贮；若手松开后，草球立即膨胀，其水分为在60%以下，只适于幼嫩牧草低水分青贮。

饲料作物随着生长期的延长水分逐渐降低，故适时收割是保证适当水分的关键。以玉米为例，玉米的收割期分乳熟期、糊熟期、糊熟后期、黄熟期和完熟期。以黄熟期或糊熟后期单位面积的营养成分总收获量最高，而且也接近调制青贮饲料时的理想水分要求。禾本科牧草以抽穗期、豆科牧草以初花期收割最好。对含水量较多的饲草，如苜蓿，可通过适当晾晒（阴干最佳）或适当添加糠麸等方法降低水分。反之，对水分含量过低的饲料，则可适当洒些水或添加些含水量较高的其他品种青饲料进行调节。

4. 掌握适宜的温度

乳酸菌繁殖的适宜温度为20～30℃，在青贮过程中温度过高，乳酸菌会停止繁殖，导致青贮料糖分损失、维生素破坏。控温措施：一是缩短青贮原料装贮过程，1~2d 必须装好密封；二是饲料装贮时要压紧密封，防止空气进入，否则微生物发酵，温度升高；三是青贮容器必须远离热源，且防止阳光直晒。同样，青贮温度过低，青贮成熟时间延长，青贮品质也会下降，故青贮时间宜选在气候温和的春季和秋季。

5. 保持清洁环境

首先要保证青贮原料的清洁。收割时要防止沾上泥土，因为泥土中含有很多霉菌和酪酸菌等对青贮不利的微生物；堆放铡切场地要事先清扫干净，最好是混凝土地面；有条件的可对地面进行消毒，也可铺塑料布，防止混入太多的泥土和杂物。其次，青贮前应对青贮设施包括青贮容器及收割、运输、粉碎机械进行彻底的清洗，有条件的可以用福尔马林溶液等对其进行消毒并晾干，以防外来污染。另外，收割及装填青贮原料时，应尽量选择晴朗天气收割，切忌雨天收割。

（三）青贮饲料的品质鉴定

青贮料品质的优劣与青贮原料种类、刈割时期以及青贮技术等密切相关。正常情况下青贮，一般经 17~21d 的乳酸发酵，即可开窖取用。对青贮饲料进行品质评定，具有重要意义。通过分析与评定，一是可知青贮饲料之好坏和品质之优劣，从而可以检验青贮过程的正确与否，以便总结经验，进一步改进青贮的技术和提高青贮饲料的质量，减少损失，提高饲料利用率；二是可知青贮饲料的适口性、可食性和确定饲喂何种家畜。

青贮饲料发酵品质的好坏，直接影响家畜的采食量、适口性、饲用价值、生产性能和健康状况。青贮饲料的饲用价值，受青贮原料品质和发酵品质两方面的影响。青贮原料品质好，而发酵品质差，饲用价值不会高；青贮发酵品质好，而青贮原料品质差，青贮饲料的饲用价值也低。

1. 取样

青贮窖（或塔）中样品的采取，先取出覆盖物如黏土、碎草等及上层发霉的青贮料，然后再从不同层次取样，应注意以下几点。

（1）青贮料取出要均匀，要沿着窖、塔中青贮料的整个表面呈均匀的层状取样，冬天取下一层的深度不得小于 5 ~ 6cm，温暖季节取下一层的深度不得小于 8 ~ 10cm。

（2）采样的部位要按如下规定：以窖、塔中物料表面中心为圆心，从圆心到距离窖塔壁 30 ~ 50cm 处为半径，划一个平行的圆圈，然后在互相垂直的两直径与圆周相交的 4 个点及圆心上采样，也就是说，每一层一共是 5 个采样点。用锐利刀具切取约 20cm 见方的青贮料样块，切忌随意取样。

（3）采样后应马上覆盖好，以免空气进入，造成腐败，冬季为了防止青贮料结块，应用草帘等轻便覆盖物盖上。

2. 感官评定

开启青贮容器时，从青贮饲料的色泽、气味和质地等进行感官评定，见表 7 – 8。

表 7 – 8　青贮饲料的品质评定

等级	颜色	气味	结构质地
优良	绿色或黄绿色	芳香酒酸味	茎叶明显，结构良好
中等	黄褐或暗绿色	有刺鼻酸味	茎叶部分保持原状
低劣	黑色	腐臭味或霉味	腐烂，污泥状

（1）色泽：优质的青贮饲料非常接近于作物原先的颜色。若青贮前作物为绿色，青贮后仍为绿色或黄绿色最佳。青贮器内原料发酵的温度是影响青贮饲料色泽的主要因素，温度越低，青

贮饲料就越接近于原先的颜色。对于禾本科牧草，温度高于30℃，颜色变成深黄；当温度为45～60℃，颜色近于棕色；超过60℃，由于糖分焦化近乎黑色。一般来说，品质优良的青贮饲料颜色呈黄绿色或青绿色，中等的为黄褐色或暗绿色，劣等的为褐色或黑色。

单凭色泽来判断青贮质量，有时也会误入歧途。例如红三叶草或紫云英调制成的青贮料，常为深棕色而不是浅棕色，实际上这类青饲料调制而成的青贮饲料深棕色是极好的青贮饲料。

另外，青贮榨出的汁液也是很好的指示器。通常颜色越浅，表明青贮越成功，禾本科牧草尤其如此。

（2）气味：品质优良的青贮料具有轻微的酸味和水果香味，类似刚切开的面包味和香烟味（由于存在乳酸所致）。若有刺鼻的酸味，则醋酸较多，品质较次。陈腐的脂肪臭味及令人作呕的气味，说明产生了酪酸，这是青贮失败的标志。霉味说明压得不紧，空气进入了青贮窖，引起饲料霉变。如果出现类似猪粪尿的极不愉快的气味，说明蛋白质已分解。总之，芳香而喜闻者为上等，而刺鼻者为中等，臭而难闻者为劣等。

（3）质地：植物的茎叶等结构应当能清晰辨认，结构破坏及呈黏滑状态是青贮腐败的标志，黏度越大，表示腐败程度越高。优良的青贮饲料，在窖内压得非常紧实，但拿起时松散柔软，略湿润，不粘手，茎叶花仍保持原状，容易分离。中等青贮饲料茎叶部分保持原状，柔软，水分稍多。劣等的结成一团，腐烂发黏，分不清原有结构。发黏、腐烂的青贮饲料是不适于饲喂各种家畜的。

3. 化学分析鉴定

仅仅用感官方法来判断青贮饲料的质量常常是不够精确的，在有条件的地方应当通过化学方法进行鉴定，以科学的判断青贮的质量。

化学分析测定包括 pH 值、氨态氮和有机酸（乙酸、丙酸、丁酸、乳酸）的总量和组成比例，以此来判断发酵情况。

（1）pH 值（酸碱度）：pH 值是衡量青贮饲料品质好坏的重要指标之一。实验室测定 pH 值，可用精密雷磁酸度计测定，生产现场可用精密石蕊试纸测定。优良青贮饲料 pH 值在 4.2 以下，超过 4.2（低水分青贮除外）说明青贮发酵过程中，腐败菌、酪酸菌等活动较为强烈。劣质青贮饲料 pH 值在 5.5 ~ 6.0 之间，中等青贮饲料的 pH 值介于优良与劣等之间。

（2）氨态氮：氨态氮与总氮的比值反映了青贮饲料中蛋白质及氨基酸分解的程度，比值越大，说明蛋白质分解越多，青贮质量不佳。

（3）有机酸含量：有机酸总量及其构成可以反映青贮发酵过程的好坏，其中最重要的是乳酸、乙酸和丁酸，乳酸所占比例越大越好。优良的青贮饲料，含有较多的乳酸和少量醋酸，而不含酪酸。品质差的青贮饲料，含酪酸多而乳酸少（表 7 - 9）。

表 7 - 9   不同青贮饲料中各种酸含量 （%）

等级	pH 值	乳酸	醋酸		丁酸	
			游离	结合	游离	结合
良好	4.0 ~ 4.2	1.2 ~ 1.5	0.7 ~ 0.8	0.1 ~ 0.15	—	—
中等	4.6 ~ 4.8	0.5 ~ 0.6	0.4 ~ 0.5	0.2 ~ 0.3	—	0.1 ~ 0.2
低劣	5.5 ~ 6.0	0.1 ~ 0.2	0.10 ~ 0.15	0.05 ~ 0.10	0.2 ~ 0.3	0.8 ~ 1.0

第九节   青贮饲料的利用

青贮饲料一般经过 6 ~ 7 周完成发酵过程，便可取出饲喂。在保存和饲喂过程中，一定要注意科学地管理，合理地饲用，要保之有法，取之有道，用之有度，以免造成浪费和不必要的损失。

（一）开窖

窖贮青贮饲料的开窖也叫启封，袋装青贮饲料的启封叫解袋。青贮过程进入稳定阶段，一般糖分含量较高的玉米秸秆等经过1个月，即发酵成熟，可开窖取用，或待冬春季节饲喂家畜。开窖时间应按需而定，开窖的时间早晚和方法，对青贮饲料的品质影响很大。一般尽量避开高温或严寒季节，一旦开窖利用，就必须连续取用。每天用多少取多少。不能一次取出大量青贮饲料，堆放在畜舍里慢慢饲喂，要用新鲜青贮料。青贮料只有在厌氧条件下，才能保持良好品质，如果堆放在畜舍里和空气接触，就会很快地感染霉菌和杂菌，使青贮料迅速变质。尤其是夏季，正是各种细菌繁殖最旺盛的时候，青贮料也最易霉坏。

青贮饲料开窖时，应清除封窖的盖土、铺草等，以防止青贮饲料混杂引起变质。开窖取用时，如发现表层呈黑褐色并有腐败臭味时，应把表层弃掉。取用青贮饲料时，应以暴露面最小以及尽量少搅动为原则。对于直径较小的圆形窖，应由上到下逐层取用，保持表面平整。对于长方形窖，应自一端开始分段取用，不要挖窝掏取，取后最好覆盖，以尽量减少其与空气的接触面。取出后要用草席或塑料薄膜把饲料覆盖好，否则会引起变质，要严防二次发酵。

（二）防止二次发酵

青贮饲料启窖或密封不严时会导致其进行二次发酵过程，二次发酵又称好气性变质，它是指经过乳酸发酵的青贮饲料，由于启窖或密封不严致使空气侵入，引起好气性微生物活动，使温度上升、品质败坏的现象。在生产实践中，常由于对青贮饲料的二次发酵的危害认识不足，没有采用相应的防止措施，从而造成大批青贮饲料霉烂。

　　引起二次发酵的微生物主要为霉菌和酵母菌。这种微生物普遍存在于自然界中，只要有了充足的营养源、空气和水分，很快就开始腐败性发酵。在青贮饲料的败坏过程中，明显的变化就是温度升高。温度的变化有 2 个高峰。第一个升温高峰在启窖后的1～2d，是由于酵母菌发酵引起的；第二个升温高峰是由于霉菌增殖的结果。事实上，青贮料到了霉菌增殖而再次发热至高峰时，其外观已完全变质失去了作为饲料的价值。

　　青贮饲料的二次发酵有三种类型：一是快速腐败型，在启封后的第 1 天，青贮料的温度就达到最高峰。这一类型的出现，多半是在炎热的气候条件下形成的。当青贮饲料的缓冲能力达到极限时，pH 值急剧上升，从酸性、中性变成微碱性，使青贮料彻底发霉腐烂，变成堆肥状，完全失去饲用价值；二是中速腐败性，在开窖 2～3d 后开始出现第 1 个升温高峰，之后温度下降，5d 左右有出现第 2 个升温高峰，pH 值持续上升，进一步诱发好气性微生物的增殖，从而使蛋白质、氨基酸分解。6d 左右时，温度达到高温后随即开始降低，当温度达到常温时，青贮饲料已完全腐败变质；三是缓慢腐败性，启封后到 5～8d，青贮饲料的温度才逐渐上升，经 10～15d 出现第一个升温高峰，再经 20d 左右出现第二个升温高峰。到接近常温时，可以达到全部腐烂的程度，这一类型多半在秋冬季节、温度较低的条件下慢慢出现的。

　　防止二次发酵的方法主要有两个途径，一是隔绝空气，控制厌氧条件。如选择好的青贮原料，增加青贮密度，保存过程中防止漏气，启窖后整块取用，并采用掩蔽措施；二是喷洒药剂。常用抑制二次发酵的添加剂有丙酸、甲酸、甲醛和甲酸钙等。

（三）饲喂技术

　　青贮是一种在牧业生产上很值得推广应用的青饲料的调制方

法。国内外大量的科学试验和生产实践都已确证。青贮饲料是猪、牛、羊、马、驴、骡、兔等的优良多汁饲料之一，只要调制得当，饲喂得法，在饲用之后，一般不会产生任何不良的影响。但青贮饲料带有酸味，还可能由于其他原因，在开始饲喂时，畜禽有不肯采食现象。实践表明，只要掌握好相应的饲喂技术和饲喂量，就会得到较好的饲喂效果。

1. 驯饲

可采用先空腹饲喂青贮料，再饲喂其他草料；将青贮料拌入精料中饲喂，再饲喂其他草料；先少喂青贮料，再逐渐加量饲喂，或将青贮料和其他草料拌在一起饲喂。经过1~2周不间断饲喂，多数牲畜都能很快习惯。然后再逐步增加饲喂量。饲喂青贮饲料最好不要间断，一方面是防止窖内青贮饲料腐烂变质；另一方面牲畜频繁变换饲料容易引起消化不良或生产不稳定。

2. 注意合理搭配

青贮饲料虽然是一种优质饲料，但不能作为任何畜禽唯一的饲料，即使是某种畜禽专用的混配青贮料，也不能是这种畜禽的唯一饲料。因为，青贮料中含水量多，干物质相对较少，单一饲喂青贮料是不能满足畜禽营养需要的，特别是不能满足产奶母畜、种公畜和生长肥育家畜的营养需要，更不能是家禽的主要饲料。另外虽然青贮饲料酸甜适口，但长期单一喂饲畜、禽也会发生厌食或拒食现象，所以青贮饲料必须与干草、青草、精料和其他饲料按畜禽营养需要合理搭配饲用。使用无机酸添加剂的青贮饲料，其中的无机酸会影响动物体内的矿物质代谢，产生钙的负平衡，饲喂此类青贮饲料时应注意补钙。

3. 青贮料的饲喂量

青贮饲料的喂饲量，决定于青贮饲料的种类、质量、搭配饲料的种类、牲畜的种类、生理状态、年龄等因素。对幼畜、妊娠母畜和弱畜的饲喂量均须控制在适宜的范围内。如果喂量过多，就会引起腹泻和妊娠母畜流产。饲喂中发现有腹泻等不正常现象，就要减量或停喂几天。如果按家畜摄取的干物质量计算，日粮中青贮料的喂量，一般不能超过干物质总重的50%。

主要的不同畜禽饲用青贮饲料方法简介如下。

（1）用青贮饲料饲喂牛。不足月龄犊牛可用幼嫩植物原料制备专用青贮饲料。犊牛日粮中加入犊牛专用青贮饲料，可使精饲料的消耗减少1/2，并能确保日增重800～1 000g，促进胃肠道的发育，对培育适于采食大量容积饲料的育成乳牛，具有重要作用；6月龄以上的牛，一般都能采食为成年家畜所制备的青贮饲料。根据实际经验，生产中常按每头15～20kg/d的量饲喂，最大量可达60kg/d。妊娠最后一个月的母牛不应超过10～12kg/d，临产前10～12d停喂青贮饲料，产后10～15d在日粮中重新加入青贮饲料。役牛和育肥牛喂量为每100kg体重10～12kg/d。用优良的青贮饲料喂种公牛，喂量为每100kg体重1～1.5kg/d。

（2）青贮饲料饲喂马。马对青贮饲料品质要求严格，反应敏感，只能喂高质量含水量少的玉米青贮饲料。每匹役马喂量为6～15kg/d；种母马和一岁以上马驹为5～10kg/d。孕畜少喂或不喂青贮饲料，以免引起流产。

（3）青贮饲料饲喂羊。一般饲喂量为每只成年羊2～4kg/d，每只羔羊为400～600g/d。

（4）青贮饲料饲喂猪、禽。3～6月龄育肥猪每头饲喂量为1～1.5kg/d；6月龄以上为2～3kg/d。仔猪从1.5月龄开始饲喂仔猪专用配混青贮饲料；2～3月龄每头饲喂量为2～2.5kg/d，哺乳母猪每头饲喂量为1.2～2kg/d；妊娠母猪每头喂量为1.2～2kg/d；妊娠的最后一个月，应减少一半喂量；产仔的前两周要从日粮中全部撤出青贮料；产后再喂，最初每头喂量为0.5kg/d，经过10～15d，增至正常喂量。养禽专用青贮饲料必须是高质量的，饲喂量为：1～2月龄的雏鸡5～10g/d，成年鸡20～

25g/d；成年鸭 80～100g/d；成年鹅为 150～200g/d。

4. 青贮饲料饲喂的注意事项

（1）避免喂料不当。对患有胃肠炎、拉稀的家畜及临产母畜要严格控制喂量，尽可能少喂或不喂，以免加重病情和引起孕畜流产。对喂青贮料后拉稀的家畜要减少喂量或停喂，待好转后再喂给。

（2）保鲜保温。新鲜青贮饲料味道鲜美，营养丰富，饲喂效果好。为使家畜天天吃上新鲜的青贮饲料，要喂多少取多少，防止一次取出太多，短时间喂不完失鲜和腐烂变质。如果家畜吃了发霉变质的青贮饲料，轻者腹泻流产，重者可引起霉菌中毒。启封饲喂后的青贮窖（堆），取完要立即盖严封好，以防透进空气。

家畜在冬春不要喂冰冻的青贮饲料。冰冻的青贮饲料家畜不爱吃，吃了消耗体热，容易得病，母畜如采食结冰青贮饲料，还易引起流产。所以要把冻料放在暖室内化开再喂。冬天打开的青贮窖，取完要用细草盖上窖口防冻。

（3）降低酸度。青贮饲料酸度过大，容易引起动物采食量下降。降低其酸度的办法，除与其他饲料搭配喂饲外，还可加碳酸钙粉（富有钙质的矿物质饲料）和食用碱，经中和减酸后喂给。一般每50kg青贮饲料，加碳酸钙粉 1.5～2.5kg，或 5% 的碱水 2～3kg。

（4）避免青贮饲料影响奶味。青贮饲料带有酸味，如果乳酸发酵不良还带臭味。这种酸臭味容易影响奶汁味道。要注意以下各点，避免青贮饲料对牛奶味道的影响：①不要在牛舍内存放青贮饲料，每次喂饲量亦不宜过多，以奶牛能尽快吃完为原则。②定期打扫牛舍卫生，加强通风换气，③保持挤奶设备清洁，挤出的牛奶应立即进行冷却。

（5）防止污染。青贮饲料经密闭乳酸发酵后，基本属于无毒、无害、无腐败物的最为干净的饲料。用青贮饲料喂饲家畜，既卫生又安全，但是，在启窖后和饲喂中，除因透进空气引起二次发酵腐败外，还容易重新被污染。对已出窖的青贮饲料要防止鸡扒猪拱带进大量污物，使青贮饲料变质；同时也要注意避免油垢、农药和病死畜废弃物污染。如果混入铁钉等金属物再喂反刍家畜就更为危险。因此，启窖后必须加强窖口管理，严格防止透进空气或混入污物。

（6）防止浪费。青贮饲料是家畜的基本饲料，从生产到饲喂都要特别注意防止浪费。要做到收净、贮净和喂净。

第八章　牧草机械的选择和利用

毛泽东主席曾说过"农业的根本出路在于机械化"，说明农业的现代化生产离不开机械的应用。事实上，相对农业而言，牧草生产更离不开牧草机械的普及和利用。因为牧草机械是以机械化高效作业为手段，集优质牧草种植、草地改良、饲草料收获、加工贮藏等项技术措施为一体的综合配套技术，离开牧草机械，无法保证牧草的集约化经营和优质化生产，无法保证草产业的健康发展，所以牧草机械和设备对草业生产意义重大。牧草的机械设备主要分为四大类，即牧草生产机械、牧草收获机械、牧草调制机械与牧草加工设备等。

第一节　牧草生产机械

（一）圆盘耙

该机械可一次性完成圆盘耙地、作物残茬切碎掩埋、深松、平整土地等作业，可以完全满足牧草秋天耕作的需要。圆盘耙片以一定的混合角度安装，可以快速有效地克服田间障碍强有力地覆盖秸秆残茬，在潮湿的作业条件下依旧表现出优异的耙片清理能力；可以打破板结层增加土壤的可耕性，让健壮的作物根系更好地生长从而获得更高的作物产量，减轻土壤压实后为早春的播种提供更加适宜的土壤地温，利于水分的吸收，减少积水对作物残茬的进行切碎和掩埋；可以有效地提高土壤有机质，利于雨水更快地下渗到土壤底层，改善土壤的透气性和排涝能力，减少对土壤的侵蚀。

（二）旋耕机

旋耕机是与拖拉机配套完成耕、耙作业的耕耘机械。因其具有碎土能力强、耕后地表平坦等特点，而得到了广泛的应用。正确使用和调整旋耕机，对保持其良好技术状态，确保耕作质量是很重要的。由于旋耕机以旋转刀齿为工作部件的驱动型土壤耕作机械，又称旋转耕耘机。

（1）类型：旋耕机按其旋耕刀轴的配置方式分为横轴式旋耕机和立轴式旋耕机两类。以刀轴水平横置的横轴式旋耕机应用较多。

①横轴式旋耕机。这类旋耕机有较强的碎土能力，一次作业即能使土壤细碎，土肥掺和均匀，地面平整，达到旱地播种或水田栽插的旋耕机要求，有利于争取农时，提高工效，并能充分利用拖拉机的功率。但对残茬、杂草的覆盖能力较差，耕深较浅（旱耕 12～16cm；水耕 14～18cm），能量消耗较大。主要用于水稻田和蔬菜地，也用于果园中耕。重型横轴式旋耕机的耕深可达 20～25cm，多用于开垦灌木地、沼泽地和草荒地的耕作。工作部件包括旋耕刀辊和按多头螺线均匀配置的若干把切土刀片，由拖拉机动力输出轴通过传动装置驱动，常用转速为 190～280 r/min。刀辊的旋转方向通常与拖拉机轮子转动的方向一致。切土刀片由前向后切削土层，并将土块向后上方抛到罩壳和拖板上，使之进一步破碎。刀辊切土和抛土时，土壤对刀辊的反作用力有助于推动机组前进，因而卧式旋耕机作业时所需牵引力很小，有时甚至可以由刀辊推动机组前进。切土刀片可分为凿形刀、弯刀、直角刀和弧形刀。凿形刀前端较窄，有较好的入土能力，能量消耗小，但易缠草，多用于杂草少的菜园和庭院。弯刀的弯曲刃口有滑切作用，易切断草根而不缠草，适于水稻田耕

作。直角刀具有垂直和水平切刃，刀身较宽，刚性好，容易制造，但入土性能较差。弧形刀的强度大，刚性好，滑切作用好，通常用于重型旋耕机上。在与15kW以下拖拉机配套时，一般采用直接连接，不用万向节传动；与15kW以上拖拉机配套时，则采用三点悬挂式、万向节传动；重型旋耕机一般采用牵引式。耕深由拖板或限深轮控制和调节。拖板设在刀辊的后面，兼起碎土和平整作用；限深轮则设在刀辊的前方。刀辊最后一级传动装置的配置方式有侧边传动和中央传动两种。侧边传动多用于耕幅较小的偏置式旋耕机。

②立轴式旋耕机。工作部件为装有2～3个螺线形切刀的旋耕器。作业时旋耕器绕立轴旋转，切刀将土切碎。适用于稻田水耕，有较强的碎土、起浆作用，但覆盖性能差。在日本使用较多。

为增强旋耕机的耕作效果，在有些国家的旋耕机上加装各种附加装置。如在旋耕机后面挂接钉齿耙以增强碎土作用，加装松土铲以加深耕层等。

（2）旋耕机的使用。

①作业开始，应将旋耕机处于提升状态，先结合动力输出轴，使刀轴转速增至额定转速，然后下降旋耕机，使刀片逐渐入土至所需深度。严禁刀片入土后再结合动力输出轴或急剧下降旋耕机，以免造成刀片弯曲或折断和加重拖拉机的负荷。

②在作业中，应尽量低速慢行，这样既可保证作业质量，使土块细碎，又可减轻机件的磨损。要注意倾听旋耕机是否有杂音或金属敲击音，并观察碎土、耕深情况。如有异常应立即停机进行检查，排除故障后方可继续作业。

③在地头转弯时，禁止作业，应将旋耕机升起，使刀片离开地面，并减小拖拉机油门，以免损坏刀片。提升旋耕机时，万向节运转的倾斜角应小于30°，过大时会产生冲击噪声，使其过早

磨损或损坏。

④在倒车、过田埂和转移地块时，应将旋耕机提升到最高位置，并切断动力，以免损坏机件。如向远处转移，要用锁定装置将旋耕机固定好。

⑤每个班次作业后，应对旋耕机进行保养。清除刀片上的泥土和杂草，检查各连接件紧固情况，向各润滑油点加注润滑油，并向万向节处加注黄油，以防加重磨损。

（3）旋耕机的调整。

①左右水平调整。将带有旋耕机的拖拉机停在平坦地面上，降低旋耕机，使刀片距离地面5cm，观察左右刀尖离地高度是否一致，以保证作业中刀轴水平一致，耕深均匀。

②前后水平调整。将旋耕机降到需要的耕深时，观察万向节夹角与旋耕机刀轴是否接近水平位置。若万向节夹角过大，可调整上拉杆，使旋耕机处于水平位置。

③提升高度调整。旋耕作业中，万向节夹角不允许大于10°，地头转弯时也不准大于30°。因此，旋耕机的提升，对于使用位调节的可用螺钉在手柄适当位置拧限位；使用高度调节的，提升时要特别注意，如需要再升高旋耕机，应切除万向节的动力。

（三）牧草播种机

（1）国外牧草播种机具简况。国外，机械种植牧草有两种方法。一种是建立人工种植草场，采用与种植农作物相同的工艺：犁、耙、播、施肥、中耕、浇水种植优良牧草，使草地不断得到更新换代；另一种是通过松土补播，改良天然退化草场，即在不翻动原有植被的天然草地上进行切根、松土、播种、施肥。由于人工种植草场与农田的种植工艺基本相同，国外，用于人工种植草场的牧草播种机大多与农用播种机通用，有的农用播种机换上专用的开沟器、排种器就可播种牧草。这种播种机大都技术先进、制造精良，播种量和播种深度非常精确能满足牧草种植要求。

（2）国内牧草种植及机具简况。近年来，针对天然草场的退化，我国草原改良建设工作也取得了一些进展。如1994—1999年，"新疆草原改良建设机具推广应用"和"优质、高产、高效草原建设机械化技术推广"两项目在伊犁地区天然退化草场实施松土补播，面积达9 266hm²，产草量提高2～3倍。随着我国加入"WTO"及正在实施的西部大开发战略，我国草原改良建设和人工种植草场工作得到空前的发展机遇。新疆退耕还林还草建设项目，计划五年内，每年退耕还草13.3万 hm²，累计建设人工种植草场66.7万 hm²。以苜蓿深加工为主业的新天国际下属科文公司，在2001年以"公司十农户"形式组织农户种植苜蓿4 000hm²。甘肃莫高实业发展有限公司也正在建设2万hm²苜蓿种植基地。牧草种植面积的迅速扩大，对牧草播种机的需求剧增。我国牧草播种机具的研究起步较晚，特别是人工植草场用的牧草播种机，起步更晚，但已涌现了一些新机具。

人工种植草场用的牧草播种机同国外一样，建立人工种植草场，必须将原植被全部耕翻，经平整后播种优良牧草。国内用于人工种植草场的牧草播种机种类较少，已经用于生产的有以下几种：①9SBY－3.6型牧草种子撒播镇压联合组机。该机采用永磁直流电动机驱动的撒播盘，可撒播流动性好、自然休止角小的牧草种子，它的镇压器采用了德国栅条滚筒式镇压器的先进技术，具有一定的入土覆土和滚动镇压功能。该机与13.2kW小四轮拖拉机配套，作业幅宽3.6m；生产率2～2.2hm²/h。该机组由中国农业科学院草原研究所研制，已在内蒙古小批量生产，使用效果良好。②9MB－9型牧草播种机。该机与11kW小四轮拖拉机配套，可一次完成开沟、播种、覆土和镇压，其作业行数可根据实际需要安装成9行、7行、5行。所用双橡胶辊式排种器可基本满足禾本科、豆科牧草种子的播种要求。工作幅宽1.35～1.75m，播种深度0.5～3.0cm，生产率0.45～0.6 hm²/h。该机由白城地区农机化研究所研制，已通过省级鉴定。③由传统的小麦条播机更换上小槽轮排种器或小窝眼排种器改装而成的牧草播种机。该种播种机主要用于苜蓿的种植，各项性能指标虽然不能达到牧草播种要求，但使用成本较低。2002年，仅新疆就改装近200台。

天然退化草场用的牧草播种机，同用于天然草场改良的松土补播机一样，大多是引进、消化、吸收国外同类产品而研制，基本可满足天然草场改良机械化需求。技术先进、使用可靠的有以下几种。

①9MSB－2.1型牧草免耕松土补播机。该机土壤工作部件采用圆盘切刀和松土铲，同时进行牧草松土补播（3行）与免耕补播（4行）。它的排种器采用先进的海绵摩擦盘式排种器，排种量均匀、稳定，能播多种形状的种子，对流动性较差的披碱草、老芒麦种子也可顺利播种。同时采用了无级变速箱调节排种量，满足不同种子播种量的要求。该机与50 kW拖拉机配套，作业幅宽2.1m，作业行数7行，由内蒙古农牧业机械化研究所于2001年研制。

②9MSB－2.1型草地免耕松播联合机组。该机采用凿形松土铲进行松土，然后由6个10cm宽的轮子压出6条种床，再由排种管撒播种子，随后由覆土链条覆土。它的排种系统采用外槽轮型式，有大小两种槽轮分别播禾本科和豆科牧草种子。该机具与40kW拖拉机配套，作业幅宽2.1m，作业行数6行，由中国农业科学院草原研究所研制生产，2001年在内蒙古销售100多台。

③91BS－2.4型草原松土补播机。该机是新疆农业科学院农机化所在91BS－2.1型的基础上，进行多项技术改进而研制的

新一代产品。它的土壤工作部件采用圆盘切刀及大弹簧直犁刀开沟器，配备两个种箱及两套排种装置。即一套排种装置选用斜外槽轮排种器用于禾本科牧草种子（如无芒雀麦、老芒麦、披碱草等优良草种）的播种；另一套排种装置选用直外槽轮多功能排种器用于豆科牧草种子（如苜蓿、草木樨等）的播种。作业时，圆盘切刀靠重力切开草皮，大弹簧直犁刀开沟器在切缝中开出种沟，播种后，大链环覆土链进行覆土，完成播种。该机与50kW拖拉机配套，作业幅宽2.4m，作业行数8行或16行。目前，该机已完成中试。

（3）我国牧草播种机存在的问题及建议。我国牧草播种机具的种类、功能、技术性能与国外同类产品相比有较大的差距，最主要的差距在牧草播种机的排种器和开沟器上。豆科类牧草种子（如苜蓿、百脉根）大多外形尺寸小、千粒重相对较重，因而流动性好，使用一般的排种器，漏种现象严重，播量很难控制。而禾本科类牧草种子（如老芒麦、披碱草等）流动性较差，且易架空，播种均匀性较难保证。国外，用于农田的谷物播种机，由于其排种器选材高级、制造工艺先进，因而也用于牧草种子的播种。另外，一些先进的精量排种器，如气流式排种器、海绵摩擦盘式排种器也普遍用于牧草种子的播种。我国用于播种草籽的排种器，除了传统的小槽轮排种器外，也引进了国外一些相关技术而研制出一些先进的排种器，如海绵摩擦盘式排种器，其可靠性有待进一步提高。牧草播种机除排种器外，开沟器也是影响其性能的重要部件。牧草种子的播种出苗受其播种深度影响很大，开沟深度的一致性是保证牧草播种成功的重要因素。目前，国内牧草播种机具能够精确控制播种深度的很少。

综上所述，针对如何发展我国牧草播种机具，提出以下几点建议和看法。①改装现有的农用播种机，使其能适应播种牧草种子。当前，人工种植的牧草中，苜蓿占到绝大多数。用小槽轮排种器或小窝眼排种器改装现有的 10 行、24 行小麦条播机播种苜蓿，虽不能完全满足苜蓿播种的要求，但可及时缓解人工种植草场牧草播种机短缺的问题。②加紧研制适合我国国情适应性广、性能优良的牧草播种机。③重视牧草种子的加工环节。经过加工处理（清选、去芒、去绒、分级及丸粒化）的牧草种子更利于播种和出苗。④尽快制订草地免耕补播的实验方法。

第二节　牧草收获机械

（一）搂草机

搂草机是将割后铺放在地上的牧草搂集成条，以便于集堆捡拾打捆，提高打捆效率，同时在搂草的过程中不同程度地起到了翻草的目的，以利于牧草尽快干燥。目前国内应用较多的有以下几种：

（1）纽荷兰公司生产的栅栏式 256 型搂草机，工作幅宽2.5m，此搂草机能一次性将草集成条，减少由于多次传送对叶片的损伤，但工作效率较低，平均每小时效率为 30 亩左右。

（2）美国约翰迪尔公司生产的 702 型搂草机采用地轮驱动，工作效率高，工作幅宽从 4～6m 可调，每小时工作 45 亩左右，但其结构设计使得牧草在搂的过程中要经过多个拨齿传送，所以叶片损失率较高，另外受到地轮传动的限制，在地面不平或行进速度慢时，会出现草搂不干净的情况。

（3）法国 KUHN 公司是世界最大的生产立轴回转式搂草机的厂家，其生产的 GA4121GM 搂草机工作幅宽从 3.8～4.3m 可调，采用传动轴传动，集草过程一次完成，每小时工作效率为45 亩左右。克服了以上两种搂草机效率低及损失大的缺点，受到用户的好评。

（二）　割草机的选择和利用

大面积的商品苜蓿草生产应当选择带有橡胶压扁辊的割草机，这是因为苜蓿草的茎粗、叶多，采用田间自然风干时，叶片的干燥速度较茎秆快得多，致使茎秆含水量达到打捆要求时，营养丰富的花、叶早已脱落。割草压扁机可将牧草秆压裂或压扁，并不损伤叶片，以加快茎秆中水分的蒸发，促使茎叶干燥趋于一致，其干燥时间可缩短 30% ~ 50%。割草压扁机的结构主要由割台、压扁辊等组成，工作时，牧草经切割后送入压辊压扁，然后铺成草条。当前国外引进、在国内用量较大的有以下几种。

（1）往复式割草机。

①美国纽荷兰公司生产的 472 型、488 型、499 型、1465 型割草压扁机，割幅一般在 2.2 ~ 3.7m，工作效率为 15 ~ 25 亩/h，需要动力为 36 775 ~ 58 840W，国内用量较多的为 488 型割草压扁机。

②美国约翰迪尔公司生产的 710 型、720 型、820 型割草压扁机，割幅在 3 ~ 4.5m，工作效率为 15 ~ 22 亩/h，所需动力从 36 775 ~ 58 840W 不等。目前国内销售较多的是国产化的在迪尔 - 佳联生产的割幅为 3m 的 725 型割草压扁机。

（2）圆盘式割草机。法国 KUHN（库恩）公司生产的 FC202R、FC250RG、FC302RG 割草机，割幅一般在 2 ~ 3m，工作效率为每小时 20 ~ 45 亩，所需动力为 44 130 ~ 66 195W，国内用量较多的为前两种机型，经实际应用证明，圆盘式割草机维修成本低、工作效率高，同等割幅条件下，圆盘式割草机较往复式割草机平均每小时多工作 5 ~ 10 亩地。从世界范围来看，圆盘式割草机终将替代往复式割草机。

第三节　牧草调制机械

（一）　打捆机的选择和利用

牧草干燥到一定程度后，为了便于运输和储存，需用打捆机把牧草压缩成捆，目前国内主要应用小方捆捡拾打捆机。打捆机工作时，拖拉机牵引打捆机沿草条前进，捡拾器的弹齿拾起草条，并由喂入器的拨叉连续地将草送入压捆室内，再通过活塞往复运动将喂入的草压缩成捆，根据设置好的草捆长度，打结器定时将打捆绳自动捆好草捆并通过压缩室外的放捆板放在地上，目前大面积的草场应用的捡拾方捆打捆机主要有以下几种。

（1）美国纽荷兰公司生产的 565 型及 570 型打捆机。捡拾宽度为 1.65m 和 1.7m，打结器死扣打结，活塞 79 次/min，采用双拨叉双齿的喂入方式，每分钟最快效率可打捆 145kg（约 8捆）的干草，但由于打结器结构设计，使得每个捆打完后都会有绳头留在捆上，而且由于结构复杂，打结器部分的故障率较高。

（2）美国约翰 - 迪尔公司生产的 338 型、348 型打捆机，捡拾宽度为 1.6m 及 1.7m，打结器同样是打死扣，活塞 80 r/min，采用搅龙和拨叉联合喂入的形式，每分钟最高效率可打捆 125kg（约 7 捆）的干草，此型设备除了打结器有纽荷兰打捆机的缺点外，还由于搅龙喂入使得牧草叶片损失率过大，而在草偏湿的情况下容易造成堵塞现象。

（3）德国克拉斯公司生产的 MARKANT 55 和 MARKANT 65打捆机，捡拾宽度为 1.65m 及 1.85m，打结器是其公司 1921 年的专利产品，采用活扣打结，结构设计简单可靠。活塞运转 93r/min，采用双拨叉三齿喂入的形式，每分钟最高效率可打捆

180kg（约为 10 捆）的干草，该设备内部传动除拨叉部分链条传动外，其余部分全是齿轮传动，较其他设备更为坚固可靠。但此设备润滑点较多，维护时较其他设备要更仔细一些。

（二）青饲机的选择和利用

青贮饲料是饲喂奶牛、肉牛、羊等牲畜的理想饲料，而收获机械则是这一发展过程中的重要环节。目前制作青贮饲料有 3 种方法：人工作业、半机械化作业和机械化作业。机械化作业是由青贮饲料收获机在田间直接收割、切碎、收集，由饲料挂车运输，用拖拉机压实、人工封窖。有资料表明，半机械化作业（用机动铡草机切碎、用拖拉机压实、人工封窖、其他各项人工）的生产效率是人工作业的 5 倍，机械化作业是半机械化作业的 4 倍，而作业成本恰好相反，人工、半机械化、机械化作业的成本比例为 1∶0.75∶0.45，且不论其作业后产品质量如何，在制作青贮饲料的过程中机械化作业具有功效高、成本最低的特点。

青贮饲料收获机械主要用于收获大麦、燕麦、牧草、玉米和高粱等作物，在田间作业时可一次完成对作物的收割、切碎、揉搓并将碎作物抛送至运输车中。可分为自走式、半悬挂式和悬挂式 3 种类型。

（1）自走式具有生产效率高、机动性能好、适应性广等特点，适合大型奶牛场及大面积种植青贮作物的农牧场使用。其中高端产品为美国及西欧的产品，目前世界上销售最多的当属德国 CLAAS 公司，其 830—900 系列自走式青饲机销量占世界总销量的一半以上，与其有竞争力的是美国纽荷兰公司的 FX28—FX58 系列产品及美国约翰 - 迪尔公司的 6670 系列产品，此类设备一般都配有中央润滑、自动磨刀、金属探测、自动对行等强大的功能，但由于价格十分昂贵，目前国内用量很小。另一个层次的产品为俄罗斯和东欧国家的产品，这类产品一般技术水平比较低，配套动力小，割台收获损失大，刀片易损坏，工作不够可靠。但价格相对较低，目前在国内的一些老的国营农场及对收获水平要求不高的大面积种植农户有为数不多的用量。

（2）半悬挂式青贮收获机械具有生产效率较高、作业灵活、性能价格比较适合中国目前的收获要求。技术水平以西欧的意大利、葡萄牙等比较先进。割幅从 1 ~ 2.1m 不等。配套拖拉机的功率一般在 60 ~ 110KW，主机可配带对行及不对行割台（较适合国内的种植特点），生产效率 15 ~ 30t/h。可以在拖拉机的前方、后方、侧面半悬挂作业，对于小地块有自走式青贮机及单行青贮机无法替代的优势。目前国内销量较大的有意大利的奥特玛公司生产的 OTMA1 100 型及 2100 型、波迪尼公司生产的 1000 型及 2000 型、葡萄牙生产的 AMG – 300LD 型青贮机，巴西诺格拉生产的 PECUS II9004 系列单双行青贮机，这几种设备应该说都比较适合中国的用户，而且在使用过程中都受到了好评。主要是在价格及售后能力上还有一点差别。

（3）悬挂式青贮机主要指的是单行的玉米青贮机，由于其工作效率太低，收获损失大、揉搓效果不好，明显在中国的用户中这两年已被排斥。在国内市场上主要有巴西产的 JM4 100 型和韩国安盛 ACH50 型单行青饲机

（三）捡拾压捆机

随着市场经济和规模饲养业的发展，干草作为商品参与市场流通，运输和贮存都需要加工打捆。所以，近年来干草捡拾压捆机械发展很快，机型繁多，作业性能也有很大差异，但必须具备以下基本要求：捡拾草条干净，遗漏率低；草捆加密适宜，不发生霉度；草捆成层压缩，开捆后易散开；捆结可靠，装卸和运输中不散捆；作业经济指标良好。

（1）草捆的有关参数。各种捡拾压捆机由于成捆原理、构造、主要工作部件等的不同，因而压成草捆的形状、密度、大小等都不一样。草捆的有关参数对采用什么装载运输机械、贮存设备和饲喂机械等，都有密切关系。如机具选择不当，将直接影响整个收获工艺的经济性（表8-1）。

表8-1　各种草捆的主要参数

压缩程度	小方草捆		大草捆		
	一般压缩	高压	一般压缩	一般压缩	高压
密度	80 – 130	最大200	80 – 120	50 ~ 100	125 ~ 175
形状	方形	方形	圆柱形	方形	方形
最大截面（cm²）	42.5×55	42.5×55	直径150～180	150×150	118×127
长度（cm）	50 ~ 120	50 ~ 120	120 ~ 168	210 ~ 240	250
重量（kg）	8 ~ 25	最大50	300 ~ 500	300 ~ 500	500 ~ 600

（2）捡拾压捆机的分类。草捆密度每立方米 50 ~ 80kg 为低压型，在 80kg 以上为高压型。

①摆动活塞式捡拾压捆机。此机也称摆锤式捡拾压捆机。适合装在联合收割机上，直接打成草捆装车或抛放田间。草捆长度 60 ~ 120cm，1 ~ 2 道捆绳，草捆接近正方形。该机制成的草捆密度较低，震动和噪音较大，故目前使用较少。

②往复活塞式捡拾压捆机。该机国外已有近百年的发展历史，是一种结构完善、性能可靠的压捆机具。9KJ – 147 捡拾压捆机属于小型机具，实际生产率为 5 ~ 7t/h，工作速度 5km/h，功率消耗约 11.76kW，与 14.7 ~ 18.4kW 的拖拉机配套使用。打成的草捆重量不超过 20kg，即可机械化处理，也可人工搬运。它适用于饲草收获，也可与割晒机、联合收割机配套作业，是一种适应性较强的压捆机具。

③圆捆机。国内外市场上觉得圆捆机有 5 种类型，其中有 3 种是由外向内成捆，草捆内松外紧，易于风干，另外两种均属地面成捆机具。

（3）捡拾压捆机对不同收获物的适应性。各种捡拾压捆机由于结构原理，成捆过程等各不相同，对不同收获物的适应性有明显差异（表 8 - 2）。

表 8 - 2　捡拾压捆机对收获物的适应性

收获物 适应情况 机具型式	稻麦秸秆	风干牧草（湿度22%）	二茬草（湿度22%）	禾本科牧草（湿度50%～60%）	玉米秸（湿度50%～60%）	青草	块根作物茎叶
小方捆往复式	良好	良好	良好	勉强	一般	不适用	不适用
短皮带卷捆机	良好	良好	良好	勉强	一般	勉强	勉强
钢辊式卷捆机	良好	良好	良好	勉强	一般	勉强	勉强
长皮带卷捆机	良好	一般	勉强	不适用	一般	不适用	不适用
链杆式卷捆机	良好	一般	一般	一般	一般	勉强	勉强
地面成捆式	勉强	勉强	一般	不适用	勉强	不适用	不适用
大方捆机	良好	良好	良好	不适用	不适用	不适用	不适用

第四节　牧草加工机械

（一）烘干机

（1）牧草烘干机的选择和利用。该机组含：热风炉、烘干机、输送机、铡草机、分离器、打捆机、风机、调速电机、操作柜等，该机组能将含水量 60%～75% 的鲜牧草经铡切—输送—烘干—分离—打捆（制粒、制粉），并保持了鲜草的颜色、香味及营养成分。

牧草烘干机以煤为燃料，通过高温炉产生强大的干热风，使物料在烘干筒中与热风直接接触，呈螺旋状按曲线前进，来达到烘干的目的。产量每小时 200～1 000kg，动力 39.9～110kW，采用温控调速系统，原料铡切到成品入库一条龙生产。

烘干成品：颜色青绿、气味芳香、保留了鲜草的色味及营养成分、口感好，既增强了牲畜的食欲，又提高了经济效益。

（2）牧草烘干机使用方法。农业机械作为农业生产和发家致富的好帮手，不但要会选购、善维护，正确操作使用、保养、维护机械也十分重要。

按照《农业机械产品修理、更换、退货责任规定》第二十三条规定，凡是由个人原因造成的机械故障，不能实行三包。为此，广大机手应注意以下四点。

①认真读懂机械使用说明书，掌握结构和性能，切忌囫囵吞枣，自以为是，不能充当"百事通"。②操作机械要遵循操作规程，维护保养要讲究方法，切忌马马虎虎，不能瞎摆弄。③农业机械功能有限量，载重车速有规定，切忌"小马拉大车"，贪小失大。④坚决不能操作有病机械，一旦发现机械有毛病，要立即停止操作，及时进行维护和保养。

（二）压粒机

干草经粉碎后，添加精料和其他营养成分，配合成全价饲料，经压料机制成颗粒饲料。颗粒饲料具有营养完全、适口性好、牲畜采食量大、采食速度快、饲料利用率高等优点。其整套设备包括：压粒机、蒸汽锅炉、油脂和糖蜜添加装置、冷却装置、碎粒去除和筛粉装置等。压粒机有两种：平模压粒机和环模压粒机。

（1）平模压粒机。它是由螺旋送料器、变速箱、搅拌器和压粒器等组成。螺旋送料器主要用表控制喂料量，其转速可调。搅拌器位于送料器下方，在其侧壁上开有小孔，以便把蒸汽导入，使粉装饲料加热、熟化，然后送入压粒器。压粒器内装有 2~4 个压辊和一个多孔平面板。工作时平模板以 210r/min 的速度旋转。熟化后饲料落入压粒器内，即被匀料刮板铺平在平模板上，因受压辊的挤压作用，穿过模板上模孔，形成圆柱形，再被平板下面的切刀切成 10~20mm 的颗粒。平模板孔径有 4mm、6mm、8mm 三种规格，压辊直径为 160~180mm。

（2）环模压粒机。环模压粒机是应用最广的机型，它是由螺旋送料器、搅拌器和传动机构等组成。螺旋推进器用于控制进入压粒机的粉料量，其供料数量应能随压粒负荷进行调节，一般多采用无级变速，调节范围为 0~150 r/min。搅拌室的侧壁开有蒸汽导入孔，粉料进到搅拌室后，与高压过饱和蒸汽相混合，有时还加入一些油脂和糖蜜或其他添加剂。搅拌完的饲料进入压粒器内。压粒器由环模和压辊组成。作业时环模转动，带动压辊旋转，于是压辊不断将粉料压入环模的模孔中，压实成圆柱形，从孔内挤出后随环模旋转，与切刀相遇后被切成颗粒。孔径大小是根据饲喂牲畜的需要而定。

（三）粉碎机

粉碎机在农牧业生产上和铡草机具有同样的普遍性和重要性。粉碎机型号、功率的种类繁多。

饲料粉碎主要有击碎、磨碎、压碎、锯切碎四种。击碎适用于硬而脆的谷物饲料，锯切碎适用于大块的脆性饲料，压碎和磨碎适用于韧性饲料。

目前各地生产的粉碎机，往往是几种方法同时使用。主要有锤片式、劲锤式、爪式和对辊式四种。粉碎秸秆饲料适用锤片式粉碎机，对辊式粉碎机是由一对上转方向相反、转速不等的带有刀盘的齿辊进行粉碎，主要用于粉碎饼粕饲料。

（1）锤片式粉碎机。该粉碎机利用高速旋转的锤片击碎饲料。按其结构，可分为切向进料式和轴向进料式。前者是由喂料、粉碎和集料三部分构成。喂料部分包括喂料斗和挡板；粉碎室包括转盘、锤片、齿板和筛片等部件；集料部分包括风机、输料管和集粉筒等。锤片式粉碎机的特点是生产率高，适应性广、粉碎粒度好，既能粉碎谷物精饲料，又能粉碎青、粗和秸秆饲料，但动力消耗较大。

（2）劲锤式粉碎机。该粉碎机的结构与锤片式类似，不同之处在于它的锤片不是连接在转盘上，而是固定安装在转盘上，因此，它的粉碎能力较强。

（3）爪式粉碎机。该粉碎机是利用固定在转子上的齿爪将饲料击碎。这种粉碎机具有结构紧凑、体积小、重量轻等特点，适用于含纤维较少的精饲料。该机是由进料，粉碎及出料三部分构成。进料部分包括喂料斗、进料控制插门。流入粉碎室的饲料，受到齿爪的打击、碰撞、剪切、搓擦等作用，将饲料逐渐碎成细粉。同时由于高速旋转的动齿盘形成气流，使细粉通过筛圈吹出。

（4）影响粉碎机作业效率的因素。

①被粉碎饲料的种类。粉碎饲料的种类不同，作业效率也不同，一般谷物饲料偏高而豆科饲料较低。例如，筛孔直径为1.2mm，在饲料含水率小于15%的情况下，不同饲料的度电产量（kg/kW·h）为：玉米、高粱45~60，谷壳17~22，甘薯藤12~16，玉米秸8~12，高粱秸7~12，豆秸6~10。

②饲料含水率。饲料含水率愈高，粉碎的生产率和度电产量愈低。一般要求粉碎时饲料含水率为15%。

③主轴的转速。每一型号的粉碎机，粉碎某一类饲料时，都有适宜的转速。在此转速作业耗电少，生产率高。如锤片粉碎机

的线速度为 70～90m/s。

④喂入量要适当。喂量过大易造成堵塞；喂量过小，动力不能充分发挥，效率低。所以，喂量一定要均匀、适当、不间断。

（四）压块机

干草经过粉碎，添加精料及其他矿物元素，然后压制成草块，以提高饲料的营养价值、采食量和消化率。草块密度增加，便于贮存、运输和进入市场流通。压块机压制出的颗粒要比制粒机的颗粒大，一般为 25mm×25mm 或 30mm×30mm 的方形草块，以及直径 8～30mm 的圆柱草块。草块密度为 0.6～1.0g/cm³，生产率为 300～600kg/h，配套 37kW。成套设备装机容量为 62.5kW。压块设备的工艺流程为：秸秆、干草等饲料喂入粉碎机，粉碎到适当的粒度，则由筛孔大小来控制。粉碎后的物料风送至沙克龙，经沙克龙集料至缓冲仓，缓冲仓内物料由螺旋输送机排至定量输送机。由定量输送机、化学剂添加装置和精料添加装置完成配料作业，主料由定量输送机输送。精料由精料装置输送，二者间的配比调节，是在机器开动后同时接取各自的输送物料，使其重量达到配方要求而完成。配合后的物料进入连续混合机，同时加入适量的水和蒸汽，混合均匀后进入压块机压成草块，再通过倾斜输送机将草块提升到卧式冷却器内，冷却后进行包装。

田间烘干压块成套设备包括割草、捡拾装载、运输和烘干压块机等，以烘干草块机为主要机具。这种成套机械可烘干压制不经调制的青草为高能草块。田间烘干压块的主要优点是：能使草的养分损失减少到最低限度，获得高质量的草块。在田间自然干燥调制干草的过程中，养分损失一般为 35%～40%，而田间烘干压块不需要进行干草调制，因而避免了气候条件对收获作业的影响，而且对草的品种和含水量都没有什么特殊要求，因而地区适应性广，特别适于饲草含水率高、多雨、空气湿度大的地区。虽然有上述许多优点，但烘干压块燃料费用较高，推广应用中有一定的局限性。

田间烘干压块机适应于我国多雨地区，主要由料仓、烘干系统、压块机、草块冷却运输装置等部分构成。配套机具为拖拉机，割草机和带捡拾切碎器的装载车组成的供草机组，草块拖车和油罐小车等。其作业半径为 2km，当 2km 半径的牧草收完后，即转移地段。

参考文献

［1］M. E. 希斯，R. F. 巴恩斯，D. S. 梅特卡夫，等．黄文惠，苏加楷，张玉发，等译．牧草—草地农业科学［M］．北京：中国农业出版社，1992.

［2］张景略，徐本生，等．土壤肥料学［M］．郑州：河南科学技术出版社，1990.

［3］李映强．土壤中镁的生物有效性及其动力学性质［J］．热带亚热带土壤科学．1998，7（3）：236～238.

［4］浙江农业大学．植物营养与肥料［M］．北京：中国农业出版社，1995.

［5］苏希孟．饲料生产与加工［M］．北京：中国农业出版社，2001.

［6］常根柱．优质牧草高产栽培及加工利用技术［M］．北京：中国农业出版社，2001.

［7］时永杰．串叶松香草的引种研究［J］．中国草地，1998（4）.

［8］甘永祥．河南省天然草场资源［M］．郑州：河南科学技术出版社，1990.

［9］郭孝，张莉．多年生优良牧草引种试验［J］．中国草地，1998（1）.

［10］张子仪．中国饲料学［M］．北京：中国农业出版社，2000.

［11］张桂兰，朱鸿勋，龚光炎．主要农作物配方与施肥［M］．郑州：河南科学技术出版社，1991.

［12］甘肃农业大学．草原学与牧草学实习实验指导书

［M］. 兰州：甘肃科学技术出版社，1991.

　　［13］杜占池，杨宗贵，崔晓勇. 内蒙古典型草原地区 5 类植物群落叶面积指数的比较研究［J］. 中国草地，2001（5）.

　　［14］肖文一，陈德新，吴渠来. 饲用植物栽培与利用［M］. 北京：中国农业出版社，1989.

　　［15］陈宝书. 牧草饲料作物栽培学［M］. 北京：中国农业出版社，2001.

　　［16］陈宝书. 退耕还草技术指南［M］. 北京：金盾出版社，2001.

　　［17］郭孝. 优良牧草优质栽培与利用［M］. 郑州：中原农民出版社，2001.

　　［18］张伟，霍晓妮，张福平. 优质牧草栽培与利用［M］. 郑州：河南科学技术出版社，2001.

　　［19］潘全山，张新全. 禾本科优质牧草—黑麦草、鸡脚草［M］. 北京：台海出版社，2002.

　　［20］毛培胜、韩建国. 牧草种子生产技术［M］. 北京：中国农业科学技术出版社，2003.

　　［21］王敬国. 资源与环境概论［M］. 北京：中国农业大学出版社，2003.

　　［22］洪绂曾，中国多年生草种栽培技术［M］. 北京：中国农业出版社，1990.

　　［23］河南省畜牧局. 河南省畜牧业综合区划［M］. 郑州：河南科学技术出版社，1988.

　　［24］王成章，饲料生产学［M］. 郑州：河南科学技术出版社，1998.

　　［25］郭孝. 高羊茅生长动态的研究［J］. 郑州：郑州牧专学报，1996（3）.

　　［26］王栋. 牧草学通论［M］. 南京：江苏出版社，1959.

［27］任继周，张自和．草地与人类文明［M］．草原与牧草．2000（2）．

［28］北京农业大学．草地学［M］．北京：中国农业出版社，1982

［29］贾慎修．中国饲用植物志（1~6卷）［M］．北京：中国农业出版社，1987－1997．

［30］Pratley J. E. Principles of Field Crop Production. Letchworth, English, Sydney University Press, 1990.

［31］Miller G L, Maddox Jr V, Lang D J. Crouse Tifgreen Bermudagrass response to lateserason application of nitrogen and potassium［J］. Agron, 1994（86）：7－10.

［32］Carrow R N. Drought avoidance characteristics of diverse tall fescue cultivars［J］. Crop Science, 1996（36）：371－377.

［33］Brouwer D. J. Osborn T. C. A molecular marker linkage map of tetraploid alfalfa（*Medicago sativa* L. ）［J］. Theor Appl Genet. , 1999（99）：1 194－1 200.

［34］王忠．植物生理学［M］．北京：中国农业出版社，2000．

［35］李德全，等．植物生理学［M］．北京：中国农业科学技术出版社，1999．

［36］王大明．试论高寒人工草地施氮的增产效应［J］．中国草地，1994（2）：76－80．

［37］陈默君，贾慎修．中国饲用植物［M］．北京：中国农业出版社，2002．

［38］徐柱．中国牧草手册［M］．北京：化学工业出版社，2004．

［39］任继周．草业科学研究方法［M］．北京：中国农业出版社，1998．